多尺度解析方法
在复杂流动现象解析中的应用

郑 焱 张 丹 著

内 容 简 介

本书以钝体绕流和气固两相流两种典型的复杂流动现象为例，结合实验测量与数值计算技术分析其机理，较系统地介绍了多尺度解析方法在流体力学领域的应用。本书内容包括绪论、时间多尺度解析方法在湍流结构分析中的应用、多维多尺度解析方法在湍流结构分析中的应用、多尺度解析方法在气固两相流中的应用、多尺度解析方法拓展应用。

本书旨在构建适用于不同流体系统的多维多尺度解析方法，揭示流动结构的多层次、多尺度特性，为深入理解复杂流动现象提供新的视角。

本书可作为流体力学领域的教师和科研人员的参考书，也可作为相关专业研究生的辅助教材。

图书在版编目（CIP）数据

多尺度解析方法在复杂流动现象解析中的应用/郑焱，张丹著．-- 北京：北京大学出版社，2025.6 --ISBN 978-7-301-36330-0

Ⅰ．O359

中国国家版本馆 CIP 数据核字第 2025M83X41 号

书　　名	多尺度解析方法在复杂流动现象解析中的应用 DUOCHIDU JIEXI FANGFA ZAI FUZA LIUDONG XIANXIANG JIEXI ZHONG DE YINGYONG
著作责任者	郑 焱　张 丹　著
策划编辑	童君鑫
责任编辑	孙　丹
标准书号	ISBN 978-7-301-36330-0
出版发行	北京大学出版社
地　　址	北京市海淀区成府路 205 号　100871
网　　址	http://www.pup.cn　新浪微博：@北京大学出版社
电子邮箱	编辑部 pup6@pup.cn　总编室 zpup@pup.cn
电　　话	邮购部 010-62752015　发行部 010-62750672　编辑部 010-62750667
印 刷 者	三河市北燕印装有限公司
经 销 者	新华书店 720 毫米×1020 毫米　16 开本　13.25 印张　231 千字 2025 年 6 月第 1 版　2025 年 6 月第 1 次印刷
定　　价	98.00 元

前　　言

复杂流动现象形式各异，广泛存在于交通运输、能源动力、航空航天、建筑环境和水利工程等学科领域，是自然科学中的重要基础研究对象，也是众多工程领域面临的基础难题。寻找合适的流动分析方法对研究流体系统的运动规律及解决工程实际问题有重要意义。

多尺度特性是复杂流动现象的本质特征，它体现在流动行为在时间和空间上均呈现跨越多个尺度的复杂性与多样性。从时间尺度来看，流动参数呈现出非平稳、非线性及间歇性的信号特点，难以用单一的时间尺度描述流动现象。从空间尺度来看，流动的多尺度特性表现为湍流结构中不同尺度的涡流相互嵌套、相互作用。从大尺度的流动结构到微小尺度的湍流脉动都会对整体流动行为产生重要影响。这些多尺度结构不仅影响流场的稳定性和效率，还决定了物质、能量的传输和分布特性。因此，理解和解析复杂流动现象的多尺度特性对揭示其物理机制、优化流场设计、提高流动效率等有重要意义。借助先进的多尺度分析方法，捕捉和描述不同尺度上的流动特征，可以全面理解和精准调控复杂流动现象。

目前国内缺少较全面、较系统地介绍复杂流动现象多尺度解析的相关书籍。针对复杂流动现象的时空多尺度特性，本书以钝体绕流与气固两相流为典型实例，结合实验测量与数值计算技术，深入探究这些复杂流动现象的本质。本书构建了一套多维多尺度解析方法，旨在从时间与空间角度系统地揭示湍流尾流中的多尺度结构特征，以及水平气力输送系统内颗粒动力学行为的多尺度演变规律。此外，本书对多尺度解析方法与本征正交分解方法进行了深入对比与综合分析，并探讨了两种方法的有效结合方式，以更全面地解析复杂流动现象。本书可以为从事流体力学相关研究工作的人员提供多尺度解析方法方面的参考。

本书得到了国家自然科学基金、常州市科技计划项目（项目编号：

CQ20240063）、学校中吴青年创新人才支持计划的大力支持，为国家自然科学基金项目《基于多尺度涡动力学的方柱展向周期性扰动减阻机理研究》（项目编号：11802108）的相关研究成果。

由于作者水平有限，书中难免存在不妥之处，恳请广大读者批评指正。

作者
2025 年 1 月

目　录

第1章　绪　　论

在科学研究与工程实践中，信号是传递信息的重要载体，其通常以时域形式存在，用于表示变量随时间变化的直接信息。然而，仅依赖时域分析往往难以全面揭示信号的内在属性和复杂特征，因此，信号分析技术应运而生。信号分析技术旨在通过特定的分析函数，将原始信号转换为不同的表示形式，以更好地理解和利用信号携带的信息。在众多信号分析技术中，傅里叶变换（Fourier transform，FT）作为分析时域信号频率内容的标准方法，在信号处理、图像处理、通信系统等领域得到了广泛应用。傅里叶变换的原理是将时间信号转换为频率域，使我们能够直观地看到信号包含的各频率成分，特别适用于分析在每个周期内精确且不变地重复自身的平稳周期函数。傅里叶变换的优势是能够提供一个信号的整体频率概览；劣势是无法揭示信号随时间变化的频率特征［信号的时频（尺度）特性］，在处理非平稳信号时尤为明显。

对于频率随时间变化的非平稳信号，我们需要在任意特定时刻识别出主导频率的工具，短时傅里叶变换（short time Fourier transform，STFT）技术应运而生。它为分析这类信号提供了有效手段。短时傅里叶变换的原理是在原始信号的特定时间限制窗口执行傅里叶变换，提取信号的频率信息和时间信息，并且这个窗口沿着时间轴移动，从而实现对信号局部频率特征的分析。短时傅里叶变换的性能在很大程度上受窗口类型的影响。使用短窗口能够提高时间分辨率，从而更精确地定位信号的不连续性，但会牺牲频率分辨率，导致频率的辨识度降低。虽然使用长窗口能够提供更高的频率分辨率，但不能精确地定位信号的不连续性。这种权衡关系使得短时傅里叶变换在处理复杂非平稳信号时存在一定的困难。通常，低频分量在信号中持续的时间较长，因此需要较高的频率分辨率来准确描述；而高频分量往往以瞬态脉冲信号的形式出现，需要提高时间分辨率以更好地捕捉这些瞬态变化。然而，由于短时傅里叶变换采用固定长度的窗口，在时频平面的分析分辨率是恒定的，因此无法同时获得高时间分辨率和高频率分辨率，如图 1－1 所示，使得短时傅里叶变换在处理某些类型的信号时存在一定的缺陷，尤其是在需要同时精确捕捉时间和频率变化的场合。

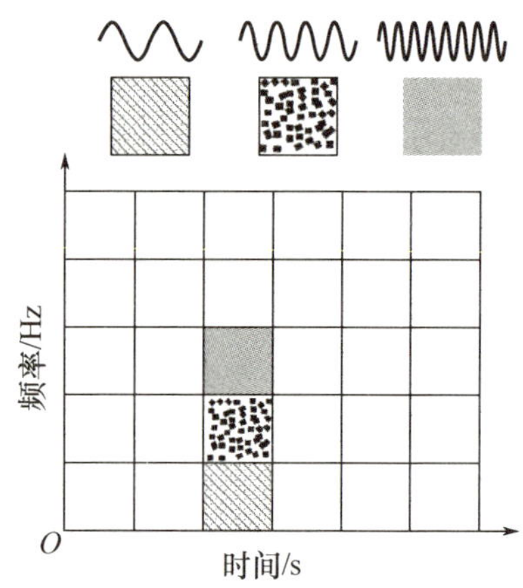

图 1－1　短时傅里叶变换在时频平面的分辨率

尽管短时傅里叶变换在信号分析领域有独特的应用价值，但在面对复杂的非平稳信号时，其有效性受到一定的限制，而小波分析可以更好地描述信号的局部特征。小波是一组紧凑支撑的数学波形函数，能够将数据分解为不同的频率分量。因此，小波分析能够以与其尺度匹配的分辨率对信号进行变换，从而更好地描述信号的局部特征。小波变换（wavelet transform，WT）是一种基于信号与基本小波之间的卷积运算分析方法，允许在时间频域中表征信号，它在分析具有时间谱信息和多分辨率概念的非平稳、非线性和间歇信号方面优于传统的傅里叶变换及短时傅里叶变换。采用多分辨率分析（multi resolution analysis，MRA）方法，可以用不同的分辨率分析不同频率的信号。小波变换在时频平面的分辨率如图 1－2 所示，短窗口适用于小尺度（高频），长窗口适用于大尺度（低频）。由于小波变换具有多分辨率特性，能够同时捕捉信号的时间和频率变化，因此在信号处理、图像识别、通信系统等领域有广阔的应用前景。

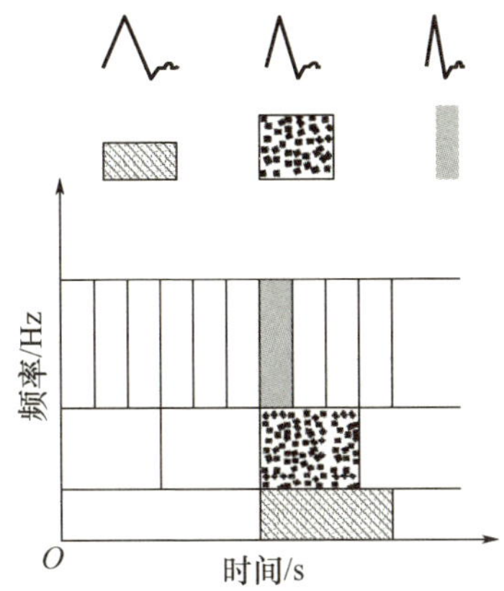

图 1-2　小波变换在时频平面的分辨率

1.1　连续小波变换

连续小波变换（continuous wavelet transform，CWT）和离散小波变换（discrete wavelet transform，DWT）在信号分析中都有广泛应用。连续小波变换通过特定的小波函数对原始时域信号进行卷积运算，并将其分解为一系列小波系数，提供一个具有良好时域和频域局部表征的时频信息。小波函数通常被称作母波，是指具有振荡性、能够迅速衰减到零的局部化函数，通过缩放和平移适应信号的不同频率及位置。小波函数需要满足：

$$\int_{-\infty}^{+\infty} \psi(t)\,\mathrm{d}t = 0 \tag{1-1}$$

式中，$\psi(t)$ 为小波函数；t 为时间信息。

在信号的不同位置均可平滑地进行连续小波变换，时间尺度（频率）平面中不同尺度的小波被定义为给定时域信号 $f(t)$ 和小波函数 $\psi(t)$ 之间的内积运算：

$$Wf(\tau,s) = \frac{1}{s}\int_{-\infty}^{\infty} f(t)\psi^{*}\left(\frac{t-\tau}{s}\right)\mathrm{d}t \tag{1-2}$$

式中，τ 为伸缩因子；s 为尺度因子；$Wf(\tau,\ s)$ 为小波函数；$\psi^{*}\left(\frac{t-\tau}{s}\right)$为小

波函数的变换函数，其中“∗”表示复共轭。

小波函数的收缩和放大受尺度因子 s 的影响，尺度因子 s 的变化不仅会改变小波的频率，还会改变窗口长度。因此，使用尺度因子 s 而不是频率表示小波分析结果。小波沿时间轴的运动受伸缩因子 τ 的影响。小波系数的每个元素 $Wf(\tau, s)$ 都对应于时域中的尺度（频率）和点（位置），该系数表示该部分信号与小波的近似程度，小波系数越大，信号与小波越相似。连续小波变换的结果通常以时频图的形式呈现，其中包含小波系数与时间轴和尺度（频率）轴的关系。连续小波变换不仅能够捕捉信号的频率信息，还能够反映信号随时间的变化。

信号在小波函数的每个尺度上都有自己的频率 f，尺度因子 s 与该频率成反比。大尺度对应低频，提供信号的全局信息；小尺度对应高频，提供详细的局部信息。特定尺度 s 的信号频率计算如下。

$$f=\frac{f_c f_s}{s} \tag{1-3}$$

式中，f 为信号频率；f_c 为小波函数的无量纲中心频率；f_s 为采样频率；s 为尺度因子。

常见的小波函数有 Harr、Morlet、Meyer、Mexican hat 等函数。为了分析连续小波变换结果的频率信号，将 Mexican hat 函数应用于采样频率为 1Hz 的理想正弦信号 $f(t)=\sin\frac{\pi t}{50}$。$f(t)$ 信号及其时频图如图 1-3 所示。

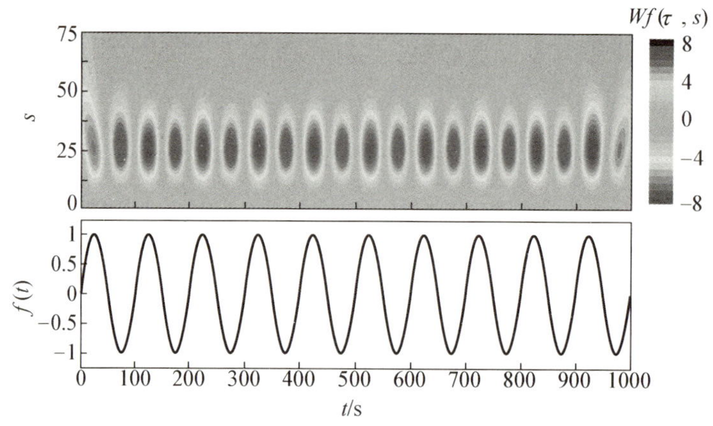

图 1-3 $f(t)$ 信号及其时频图

可以清楚地观察到，小波系数的周期性正负峰值以 100s 的周期和 25 的中心尺度交替出现，小波系数值为信号峰值提供了识别基础。对于 Mexican－hat 母小波，其无量纲中心频率 $f_c=0.25$，由式（1－3）计算出 $f(t)$ 的信号频率 $f=\frac{0.25\times 1}{25}\text{Hz}=0.01\text{Hz}$，与其固有频率 $[f=\pi/(50\times 2\pi)\text{Hz}=0.01\text{Hz}]$ 一致。

1.2　离散小波变换

连续小波变换通过小波函数的收缩和放大实现多分辨率分析，在实际分析过程中，信号的连续小波变换在整个时间范围内应用小波函数，并在所有可能的尺度上分析信号。对信号分析而言，连续小波变换的计算量较大，为解决计算量的问题，可以把尺度因子和伸缩因子都选择为 2^i（i 为大于零的整数）倍数。离散小波变换使用多分辨率滤波器组和特殊的小波滤波器分析、重建信号。离散小波变换的特点是在最少独立模式上进行正交投影，从而提取定量信息。此外，离散小波变换易求逆，能够根据选定的小波函数，通过其逆变换的小波系数唯一地重构原始数据。离散小波变换是一种线性变换，可对长度为 2^2 的数据向量进行操作，将其转换为具有不同尺度（频率）特性、相同长度、数值不同的向量，并使用级联滤波器计算，然后进行因子 2 的子采样。

离散小波变换分解如图 1－4 所示，信号由序列 $x[n]$ 表示，其中 n 是序列数量。正交小波变换通过一组递归的滤波器组实现多分辨率分析。滤波器组包括一个高通滤波器和一个低通滤波器，高通滤波器用 H_0 表示，低通滤波器用 G_0 表示，它们用于将原始信号分解为不同尺度的细节信号和近似信号。离散小波变换分解可对信号进行多级分解，在每个级别，与小波函数相关的高通滤波器产生细节系数 $d_i[n]$（其中下角标 i 表示分解级别），而与缩放函数相关的低通滤波器产生粗略近似系数 $a_i[n]$。小波系数表示各级别（频带）的信号内容。在每个分解级别，滤波器产生的信号仅跨越频带的一半，使频率分辨率加倍。采用这种方法，时间分辨率在高频处更高，而频率分辨率在低频处更高。滤波过程和抽取过程迭代进行，直到分解结束，最大分解次数取决于信号长度和滤波器类型。然后，从最后一级分解开始，通过连接所有系数 $a_i[n]$ 和 $d_i[n]$ 获得原始信号的离散小波变换。对于 i 级分解，近似小波系数中观察到的最高频率可以作为采样频率 f_s 的函数计算如下。

$$f_i=\frac{f_s}{2^{i+1}} \tag{1-4}$$

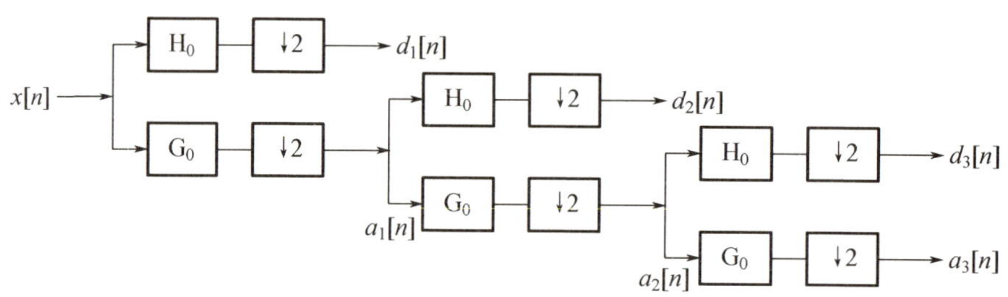

图 1-4　离散小波变换分解

图 1-5 所示为离散小波变换重构。重构是分解的逆过程。通过低通滤波器和高通滤波器对每个级别的近似系数和细节系数进行两次以上采样并相加。重构与分解的级别数量相同，以获得原始信号。

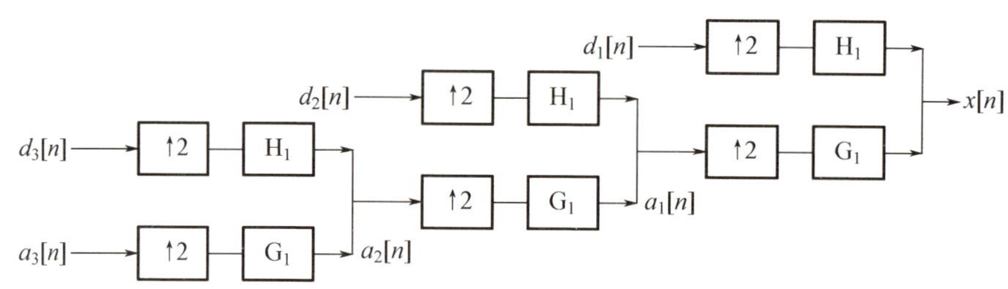

图 1-5　离散小波变换重构

离散小波变换的主要特征是给定信号的多尺度表示，即信号可以被分解为多个尺度的细节信号和近似信号，每个细节信号都包含信号的较高频率成分，每个近似信号都包含信号的较低频率成分。采用离散小波变换，可以在不同分辨率下分析给定的信号。Daubechies 开发了多种紧支撑正交小波基，在小波分析领域得到广泛应用。在本书中，基于 Daubechies 小波基的正交小波变换用于对流动现象进行多分辨率分析，基于多维多尺度解析的流动现象解析将在后面章节详细讨论。

1.3　小波分析在流体力学中的应用

湍流是流体流动中的一种高度非线性状态，它由连续场（如速度或压力）描述。当流体运动的特征尺度远大于分子运动的自由程时，可以使用连续场描述湍流。湍流是一种典型的时空多尺度非线性流动现象，其时空多尺度特性指的是流体流动中存在不同尺度的流动结构，这些结构在时间和空间上相互交织，共同构成了湍流复杂的运动模式。这些尺度从宏观到微观不等，它们之间存在能量传递和相互作用，使得湍流呈现出丰富的时空演化特征。在过去的几十年里，小波分析广泛应用于分析从湍流实验研究或数值模拟中获得的流动数据。随着多分辨率分析和小波理论的迅速发展，小波分析成为研究复杂物理现象的有力工具。在流体力学领域，Yamada、Ohkitani 和 Meneveau 于 1991 年首次将湍流的一维实验数据分解为不同尺度进行统计分析。Farge 首先在湍流中引入小波变换，其中引入了局部间歇性、小波功率谱、分解能量等新概念，并探讨了小波分析在流体力学领域的应用潜力。

湍流中的流动结构具有间歇性，即在一段时间内某些尺度的流动结构可能占主导地位，而在另一段时间内其他尺度的结构可能更显著，这种间歇性使得湍流结构更加复杂。速度信号的小波变换成功应用于跟踪剪切流中的湍流结构并表征其统计特性。Camussi 和 Guj 使用正交小波变换识别风湍流相干结构的时间信息。通过使用基于小波的技术，Camussi 和 Felice 跟踪了涡旋结构，并实现了相干结构与背景流的分离，以及它们的长度尺度和其他相关量的测量。Chainais 等人进行了小波变换，将速度信号分离为背景相位和细节相位，并根据对数无穷可分级联模型分析了间歇性。Mouri 等人采用正交小波变换分析各向同性湍流的测量速度信号，并计算了平坦度因子、尺度相关性等统计度量。Gilliam 等人验证了小波分析可用于检测长时间序列中的相干结构，并引入了两种统计技术。采用间歇率估计器和基于小波分析的事件计数技术从风湍流的实验数据中提取相干结构。Rinoshika 和 Zhou 应用一维正交小波多分辨率技术分析圆柱体湍流近尾流中的两个正交平面同时获得的速度数据，根据速度分量的中心频率将其分解为不同的小波分量，为从不同尺度的湍流结构中提取新信息提供了一种有效的方法。

除在速度信号分析中的应用外，由于压力波动具有间歇性和非周期性，因此小波分析在壁面压力扰动分析中得到广泛应用。Soliman 等人介绍了小波分析在压力瞬态数据分析中的定性应用和定量应用。Poggie 和 Smiths 应用连续小波变换和谱分析来分离流动湍流及分离激波运动对压力波动的贡献。Lee 和 Song 应用连续小波变换研究了分离流随时间变化的压力特性，并发现了两种涡旋脱落模式与压力波动的关系。Camussi 等人应用交叉小波变换对湍流边界流中表现出强局部相干性的选定事件进行了条件统计。

钝体是工程中常用的基本结构体，广泛应用于交通、航空航天、建筑、环境、水利等领域。在一定雷诺数范围内，流体流经钝体表面产生的边界层分离和涡旋脱落等复杂流动现象至今仍然是流体力学研究领域的重点、难点。作为一种典型的流动现象，钝体后方形成的尾流对结构有时空域随机性和多尺度结构的特点。尾流中不同尺度的流动结构之间传递能量，大尺度涡旋通过涡流相互作用将能量传递给小尺度涡旋，从而激发更多湍流活动，这种能量传递在湍流的发展和维持中起关键作用。同时，尾流中的流动结构是动态变化的，它们不断地形成、发展和消亡，使得湍流呈现丰富的时空演化特征。许多研究人员利用小波变换得到湍流尾流的频谱和时间（或空间）信息。Addison 等人应用小波变换提取明渠尾流中的位置特征和进行湍流统计分析，并在其研究中介绍了钝体涡旋脱落模式等应用。Indrusiak 和 Moller 研究了圆柱体后方的瞬态湍流行为，其中通过离散小波变换观察到在较小雷诺数下施特鲁哈尔数意外大幅度增大。Weier 等人通过本征正交分解（proper orthogonal decomposition，POD）和连续小波变换提取了电磁强制分离流的主要特征。Alam 和 Zhou 使用小波相关方法详细研究了两个串联圆柱体尾流中的施特鲁哈尔数、力和流动结构，并首次在下游圆柱体后方检测到两个不同的涡流频率。Rinoshika 和 Zhou 将一维正交小波多分辨率技术应用于湍流尾流分析，其中根据流动结构的特征或中心频率将湍流尾流分解为多个小波分量。此外，

Rinoshika 和大森使用二维小波多分辨率技术分析了不同尺度下的瞬态涡量。

在计算流体力学领域，预测流体流动的时空演化需要求解纳维-斯托克斯（Navier - Stokes）方程。当纳维-斯托克斯方程的非线性项值远大于线性项值时产生湍流状态。湍流场的特征是高度波动，无法预测其详细运动，但可以预测某些平均量（如平均值和方差）或者其他相关量（如扩散系数、升力或阻力）。经典分析湍流的方法（如能量谱）存在局限性。由于傅里叶分析将物理空间中的信息分散到所有傅里叶系数的相位中，因此能量谱失去了所有时间和空间上的结构信息。因为小波分析可以同时分析时间和空间，并保留必要的自由度来预测湍流的演化，所以小波分析可以克服傅里叶分析的局限性。小波分析的基函数在物理空间和频谱空间都具有良好的局部化特性，意味着可以通过过滤小波系数保留流体流动的时空结构信息，而不会像傅里叶过滤一样丢失这些信息。在直接数值模拟（direct numerical simulation，DNS）中，受计算资源的限制，通常无法直接模拟湍流中的所有尺度，而小波分析可以帮助确定对整体流动行为最重要的尺度，并在这些尺度上进行更精确的模拟。Farge 等人开发了一种相干涡旋模拟方法，该方法基于正交小波将湍流结构分解为相干结构和非相干结构。Nguyen 等人基于小波系数的独特阈值开发了相干涡度提取方法。Lewalle 等人探讨了小波变换在伯格斯（Burgers）方程、泊松（Poisson）方程和纳维-斯托克斯方程中的应用。Ravnik 等人应用小波矩阵压缩技术求解流体动力学边界元法产生的线性方程组。Stefanol 应用小波多分辨率分析技术识别和追踪钝体流动中能量最大的流动结构，以构建一个高保真度的基于物理的自适应大涡模拟（large eddy simulation，LES）方法。Plata 和 Cant 使用小波多分辨率分析技术开发出一种大涡模拟及其相关亚网格封闭问题的建模方法。此外，采用小波方法可以降低数值模拟的计算复杂度，同时捕捉湍流流动的基本物理信息。除上述应用外，小波变换还被应用于流体动力学分析的其他领域。在实验测量或计算流体力学模拟中，常常需要处理大量数据。小波分析能够提供一种有效的数据压缩方法，同时保持重要的流动特征。此外，小波分析还可以用于去除噪声，提高数据的质量。Weng 等人应用基于 Mallat 算法的小波滤波器来改进粒子图像测速

(particle image velocimetry，PIV)的互相关分析。Westenberg 等人提出了一种通过矢量小波变换对二维矢量去噪的方法。

在多相流领域，受气泡或粒子运动的复杂性及复杂相互作用的影响，多相流表现为一个多尺度动态系统。有必要给出局部时频信号表示来描述湍流结构，小波变换为分析多相流系统中的非平稳特性和间歇特性提供了一种有效的工具。Lee 将小波多分辨率技术和互相关分析应用于离散悬浮旋流及沙丘流，提取并分析了不同尺度下的压力波动。Zhen 和 Hassan 将小波相关分析应用于微气泡减阻流中的流向脉动速度场以进行多尺度研究。他们发现，信号相位与微泡流的主要区别在于信号相位抑制了微泡流中的小尺度结构。Sathe 等人基于小波变换研究了鼓泡塔内的流动结构和输运现象。Ren 等人通过检查各种动态信号的小波谱函数来分析流化床中的动态行为，他们将信号分解为微观尺度（颗粒大小）、中观尺度（簇大小）和宏观尺度（单位大小）三个尺度分量。Sun 等人通过连续小波变换研究了气固流化床中的颗粒涡旋行为和相干结构。Elperin 和 Klochko 开发了一种基于小波变换的方法，通过分析压差信号识别气液两相流中的流型。Nguyen 等人开发了一种通过连续小波变换的局部小波能量系数图来客观判别两相流流型的方法。Takei 等人使用三维小波多分辨率技术提取计算机体层扫描（computed tomography，CT）捕获的稠密流的颗粒浓度分布，并使用该技术可视化特定尺度下的时间和空间颗粒分布。

综上所述，小波分析因具有独特的时频和多尺度分析能力而在流体动力学中得到广泛应用，并将继续作为阐明流体信号的有力工具。

1.4 关于本书

现有复杂流动现象在时间域和空间域大多具有随机性特点。在时间域，流动参数被描述为非平稳、非线性和间歇信号。在空间域，湍流结构表现为多尺度现象，其中一系列尺度上的波动（涡流）叠加在平均流上。由于流动现象具有多尺度特性，因此小波分析为流体动力学分析提供了一种强大的工具。在本书中，我们以钝体绕流和气固两相流为例，基于小波分析说明多尺度解析方法在复杂流动现象分析中的应用。本书针对复杂流动现象的多尺度特点，通过开发多维多尺度解析方法，系统分析了湍流尾流的多尺度结构和水平气力输送系统中的多尺度颗粒动力学行为，同时结合当前流场常见的本征正交分解方法开展了对比分析和联合应用的研究。

在流体力学领域，湍流是一种重要的流动现象，但由于其在时间域和空间域具有不稳定性，因此有效地描述湍流的性质至今仍然是物理学中的重大难题。为深入获取流场中不同结构包含的物理信息，把湍流结构分解成不同尺度是一种有效手段。针对湍流流场在时间上呈现的多尺度特性，第 2 章将基于时间多尺度解析的一维正交小波变换应用于新月形沙丘和不同钝体的湍流结构分析，根据测量所得湍流结构的中心频率将其分解为不同尺度，从瞬态流型、长度尺度、波动能量、雷诺应力分布和互相关等方面分析尾流中的多尺度结构。针对隐藏于主流下尺度较小的湍流结构通常被相位平均过程掩盖的问题，提出了基于多尺度解析的流场相位平均方法，得到不同尺度流动结构的相位变化规律、形成和发展过程。

从空间角度，湍流结构可看成由不同尺寸的涡旋结构叠加而成，使流场呈现杂乱无序的状态，需要我们从空间上抽取不同尺度的涡旋结构。为了弥补一维正交小波变换无法准确抽取流场不同空间尺度涡旋结构的特点，第 3 章将提出基于多维正交小波的流场空间多尺度解析方法。结合实验测量数据或数值计算结果的数据结构特点，应用二维正交小波变换或三维正交小波变换，将典型钝体尾流的复杂湍流结构分解成多个空间尺度，从而对流场中可能存在的不同尺度的涡旋结构进行识别和统计分析。

在大量工业生产过程中，经常使用管道实现固体颗粒的气力输送。为了避免高能耗、管道腐蚀和颗粒降解，通常在低风速下进行气力输送。为了实现该目的，需要揭示气固两相流的机理，特别是低风速范围内的颗粒动力学。在第 4 章将重点研究最小压降空气输送速度下的颗粒动力学，并在两种气力输送系统下进行颗粒动力学分析：一种是传统的水平气力输送系统；另一种是翅片式自激气力输送系统。采用连续小波变换和正交小波变换研究上述气力输送系统的颗粒动力学，从功率谱分析、时频分析、自相关、互相关、波动强度和速度分布等方面分析了多尺度颗粒动力学行为。

作为一种常用的流场数据处理技术，本征正交分解分别将流场在空间和时间上连续的物理量按照空间和时间分解，得到流场的本征正交分解模态和对应的时间系数，通过对各阶模态能量排序，得到不同模态的结构特征和对流场的贡献，而小波分析基于时间或空间尺度分解流场。本征正交分解常用于分析大尺度的高能低阶流场结构，其高阶模态的频域分布范围较大，包含不同尺度的流动结构，不利于提取流动特征。而多尺度解析方法能够提取流场中特定尺度范围的流动结构，弥补本征正交分解在流动结构分解中的不足。这两种方法有不同的分类标准，第 5 章将比较分析两种方法在流动结构解析方面的异同点，探讨多尺度解析方法的拓展应用，提出结合本征正交分解和空间多尺度解析的流动结构解析方法，以准确提取特定尺度下的拟序结构及其时空演化过程。

第 2 章　时间多尺度解析方法在湍流结构分析中的应用

在流体力学领域，湍流是一种重要的流动现象，但由于其在时间和空间上具有不稳定性，因此有效地描述湍流的性质至今仍然是物理学中的重大难题。近几十年来，研究人员不断深化对湍流产生机理和演化规律的认识，通过大量实验，他们在流场中发现了在时间和空间上具有准周期性特征的拟序结构。拟序结构改变了人们对湍流本质的传统认识，湍流不再只是完全随机的运动，而是有序的多尺度涡旋运动与随机运动的叠加。为深入获取流场中不同结构包含的物理信息，把湍流结构分解成不同尺度是一种有效手段。

针对湍流结构多尺度解析的方法有相位平均和本征正交分解。其中，采用相位平均方法可以得到不同相位条件下流场参数的平均信息，抽取流场中的大尺度拟序结构，这种方法只有在流场具有明显周期性特征时有效（如流场中存在卡门涡街）。采用本征正交分解可以得到流场中按能量排序的不同模态，把湍流结构分解为大尺度的拟序结构和非拟序结构。然而，实际的湍流结构由多种尺度的涡旋组成，除大尺度涡旋外，还存在中、小尺度的涡旋，也能给流场带来不同的影响。因此，需要依据一定的流场特性把湍流结构分解为不同尺度。作为 20 世纪 80 年代末期出现的时间-频率（时间-尺度）分析工具，小波分析完善了傅里叶分析，具有广泛的理论意义和应用范围。与传统的傅里叶分析相比，小波分析在时域和频域都具有表征局部信号的能力，在处理非稳态的间歇性信号时有明显优势，且提供多分辨率（尺度）分析途径。自从 Yamada 和 Meneveau 首次应用小波分析把湍流实验数据分解成不同尺度并进行统计学分析，小波分析在流体力学领域的应用吸引了越来越多研究人员的注意，其中一维正交小波变换提供了一种以流场参数中心频率为基准的多尺度分析方法，能够有效地抽取特定频段的流场结构，为深入研究湍流结构提供了新的手段。

2.1 基于时间多尺度的流场结构解析方法

针对湍流流场在时间上呈现的多尺度特性，应用一维正交小波变换对流场中各测量点的速度沿时间方向进行解析运算，获取流场中包含的多尺度湍流结构。下面以流场中某测量点的脉动速度 v' 为例，说明其运算过程。流场中某测量点的脉动速度定义为

$$v'(x_i,y_j,n)=v(x_i,y_j,n)-\overline{v(x_i,y_j)},i=1,\cdots,n_x;j=1,\cdots,n_y;n=1,\cdots,n_t$$

式中，x_i 和 y_j 为测量点的空间位置；n 为测量数据数量。

一维正交小波变换的具体过程如下。

(1) 把流场中任一点随时间变化的瞬态脉动速度放入一个一维数据矩阵 $\boldsymbol{v}'^N$，矩阵可表示为

$$\boldsymbol{v}'^N=[\overline{v'_1\ v'_2\ \cdots\ v'_{2^N}}]^{\mathrm{T}} \tag{2-1}$$

式中，N 值取决于数据长度。

(2) 通过系数为 8 的 Daubechies 小波基矩阵 $\boldsymbol{C}^N$ [式 (2-2)] 对初始数据矩阵 $\boldsymbol{v}'^N$ 进行卷积运算，得到由平顺系数 [(s_i^1 ($i=1$, …, 2^{N-1})，低频成分)] 和差分系数 [d_i^1 ($i=1$, …, 2^{N-1})，高频成分] 组成的小波系数矩阵 $\boldsymbol{X}_w$。

$$\boldsymbol{C}^N=\begin{pmatrix} c_0 & c_1 & c_2 & c_3 & \cdots & c_6 & c_7 & 0 & 0 & \cdots & 0 & 0 \\ c_7 & -c_6 & c_5 & -c_4 & \cdots & c_1 & -c_0 & 0 & 0 & \cdots & 0 & 0 \\ 0 & 0 & c_0 & c_1 & \cdots & c_4 & c_5 & c_6 & c_7 & \cdots & 0 & 0 \\ 0 & 0 & c_7 & -c_6 & \cdots & c_3 & -c_2 & c_1 & -c_0 & \cdots & 0 & 0 \\ \vdots & & & & & & & & & & & \\ c_2 & c_3 & c_4 & c_5 & \cdots & 0 & 0 & 0 & 0 & \cdots & c_0 & c_1 \\ c_5 & -c_4 & c_3 & -c_2 & \cdots & 0 & 0 & 0 & 0 & \cdots & c_7 & -c_6 \end{pmatrix} \tag{2-2}$$

$$\boldsymbol{X}_w = \boldsymbol{C}^N \times \boldsymbol{v}'^N = [s_1^1 \quad d_1^1 \quad s_2^1 \quad d_2^1 \cdots s_{2^{N-1}-1}^1 \; d_{2^{N-1}-1}^1 \; s_{2^{N-1}}^1 \; d_{2^{N-1}}^1]^{\mathrm{T}} \tag{2-3}$$

(3)通过置换矩阵 $\boldsymbol{P}^N$ 把矩阵 $\boldsymbol{X}_w$ 中的平顺系数 s_i^1 置换到 $\boldsymbol{X}_w^N$ 矩阵的前半部分，将差分系数 $d_i{}^N$ 置换到 $\boldsymbol{X}_w^N$ 矩阵的后半部分。

$$\boldsymbol{X}_w^N = \boldsymbol{P}^N \times \boldsymbol{X}_w = [s_1^1 \quad s_2^1 \quad \cdots \quad s_{2^{N-1}}^1 \quad d_1^1 \quad d_2^1 \quad \cdots \quad d_{2^{N-1}}^1]^{\mathrm{T}} \tag{2-4}$$

(4) 对第 (3) 步得到的平顺系数进行卷积和置换计算，直到最大尺度的小波系数被分解出来，这个过程将重复 ($N-4$) 次。式 (2-5) 中的矩阵 $\boldsymbol{S}$ 称为小波系数矩阵，由 ($N-2$) 个不同的小波系数分量组成。小波分析矩阵 $\boldsymbol{W}$ 可通过小波基矩阵和置换矩阵的级联算法得到。

$$\boldsymbol{S} = \boldsymbol{W}\boldsymbol{v}'^N = \Big[\underbrace{s_1^{N-3}, s_2^{N-3}, \cdots s_8^{N-3}}_{\text{level1}}, \underbrace{d_1^{N-3}, d_2^{N-3}, \cdots d_8^{N-3}}_{\text{level2}}, \underbrace{d_1^{N-4}, d_2^{N-4}, \cdots d_{16}^{N-4}}_{\text{level3}}, \cdots, \underbrace{d_1^1, d_2^1, \cdots, d_{2^{N-1}}^1}_{\text{level}(N-2)}\Big]^T \tag{2-5}$$

$$\boldsymbol{W} = \boldsymbol{P}^4 \boldsymbol{C}^4 \cdots \boldsymbol{P}^{N-1} \boldsymbol{C}^{N-1} \boldsymbol{P}^N \boldsymbol{C}^N \tag{2-6}$$

一维正交小波变换分解如图 2-1 所示。

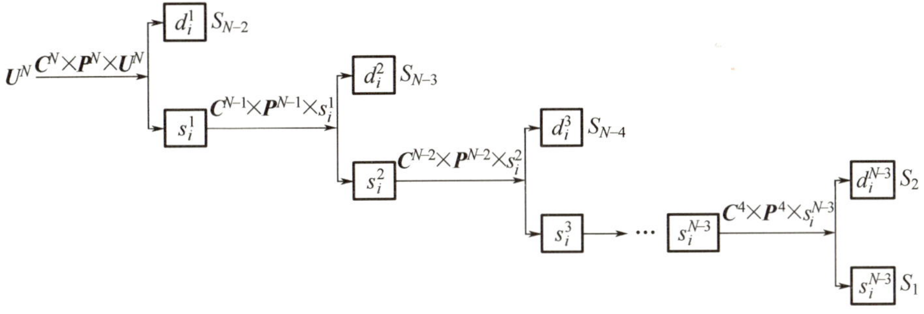

图 2-1　一维正交小波变换分解

(5) 小波分析矩阵正交 ($\boldsymbol{W}^{\mathrm{T}}\boldsymbol{W} = \boldsymbol{I}$，其中 $\boldsymbol{I}$ 为单位矩阵)，离散小波的逆变换可表示为

$$\boldsymbol{v}'^N = \boldsymbol{W}^{\mathrm{T}} \boldsymbol{S} \tag{2-7}$$

(6) 基于小波系数矩阵中各系数分量的频率特性，可将小波系数分解为

各分量之和并对各分量进行重构。

$$
\begin{aligned}
\boldsymbol{S} &= [s_1^{N-3}, s_2^{N-3}, \cdots, s_8^{N-3}, d_1^{N-3}, d_2^{N-3}, \cdots, d_8^{N-3}, d_1^{N-4}, d_2^{N-4}, \cdots, \\
&\quad d_{16}^{N-4}, \cdots, d_1^i, d_2^i, \cdots, d_{2^{i-1}}^i, \cdots, d_1^1, d_2^i, \cdots, d_{2^{N-1}}^1]^{\mathrm{T}} \\
&= [s_1^{N-3}, s_2^{N-3}, \cdots, s_8^{N-3}, 0, \cdots, 0]^{\mathrm{T}} + [0, \cdots, 0, d_1^{N-3}, d_2^{N-3}, \cdots, d_8^{N-3}, \\
&\quad 0, \cdots, 0]^{\mathrm{T}} + [0, \cdots, 0, d_1^{N-4}, d_2^{N-4}, \cdots, d_{16}^{N-4}, 0, \cdots, 0]^{\mathrm{T}} + \cdots + [0, \cdots, 0, \\
&\quad d_1^i, d_2^i, \cdots, d_{2^{i-1}}^i, 0, \cdots, 0]^{\mathrm{T}} + \cdots + [0, \cdots, 0, d_1^1, d_2^1, \cdots, d_{2^{N-1}}^1]^{\mathrm{T}} \\
&= \boldsymbol{S}_1 + \boldsymbol{S}_2 + \boldsymbol{S}_3 + \cdots + \boldsymbol{S}_i + \cdots + \boldsymbol{S}_{N-2}
\end{aligned}
\tag{2-8}
$$

$$
\boldsymbol{v}'^N = \boldsymbol{W}^{\mathrm{T}}\boldsymbol{S}_1 + \boldsymbol{W}^{\mathrm{T}}\boldsymbol{S}_2 + \boldsymbol{W}^{\mathrm{T}}\boldsymbol{S}_3 + \cdots \boldsymbol{W}^{\mathrm{T}}\boldsymbol{S}_i + \cdots + \boldsymbol{W}^{\mathrm{T}}\boldsymbol{S}_{N-2} \tag{2-9}
$$

式中，$\boldsymbol{W}^{\mathrm{T}}\boldsymbol{S}_1$ 为尺度 1 的小波分量（最小频率）；$\boldsymbol{W}^{\mathrm{T}}\boldsymbol{S}_{N-2}$ 为尺度（$N-2$）的小波分量（最大频率）。

通过上面的公式最多可以把初始脉动速度分解为（$N-2$）个尺度，各尺度的小波分量以不同的中心频率为特征。应用相同方法对流场中 $n_x n_y$ 个测量点的脉动速度参数进行分解，可以得到由不同尺度小波分量组成的沿时间方向变化的瞬态速度场。测量区域内各点的瞬态速度场的重构过程如下。

$$
\begin{aligned}
\boldsymbol{v}(x_i, y_j, n) = \overline{\boldsymbol{v}(x_i, y_j)} &+ \underbrace{\boldsymbol{W}^{\mathrm{T}}\boldsymbol{S}_1(x_i, y_j)}_{\text{level1}} + \underbrace{\boldsymbol{W}^{\mathrm{T}}\boldsymbol{S}_2(x_i, y_j)}_{\text{level2}} + \cdots + \\
&\underbrace{\boldsymbol{W}^{\mathrm{T}}\boldsymbol{S}_i(x_i, y_j)}_{\text{level}i} + \cdots + \underbrace{\boldsymbol{W}^{\mathrm{T}}\boldsymbol{S}_{N-2}(x_i, y_j)}_{\text{level}(N-2)}
\end{aligned}
\tag{2-10}
$$

图 2-2 所示为流场中某测量点流向速度 U 及其对应的 8 个小波分量随时间变化关系图。其中测量得到的流向速度可看成不同尺度小波分量的叠加，U_1 表示脉动速度小波分量 1 和流场平均流动速度的叠加，依此类推。对流场中所有测量点的流向速度 U 和垂向速度 V 都进行小波变换，可得到不同尺度的流场参数，实现对流场多尺度的定性分析和定量分析。

2.2 新月形沙丘三维尾流结构的时间多尺度解析

沙丘是许多自然环境中的常见特征，分为新月形沙丘、横向沙丘、纵向沙丘、网状沙丘、星状沙丘等。新月形沙丘是最简单且研究最多的沙丘，其

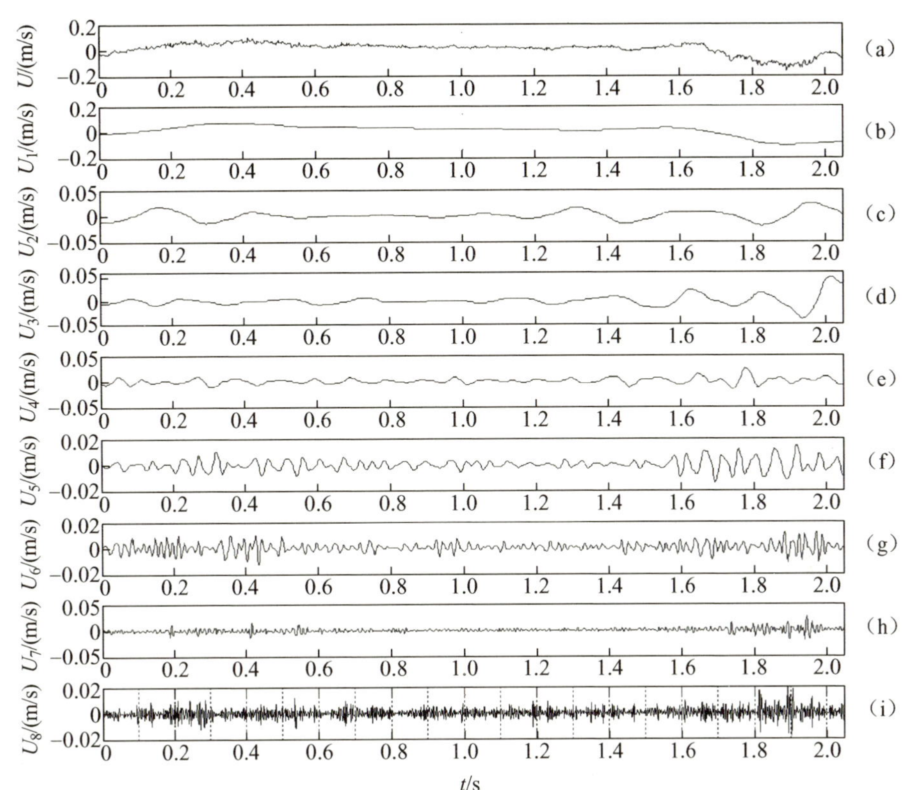

图 2-2　流场中某测量点流向速度 U 及其对应的 8 个小波分量随时间变化关系图

特点是在风向侧有一个迎风坡，在背风侧有一个顺风坡，且沿着流动方向有两个逐渐向下游延伸的角。当气流流经新月形沙丘时，沙丘背风面形成与流动分离、高剪切、二次流和高度不稳定的流动区域。新月形沙丘因呈流线型而可能减小空气阻力，避免颗粒被接近的气流吹走。受新月形沙丘特征的启发，Zhou 和 Hu 提出了一种新的新月形沙丘形斜坡薄膜冷却设计，使从冷却剂喷射孔排出的冷却剂流更牢固地停留在目标表面，以提高薄膜的冷却性能。Rinoshika 和 Suzuki 将新月形沙丘模型应用于水平气力输送系统，并成功地减少了颗粒的沉积、降低了输送空气速度。

目前，通过数值模拟和实验测量对沙丘形态及动力学进行了广泛研究。近年来，大涡模拟成为一种常见的数值模拟方法，并与实验测量的时间平均速度和湍流波动有良好的一致性。Yue 等人和 Grigoriadis 分别对二维沙丘进行了大涡模拟研究，并集中关注沙丘顶部后方的相干结构。Omidyeganeh等人使用大涡模拟研究了具有不同沙丘间距的三维沙丘阵列周围的湍流结构。考虑到非定常流动过程中的沙丘形态，Wang 等人使用大涡模拟研究了上游沙丘与下游沙丘之间的湍流。在过去的几十年里，测量技术得到了极大发展，并广泛应用于流体动力学研究。Wiggs 和 Weaver 使用三维超声波风速计研究了巴丹吉林沙丘上的湍流结构和泥沙输运。Best 和 Kostaschuk 使用激光多普勒风速计（laser - Doppler anemometer，LDA）对低角度沙丘上的湍流进行了实验研究，并指出沙丘形态在泥沙输运、湍流产生和流动阻力方面起重要作用。Venditti 和 Bennett 使用超声多普勒速度计（acoustic Doppler velocimeter，ADV）研究了固定沙丘上湍流流动速度和泥沙浓度的频谱特性。Balachandar 使用激光多普勒测速仪（laser Doppler velocimeter，LDV）测量了深度对一系列固定二维沙丘上流动的影响。尽管激光多普勒测速仪测量精确，但只能测量流动中的选定点，而不适合检测时间依赖性和发展中的结构。作为一种流行的工具，粒子图像测速因具有高精度、全场测量和瞬态测量的能力而得到广泛应用。Franklin 和 Charru 使用高分辨率摄影及粒子图像测速研究了孤立移动巴丹吉林沙丘的形态和相关湍流。Bristow 等人通过对侧向偏移的固定床巴丹吉林沙丘模型上湍流的测量，揭示了上游巴丹吉林沙丘的遮蔽影响下游巴丹吉林沙丘的流动分离和湍流的方式。Palmer 等人对固定床模型进行了测量，以检查巴丹吉林沙丘相互作用对流场结构的影响。众所周知，巴丹吉林沙丘呈三维形态，由于存在二次环流，因此沙丘后方的流动也变为三维湍流。然而，近年大多数实验研究仍集中在流向平面的流体动力学。为了全面描述沙丘尾流中的湍流结构，研究沙丘后方的三维湍流结构具有根本意义，这也是本书研究的目标。

如 Parsons 等人所述，需要量化三维沙丘上涡旋结构的尺度，以评估多尺度湍流对泥沙悬浮的影响。为了进一步理解沙丘上的流体动力学，需要了解沙丘的三维湍流结构及多尺度湍流结构的详细信息，而小波分析为提取测量平面的多尺度结构和流动间歇性提供了一个强大特别工具。对沙丘顶部现场测量数据的小波分析显示，喷射事件与泥沙悬浮存在强相关性，剪切层的涡旋脱落有助于形成大尺度结构。Zheng 和 Rinoshika 基于大涡模拟，对巴丹吉林沙丘尾流中的瞬态尾流结构进行了三维正交小波分解，根据长度尺度将湍流结构分解为多个小波分量。他们发现，沙丘后方的相干结构是大尺度结构和中尺度结构共同作用的结果。然而，为了进一步理解湍流尾流，可以根据统计参数（如波动能量、湍流空间尺度、雷诺应力和相关函数）对分解后的不同尺度结构进行研究，可为理解沙丘尾流提供新的见解。

本书旨在揭示沙丘尾流中的多尺度湍流结构及其相应的二阶统计量。首先，使用高速粒子图像测速分别测量巴丹吉林沙丘模型在流向平面、展向平面和垂直平面的湍流尾流；然后，应用时间平均流动模式和功率谱分析来分析平均流动结构；接着，使用一维小波多分辨率技术，根据中心频率将湍流结构分解为不同尺度；最后，分析多尺度结构的瞬态流动模式、长度尺度、波动能量、雷诺应力分布和空间相关。

2.2.1　实验装置与数据采集

图 2-3 所示为新月形沙丘模型的几何特征，其迎风坡凸且平缓，背风坡凹且陡。沙丘模型的背风侧包含一个滑面和两个沿着沙丘脊延伸的角。在本书中，沙丘模型由聚乳酸（poly lactic acid，PLA）制成，并使用三维打印机以 0.15mm 的空间分辨率逐层打印。沙丘模型的长度、宽度、高度分别为 120mm、120mm、20mm；迎风坡角 $\alpha=20°$，背风坡角 $\beta=35°$。对沙丘模型的几何参数参考了之前的研究，纵横比在 Palmer 等人总结的测量范围内。除上述参数外，还采用间隔为 $0.2h$ 的等高线［图 2-3（b）］生成三维数字沙丘模型。基于之前对沙丘尾流的数值研究估算的科尔莫戈罗夫（Kolmogorov）尺度为 0.48mm，与沙丘模型的空间分辨率为同一数量级。沙丘模型的空间分辨率被认为会对这种精细尺度的湍流结构产生影响。

在 400mm（宽度）×250mm（高度）×1000mm（长度）实验段的循环水槽中测量沙丘模型尾流，侧壁和底壁配备透明玻璃板，用于激光照明和流场可视化。为保证流动均匀性，在实验段前放置一个沉降室、一个蜂窝、三

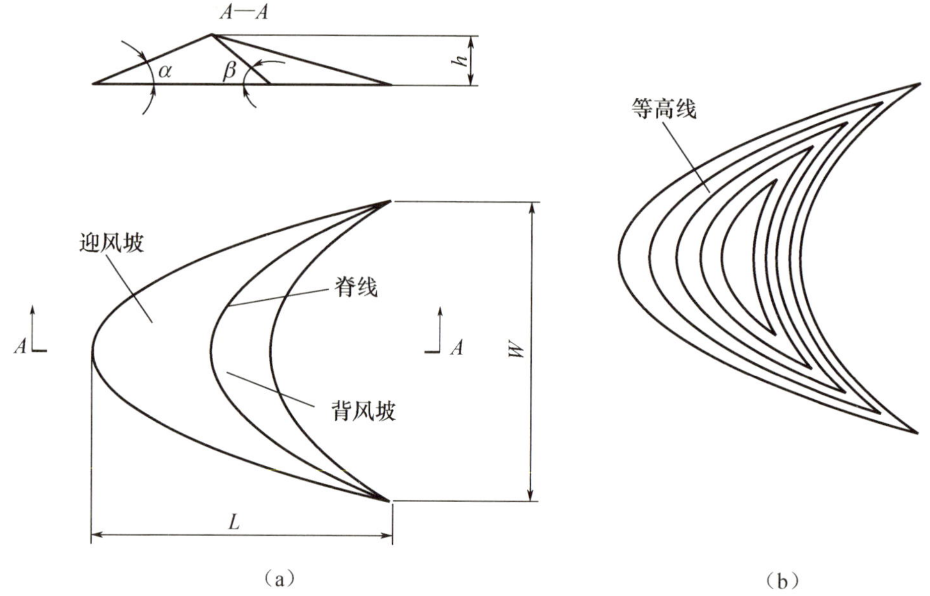

L—沙丘模型的长度；h—沙丘模型的高度；W—沙丘模型的宽度；

α—迎风坡角；β—背风坡角。

图 2-3　新月形沙丘模型的几何特征

个湍流阻尼筛和一个收缩器。在空实验段，平均速度均匀，湍流强度小于0.2%。实验装置如图 2-4 所示。用四个臂将一块宽度为 400mm、长度为800mm 的平板安装在实验段底壁上方 50mm 处。平板有一个倾斜的前缘，以避免流动分离。将沙丘模型放置在水道中心线，距离板块前缘下游 400mm。粒子图像测速测量是在恒定自由流速度（$U_0=0.285\text{m/s}$）下进行的，基于沙丘模型高度的雷诺数 $Re=5530$。在本书中，来流边界层的特征长度为400mm。在没有沙丘模型的情况下，对应于自由流速度 99%的边界层厚度为24.2mm，边界层厚度与沙丘高度的比值为 1.2，表明沙丘模型在边界层流动。

通过 VisionPro 软件测量沙丘模型后面的速度场。使用激光器和高速照相机实现粒子图像测速，并配备一个柱面透镜，沿沙丘模型的测量平面产生厚度为 1.5mm 的激光光片。本书使用的高速照相机（Photron FASTCAM-SA3）的最大空间分辨率为 1024 像素×1024 像素，帧率为 1000f/s。将直径为 63～75μm 的聚苯乙烯颗粒用作流动回路中的粒子图像测速示踪剂。如图 2－4所示，分别在流向平面（xz）、展向平面（yz）和垂直平面（xy）测量。目标流量不同，实验条件不同。在 xy 平面和 xz 平面，将帧率设置为 250f/s，分别以 1024 像素×768 像素和 1024 像素×1024 像素的空间分辨率捕获数字图像。为了测量 yz 平面的速度场，将高速照相机外壳放置在距离沙丘模型下游约 1000mm 的位置，以确保其不会影响沙丘模型后方的自由流速度和湍流强度。在安装高速照相机外壳前后，自由流速度和最大湍流强度的变化均小于 2%，因此高速照相机外壳对来流的影响可以忽略不计。在测量前，在没有高速照相机外壳的情况下检查自由流，以确保高速照相机外壳不会影响沙丘模型后方的流动。由于流向速度较高，因此本书将帧率设置为 500f/s，空间分辨率为 1024 像素×768 像素。

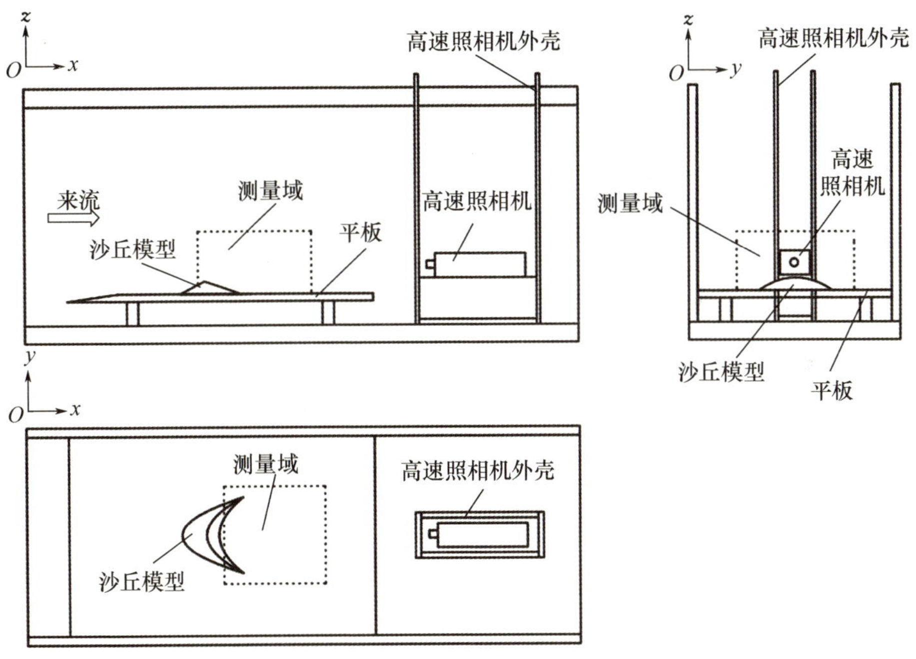

图 2－4　实验装置

在连续粒子图像之间使用基于快速傅里叶变换的互相关技术生成瞬态速度矢量场。xy 平面、xz 平面和 yz 平面的测量区域尺寸分别为 120mm×120mm、

180mm×90mm 和 120mm×90mm。询问窗口为 32 像素×32 像素，每个实验条件都有 50%的重叠，分别在 xy 平面、xz 平面和 yz 平面提供 6400（80×80）个、7200（120×60）个、4800（80×60）个速度矢量。因此，像素大小约为 0.18 毫米/像素，速度矢量的空间分辨率约为 1.5mm。当前速度矢量的网格尺寸能够捕捉到约 3 倍的科尔莫戈罗夫尺度（0.48mm），并且远小于本书关注的最小尺度（6mm）。在 95%的置信水平下，测量速度矢量场的统计不确定度估计为 1.54%。为了确定时间平均流动结构，本书测量了 6000 个瞬态速度矢量场。在 xy 平面、xz 平面和 yz 平面上的瞬态速度矢量场分别进行 24s、24s 和 12s 的测量。

在对流场数据进行时间多尺度解析小波前，通过减去时间平均速度矢量场，使用瞬态局部速度矢量场计算波动速度。波动速度可定义为

$$u'(x_i,y_j,n)=u(x_i,y_j,n)-\overline{u(x_i,y_j)},i=1,\cdots,n_x;j=1,\cdots,n_y;n=1,\cdots,n_t$$

式中，u 表示沿流向、展向或垂直方向的速度分量；x_i 和 y_j 提供测量点的局部空间信息；n 是粒子图像测速图像的数量。粒子图像测速测量可以对测量流场进行一维小波分解或二维小波分解。一维小波分解沿着时间方向在每个测量点上进行，得到以频率带宽为特征的小波分量；二维小波分解在每个瞬态测量区域上进行，得到以空间尺度为特征的小波分量。本书旨在揭示沙丘尾流多尺度结构的时间信息，因此，采用一维正交小波分解来分解得到的速度波动。

2.2.2 不同测量平面内沙丘尾流的时均流场

图 2-5 至图 2-7 所示分别为通过测量的瞬态速度矢量场计算出的 xy 平面、xz 平面和 yz 平面的时间平均流线和雷诺应力分布。在这项研究中，xy 平面对应于沙丘模型近似中高处（$z/h=0.4$）的垂直平面，xz 平面对应于沿沙丘模型中心线（$y/h=0$）的流向平面，$x/h=0$ 被设定在具有最大高度的沙丘顶部的中心位置。如图 2-5 所示，xy 平面流动的主要特征是源自沙丘脊的两个剪切层是一对具有相反旋转方向的大尺度涡旋。这两个剪切层形成沙丘模型后方的分离区，并延伸到 $x/h=4.6$ 下游的滞流点。雷诺应力轮廓在剪切

层边界附近的中心线（$y/h=0$）两侧出现一对峰值。关于流线模式，观察到涡旋对相对于中心线存在轻微的不对称及鞍点的偏移，这可能是由在当前实验条件下仅捕获约 28 个周期的流动振荡导致的。如图 2-6 所示，在 xz 平面通

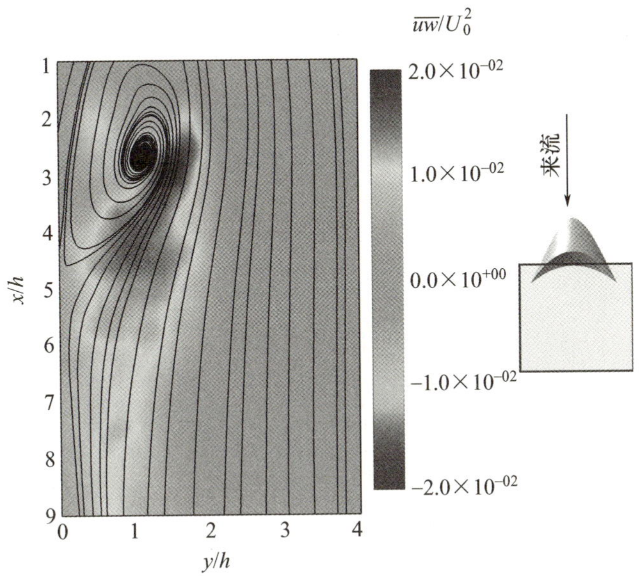

图 2-5 xy 平面的时间平均流线和雷诺应力分布

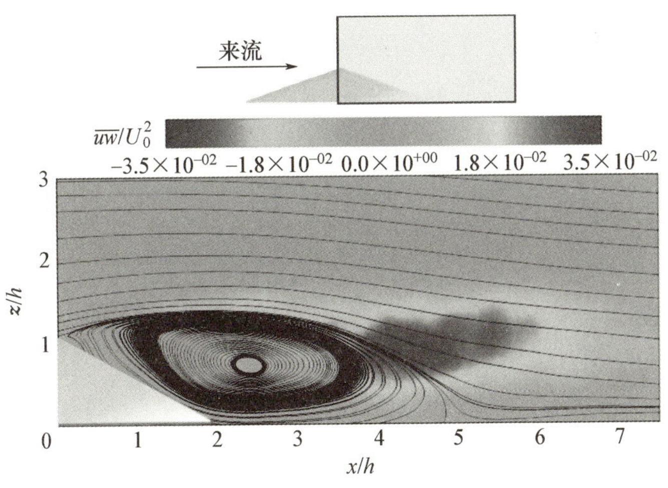

图 2-6 xz 平面的时间平均流线和雷诺应力分布

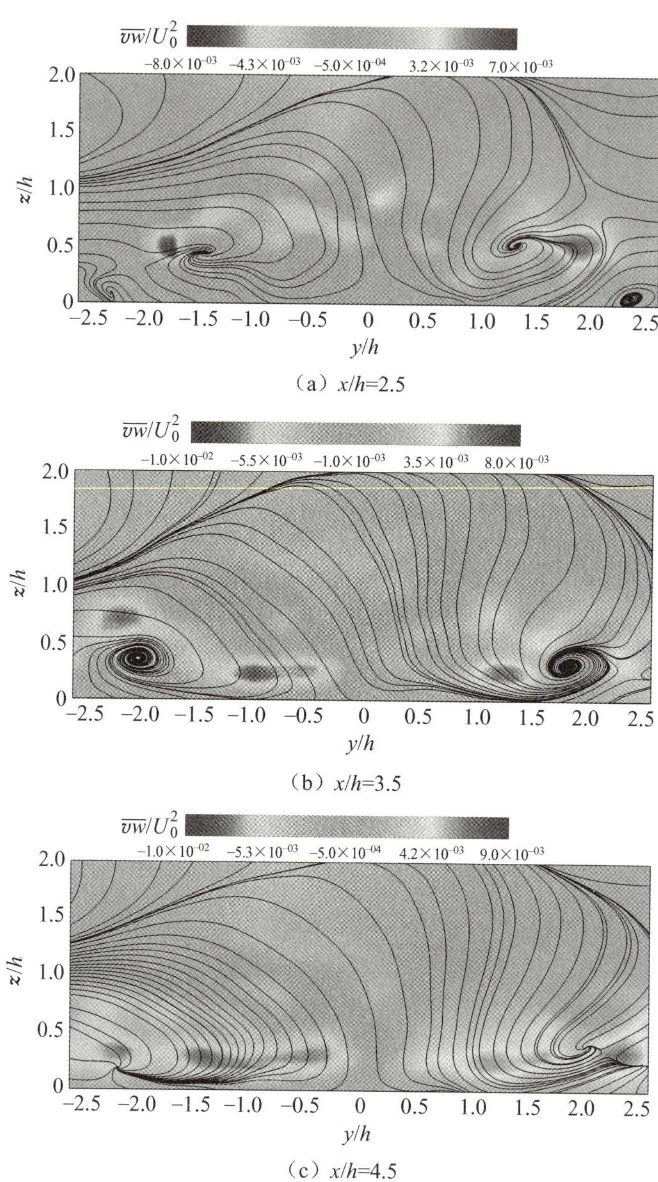

（a）x/h=2.5

（b）x/h=3.5

（c）x/h=4.5

图 2-7 yz 平面的时间平均流线和雷诺应力分布

过流线模式清楚地观察到因开尔文-亥姆霍兹不稳定性而从沙丘顶部分离的来流形成一个大的分离区，其中发生了高流体和动量交换。在沙丘模型的背风侧，水流在沙丘顶部下游 $x/h\approx4.8$ 处重新附着，这与之前的观测结果一致。

对于雷诺应力分布，在分离区边界附近观察到一个存在强烈波动的区域，表明从沙丘顶部脱落的涡流在沙丘模型的背风侧产生了显著的湍流应力。在剪切层和沙丘模型背风侧之间观察到一个雷诺应力明显较小的区域，表明在沙丘背风侧发生流夹带的分离区内速度波动强度较低。

由图 2-7 可以看出，在三个位置的分离区可以清楚地观察到一对与 xy 平面中的涡旋对对应的大尺度涡旋，受沙丘脊的影响，涡旋对沿着沙丘的两个角延伸，两个涡核的距离从 $x/h=2.5$ 逐渐增大到 $x/h=4.5$。此外，我们发现涡核的高度从 $z/h=0.5$ 减小到 $z/h=0.2$，从 $x/h=2.5$ 减小到 $x/h=4.5$，可能与高动量流体流向下游时的下行输运增强有关。关于雷诺应力分布，最大雷诺应力出现在三个位置的涡核周围。xy 平面、xz 平面和 yz 平面显示的流型可能意味着沙丘尾流呈三维螺旋涡旋，其中涡旋遵循沙丘的拓扑结构。

2.2.3　不同尺度结构的频谱特性和尺度特征

在本书中，使用一维小波多分辨率技术将测量的速度数据分解为四个小波分量。为了揭示小波分量的频谱特征，进行快速傅里叶变换，以分析在 $x/h=3.0$ 和 $y/h=1.8$ 的选定点处测量的展向（y 向）波动速度及其相应小波分量，该选定点大致位于涡流的流动路径上。根据快速傅里叶变换的结果绘制其功率谱 S_v 与频率的关系曲线。如图 2-8（a）所示，在 1.2Hz 附近观察到测量的波动速度的最显著峰值，表明沙丘模型后方的准周期性涡旋运动的主导频率；同时在 2.5 Hz 和 5.4 Hz 处观察到另外两个显著峰值，意味着沙丘尾流中可能存在不同尺度结构。图 2-8（b）至图 2-8（e）所示分别为从小波分量 1 到小波分量 4 的功率谱与频率的关系曲线。可以看出，每个小波分量都在中心频率处有一个显著峰值，峰值谱随着小波级数的增大而逐渐减小。小波分量对应的中心频率分别为 1.2 Hz、2.5 Hz、5.4 Hz、24.2 Hz，与图 2-8（a）所示的峰值对应。显然，四个小波分量的频谱之和是原始测量数据频谱的重建，表明小波分析在时间上提取不同尺度湍流结构的能力。

如上所述，小波分析的重建过程为提取可能反映不同物理性质的真实流

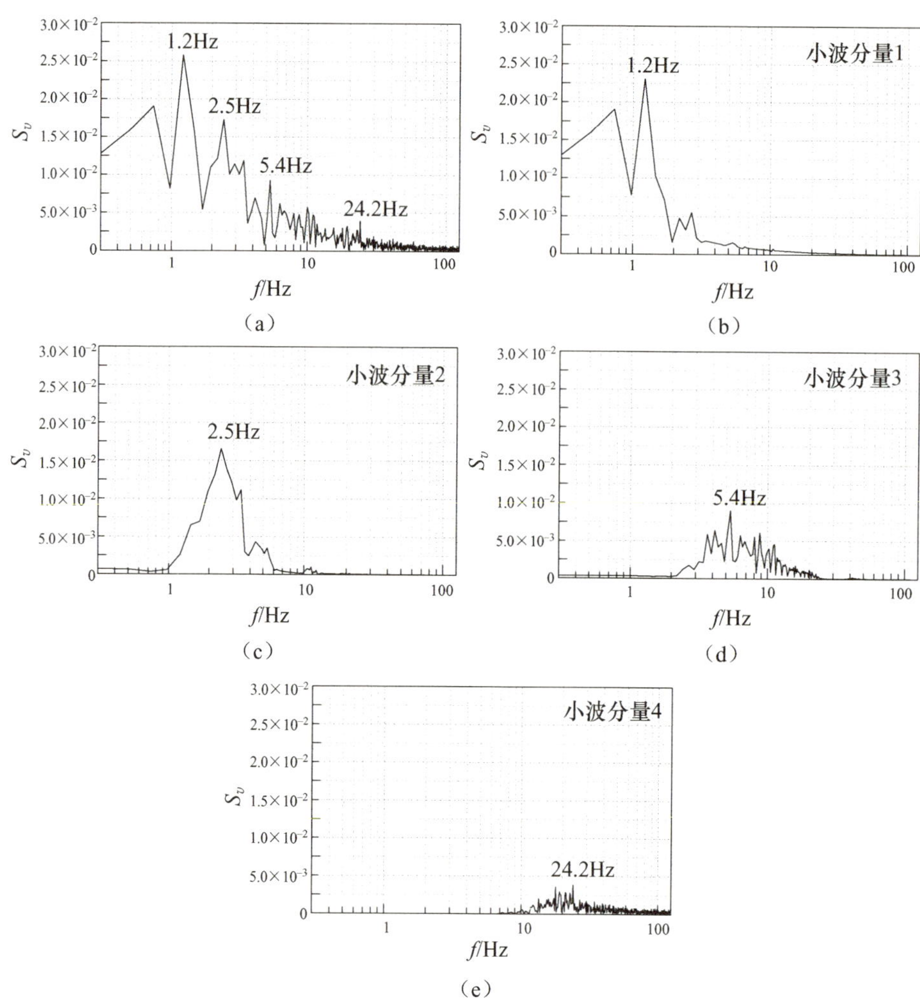

图 2-8　在 $x/h=3$ 和 $y/h=1.8$ 处测量的展向波动速度及其相应小波分量的功率谱与频率的关系曲线

场的多尺度湍流结构提供了一种有效的工具。为了确定小波分量的长度尺度，需要计算测量的波动速度及其相应小波分量的空间相关函数。空间相关系数定义为

$$R_{uu}^{i}(x,r)=\frac{\overline{u'^{i}(x)u'^{i}(x,r)}}{\sqrt{\overline{[u'^{i}(x)]^{2}}\,\overline{[(u'^{i}(x,r)]^{2}}}}$$

式中，u'为波动速度，上角标 i(i=1,…,3) 表示不同尺度（对应不同的小波

分量)；r 为两个测量点的距离。

图 2-9 所示为沿流向 $y/h=1.6$ 处流向波动速度及其相应小波分量的相关系数分布。可以看出，所有相关系数都减小到其第一个最小值，并在下游继续振荡。R_{uu}、R_{uu}^1、R_{uu}^2、R_{uu}^3 的第一个最大值分别在 $x/h\approx5.0$、$x/h\approx5.1$、$x/h\approx3.6$、$x/h\approx2.4$ 处，反映沙丘尾流可能包含的长度尺度。R_{uu} 和 R_{uu}^1 的第一个最小值出现在 $x/h\approx3.2$ 处，在涡核附近。以上表明，小波分量 1 与沙丘脊的大规模涡旋运动有关，其特征是一对具有相反旋转方向的大尺度涡旋。R_{uu}^2 和 R_{uu}^3 在较小尺度上振荡强烈，表明沙丘尾流中存在多尺度涡旋结构。为了给出小波分量长度尺度的详细信息，采用空间积分方法对长度尺度积分。

$$L=\int_0^{r_{\max}} R_{uu}^i(r)\,\mathrm{d}r$$

式中，$r_{\max}$ 为参考点与 $R_{uu}(r)=0$ 空间点的距离。

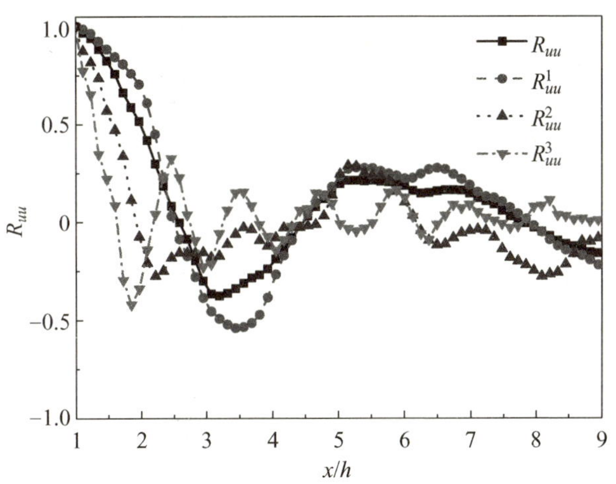

图 2-9　沿流向 $y/h=1.6$ 处流向波动速度及其相应小波分量的相关系数分布

通过计算得到 R_{uu}、R_{uu}^1、R_{uu}^2、R_{uu}^3 的长度尺度分别为 $0.98h$、$1.04h$、$0.48h$、$0.30h$。

基于频谱和尺度特征，将小波分量分为大尺度结构、中尺度结构和小尺度结构。长度尺度为 20.8mm 的小波分量 1 表示大尺度结构，长度尺度为 9.6mm 的小波分量 2 表示中尺度结构，长度尺度为 6.0mm 的小波分量 3 表示小尺度结构。

2.2.4 尾流的瞬态多尺度结构

图 2-10 所示为 xy 平面粒子图像测速测量和小波分量构成的瞬态流线及相应的涡流分布，其中上角标 1、2、3 分别表示大尺度结构、中尺度结构、小尺度结构。如图 2-10（b）所示，可以清楚地观察到一对尺寸相似、涡流密集的大型涡流从沙丘脊延伸出来，与图 2-10（a）中的粒子图像测速

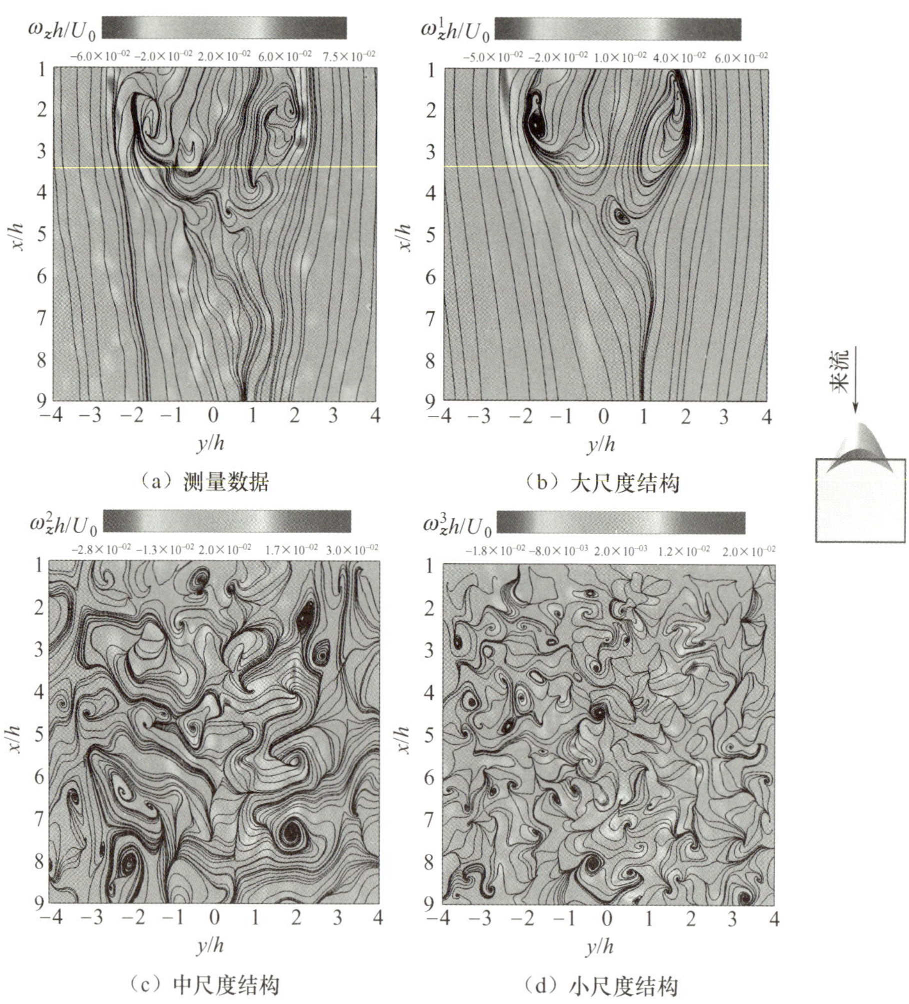

（a）测量数据

（b）大尺度结构

（c）中尺度结构

（d）小尺度结构

图 2-10 xy 平面粒子图像测速测量和小波分量构成的瞬态流线及相应的涡流分布

结果吻合。图 2－10（b）和图 2－10（a）的区别在于，小尺度的不稳定结构被从粒子图像测速结果中移除，从而产生大尺度涡旋，反映沙丘尾流中的准周期性流动振荡。显然，这种涡旋结构是最具有能量的，对实际流动结构的贡献最大。对于中尺度结构，如图 2－10（c）所示，在分离剪切层的边界周围可以清楚地观察到一些涡流，可能与沙丘尾流具有三维特性和尾流与主流相互作用引起的二次涡运动有关。如图 2－10（d）所示，在大尺度涡旋内部和周围存在涡旋浓度较低的小尺度涡旋，表明大尺度涡旋诱导小尺度流动振荡。

图 2－11 所示为 xz 平面粒子图像测速测量和小波分量构成的瞬态流线及相应的涡流分布。在图 2－11（a）和图 2－11（b）中可以清楚地观察到两个涡旋结构，一个形成分离区，另一个是下游重新发展的湍流边界层。很明显，沙丘顶部较大涡旋的涡旋浓度最高，对泥沙运输有重大影响。如图 2－11（c）所示，可以清楚地观察到几个中尺度涡旋沿着剪切层发展，表明在分离的剪切层边界存在次生涡旋结构。这种结构的产生与开尔文-亥姆霍兹不稳定性有关，使涡旋更加不稳定。此外，在重新发展的湍流边界层中观察到几个中尺度涡旋，表明大尺度涡旋被削弱，并开始在分离区的下游转化为中尺度涡旋。与大尺度涡旋和中尺度涡旋的分布不同，大多数小尺度涡旋在分离区上部，它们不是主要结构。

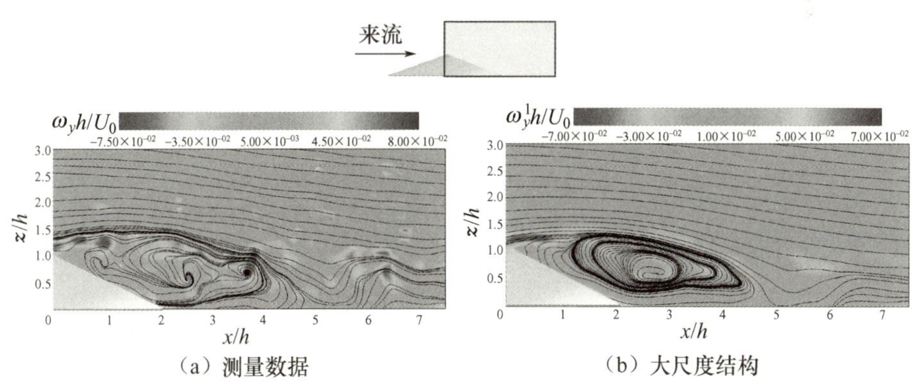

（a）测量数据　　（b）大尺度结构

图 2－11　xz 平面粒子图像测速测量和小波分量构成的瞬态流线及相应的涡流分布

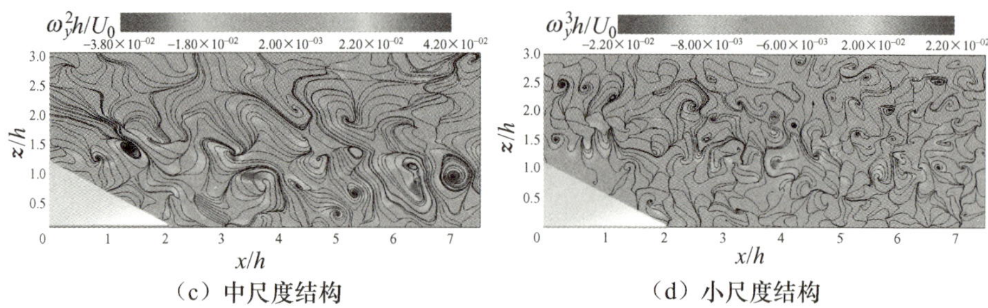

（c）中尺度结构　　（d）小尺度结构

图 2-11　*xz* 平面粒子图像测速测量和小波分量构成的瞬态流线及相应的涡流分布（续）

图 2-12 所示为 *yz* 平面粒子图像测速测量和小波分量构成的瞬态流线及相应的涡流分布。在图 2-12（a）和图 2-12（b）中可以清楚地观察到与 *xy* 平面的涡旋对对应的一对大尺度涡旋［图 2-12（a）］，这些涡旋通常被称为马蹄涡，其特征是在沙丘两侧存在一对大规模的流向涡旋，它们主导了分离区的热量和动量传递。如图 2-12（c）和图 2-12（d）所示，在大尺度涡旋［图 2-12（b）］周围观察到中尺度涡旋和小尺度涡旋，随着水流向下游流动，大尺度涡旋逐渐消散。

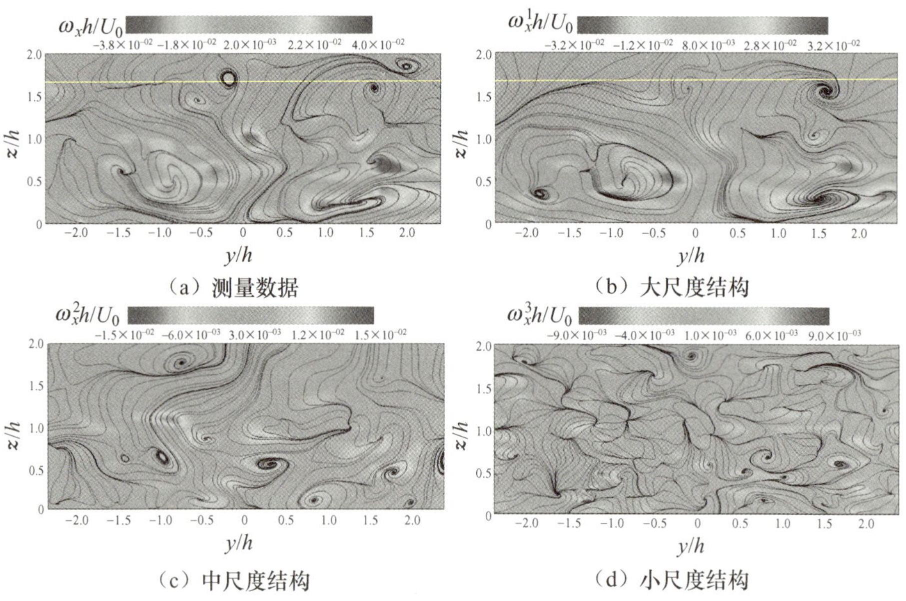

（a）测量数据　　（b）大尺度结构

（c）中尺度结构　　（d）小尺度结构

图 2-12　*yz* 平面粒子图像测速测量和小波分量构成的瞬态流线及相应的涡流分布

2.2.5　多尺度流动结构的二阶统计特征

为了评估不同尺度结构对沙丘尾流总湍动能的贡献，首先在测量平面对湍动能积分，计算每个小波分量包含的湍动能；然后分别用三个测量平面的动能之和对各小波分量包含的相对湍动能进行归一化处理。

图 2-13 所示为不同尺度的小波分量在 xy 平面、xz 平面和 yz 平面的相对湍动能占比。可以看出，对于三个测量平面，小波分量 1 的贡献最大，分别占 54%、57%和 55%，进一步证实了小波分量 1 可以表示与流动相干运动相关的大尺度结构。显然，大尺度结构是形成分离区的原因，并主导沙丘尾流中湍流的产生。当小波分量的尺度逐渐增大到 4 时，xy 平面的相对湍动能降低到 4%。可以推断，小波分量 4 包含一些随机事件和噪声事件。中尺度（小波分量 2）结构和小尺度（小波分量 3）结构包含较低的湍动能，被认为与反映沙丘尾流中能量级联现象的小尺度结构相互作用有关。

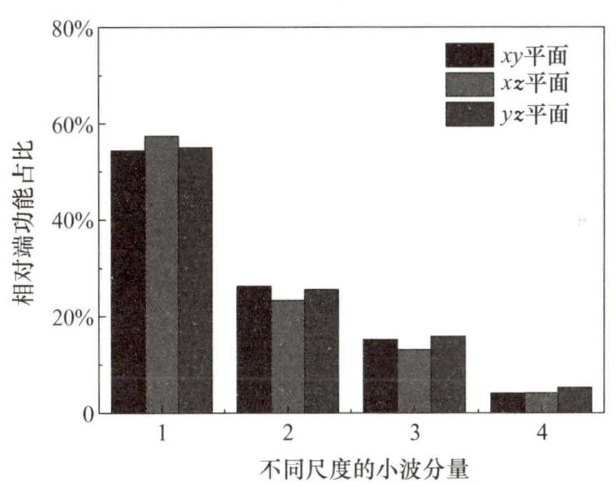

图 2-13　不同尺度的小波分量在 xy 平面、xz 平面和 yz 平面的相对湍动能占比

图 2-14 至图 2-16 所示分别为 xy 平面、xz 平面和 yz 平面由不同尺度小波分量计算得到的归一化雷诺应力分布。该雷诺应力是通过小波分量在每个尺度上的波动速度获得的。如图 2-14（a）、图 2-15（a）和图 2-16（a）所示，大尺度结构对应的雷诺应力分布与粒子图像测速结果大致相同，最大雷诺应力分别约占 xy 平面、xz 平面和 yz 平面测量的雷诺应力最大值的

78%、80%和88%，表明对雷诺应力的最大贡献来自大尺度结构的相干运动。与动能分布相似，雷诺应力的最大值随着小波分量从大尺度到小尺度的减小而减小。对于中尺度结构，如图 2－14（b）、图 2－15（b）和图 2－16（b）所示，高雷诺应力区域出现在分离剪切层的边界附近，表明存在强烈的中尺度速度波动，对雷诺应力的贡献也来自分离剪切层边界中的中尺度结构。对于小尺度结构，如图 2－14（c）、图 2－15（c）和图 2－16（c）所示，在分离区外观察到从大尺度结构和中尺度结构中无法观察到的高雷诺应力区域，表明大尺度结构的破裂过程，导致分离区下游较强的小尺度速度波动。此外，在沙丘顶部周围可以观察到符号相反的雷诺应力［图 2－16（c）］，这可能是由大尺度流动振荡引起的沙丘表面振动。

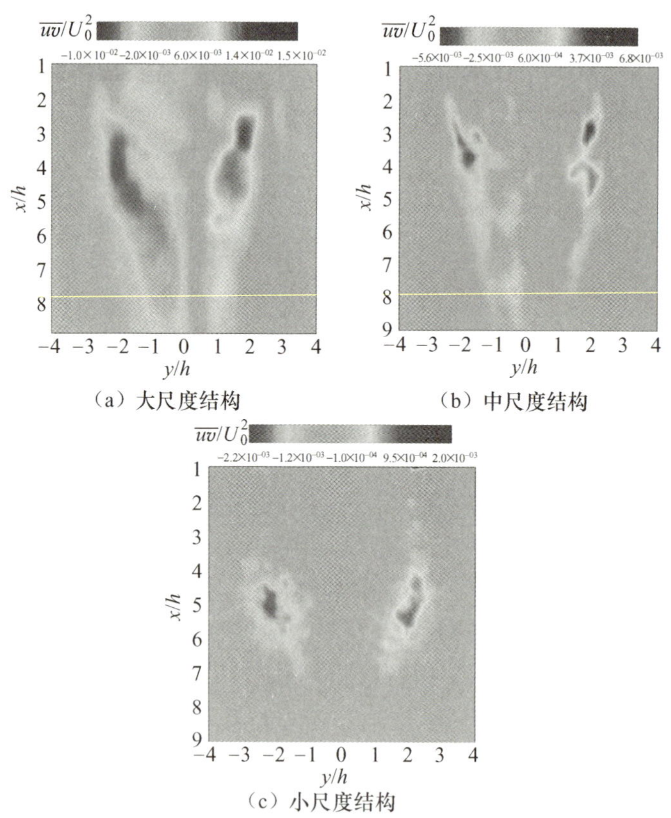

图 2－14 xy 平面由不同尺度小波分量计算得到的归一化雷诺应力分布

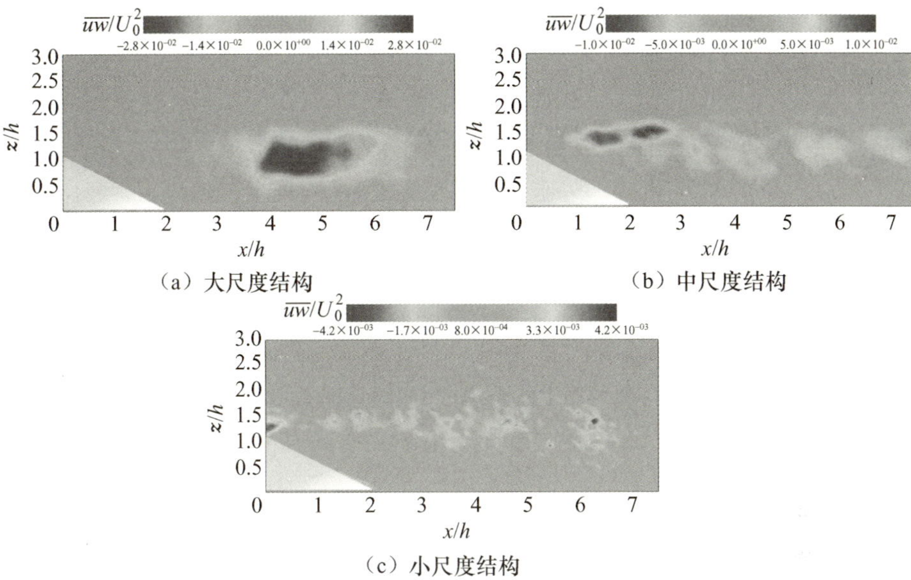

（a）大尺度结构　（b）中尺度结构

（c）小尺度结构

图 2-15　xz 平面由不同尺度小波分量计算得到的归一化雷诺应力分布

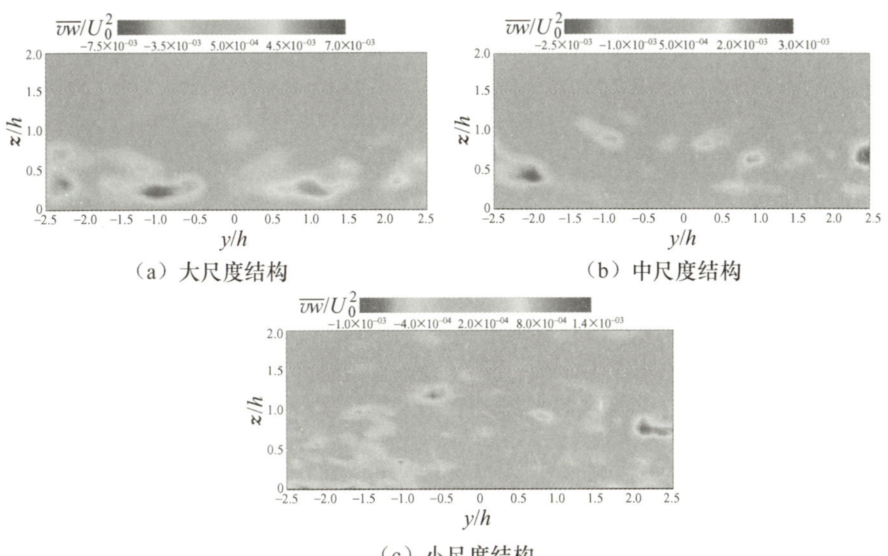

（a）大尺度结构　（b）中尺度结构

（c）小尺度结构

图 2-16　yz 平面由不同尺度小波分量计算得到的归一化雷诺应力分布

为了更详细地了解沙丘尾流，通过尾流区域沿 $y/D=1.8$ 的展向波动速度

的互相关来确定多尺度结构的传输特征。互相关函数定义为

$$\rho_{v'v'}(\xi,\tau;x_0)=\frac{\overline{v'(x_0,t)v'(x_0+\xi,t+\tau)}}{\overline{v'(x_0,t)v'(x_0,t)}}$$

式中，ξ 为两个测量点之间的距离；x_0 为参考点；τ 为时间延迟。

图 2－17 所示为不同尺度小波分量的互相关系数分布。如图 2－17（a）所示，可以清楚地观察到具有正负峰的倾斜交替脊，表明大尺度涡旋的时间特征和空间特征，可见沙丘尾流的准周期性和大尺度结构的主导地位。正负脊的距离对应于大尺度涡旋在一段时间内的位移。大尺度涡旋的脱落频率可以通过两个连续脊的时间间隔粗略估计，涡旋的对流速度可以通过脊的斜率确定。对于大尺度涡旋，主频约为 1.25 Hz，与图 2－8 所示的功率谱分析结果一致，对流速度估计为 0.4 U_0。对于中尺度结构，如图 2－17（b）所示，可以观察到连续的正负脊，幅度较低，主频和对流速度估计分别为 2.7 Hz 和 0.42 U_0。

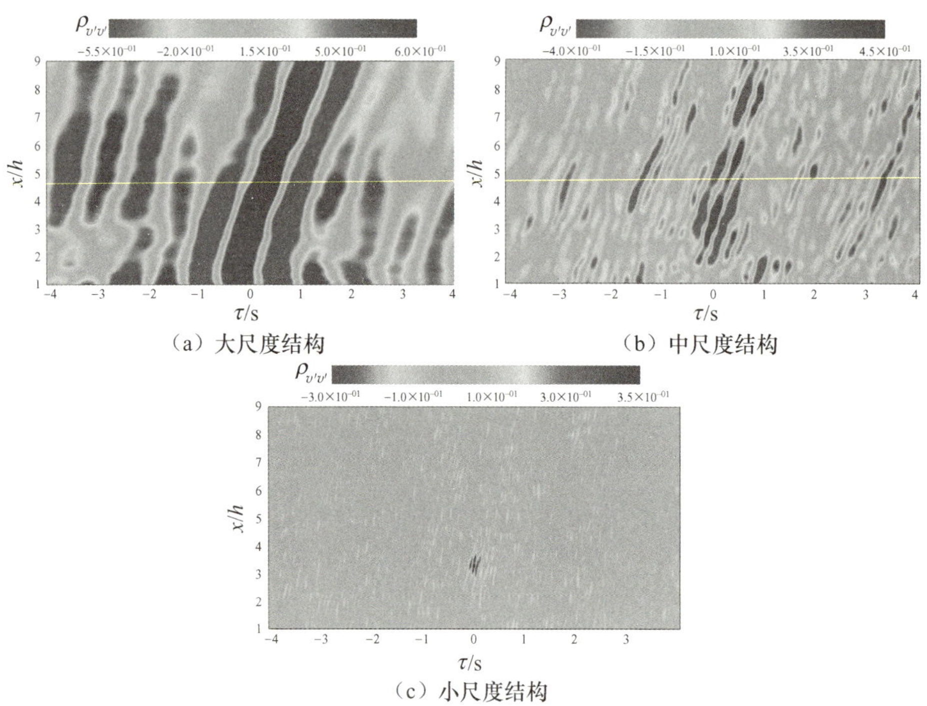

（a）大尺度结构　（b）中尺度结构

（c）小尺度结构

图 2－17　不同尺度小波分量的互相关系数分布

这些测量结果表明，埋在沙丘尾流中的中尺度涡旋也很重要，并具有一定的周期性，然而，这些涡旋往往更不稳定，随着向下游移动，其强度降低。对于小尺度结构，如图 2－17（c）所示，交替的正负脊在下游迅速衰减，频率高（5.5 Hz），对流速度高（0.76 U_0），这可能是由大尺度涡旋的破裂过程和小尺度涡旋的快速消散引起的。

2.2.6　小结

基于粒子图像测速测量，采用一维正交小波分解分析沙丘尾流中的三维多尺度湍流结构。从瞬态流型、长度尺度、脉动能量、雷诺应力分布和互相关等方面研究多尺度沙丘尾流的定性特征和定量特征，主要结果总结如下。

（1）xy 平面、yz 平面和 xz 平面的时间平均流线表明沙丘尾流的三维特性，其特征是三维螺旋涡旋，涡旋的发展与沙丘自身的拓扑结构相关。

（2）波动速度的功率谱和小波分量的空间相关性表明沙丘尾流中存在不同尺度的流动结构。不同小波分量的特征尺度表明，小波分量 1 表示源自沙丘脊的大尺度涡旋，较高的小波分量与较小尺度上的流动振荡有关。

（3）瞬态多尺度结构表明，大尺度结构是形成分离区的原因。中尺度结构在分离区边界更活跃，这可能是由于沙丘尾流具有三维特性及尾流与主流相互作用引起二次涡运动。分离区下游出现小尺度涡旋表明大尺度涡旋的破裂过程。

（4）大尺度结构对湍动能的贡献最大，在 xy 平面、xz 平面和 yz 平面分别占 54%、57%和 55%，表明大尺度结构主导沙丘尾流中湍流的产生。中尺度结构和小尺度结构包含的较低湍动能被认为与反映能量级联现象的小尺度相互作用有关。

（5）与湍动能分布相似，雷诺应力的最大贡献也来自大尺度结构，雷诺应力的最大值随着湍流结构从大尺度到小尺度的减小而减小。雷诺应力分布表明，中尺度结构在分离剪切边界层具有重要意义。对于小尺度结构，在沙丘顶部周围可以观察到一个符号相反的高雷诺应力区域，这可能是由大尺度流动振荡引起的沙丘表面振动。

（6）多尺度结构的互相关函数表明大尺度结构具有准周期性。中尺度结构具有一定的周期性，然而往往更不稳定，其强度随着向下游移动降低。对于小尺度结构，涡旋在下游以较高的对流速度迅速衰减，这可能是由大尺度涡旋的破裂过程和小尺度涡旋的快速消散引起的。

2.3 一维多尺度解析在不同形式钝体尾流结构分析中的应用

钝体是工程中常用的基本结构体，广泛应用于交通、航空航天、建筑、环境、水利等工程领域。在一定的雷诺数范围内，流体流经钝体表面产生的边界层分离及涡旋脱落等复杂流动现象仍然是流体力学研究领域的重点和难点。钝体绕流的典型特征是准周期性流动，当雷诺数超过临界值时，流体从钝体表面分离并产生交替脱落的涡旋。钝体的截面结构对尾流特性有显著影响。常见的钝体截面形状有圆形、长方形、三角形和 D 形。以研究最多的圆柱钝体和方柱钝体为例，尽管它们的近尾流结构在拓扑上相似，但是它们产生流动分离的原因不完全相同。对于圆柱钝体而言，尾流中的分离点会在圆柱表面来回移动；对于方柱钝体而言，由于存在突然的几何变换，因此分离点是固定的。

迄今为止，大多数研究都集中在对称钝体尾流上，并且在钝体尾流中湍流的拓扑结构和输运特性方面取得了很多研究成果。结果表明，尾流的湍流结构由多种尺度结构组成，包括大尺度展向结构、二次涡、开尔文-亥姆霍兹涡和纵向肋状结构。非对称钝体在工程中有潜在应用，可利用其形状提高飞行器的升力或车身附件（后视镜）的下压力。鉴于此，本书采用粒子图像测速测量非对称钝体和三棱柱钝体、半圆柱钝体在循环水槽中产生的湍流尾流。利用一维小波多分辨率技术分析粒子图像测速获得的瞬态速度和涡度，根据湍流结构的中心频率将其分解为若干与湍流尺度相关的小波分量，研究三种尾流的瞬态流动结构及不同尺度的湍流结构对雷诺应力及涡度的贡献。

2.3.1 不同形式钝体的粒子图像测速实验

在这项研究中，提出了一种由 1/4 圆柱和三棱柱（称为 CT 柱）组成的非对称钝体，如图 2－18（c）所示。这种非对称钝体可以产生气动下压力。为与常规钝体比较，还使用三棱柱钝体［图 2－18（a）］和半圆柱钝体［图 2－18（b）］。实验模型的长度 L＝50mm，纵横比为 8。在循环水槽中进行实验，该水槽的实验段尺寸为 400mm（宽度）×200mm（高度）×1000mm（长度）。如图 2－19 所示，在 xy 平面和 xz 平面以 U_0＝0.29m/s 的恒定自由流速度进行粒子图像测速测量，雷诺数 $Re(U_0L/v)$＝14440，其中 v 为运动黏度（v＝$1.003\times10^{-6}\,m^2/s$）。循环水槽的湍流强度小于自由流速度的 0.5％。

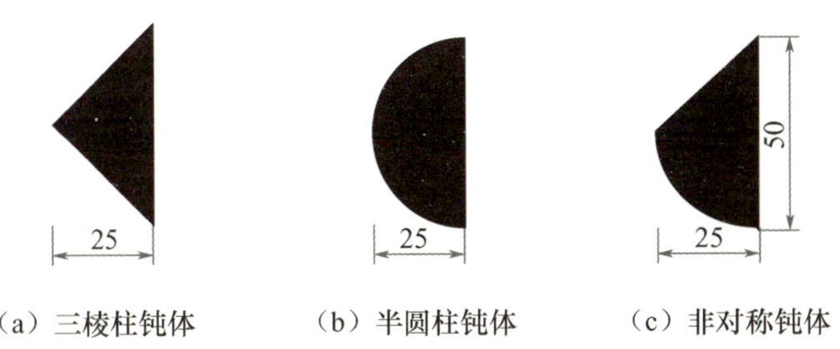

（a）三棱柱钝体　（b）半圆柱钝体　（c）非对称钝体

图 2－18　实验模型截面示意图

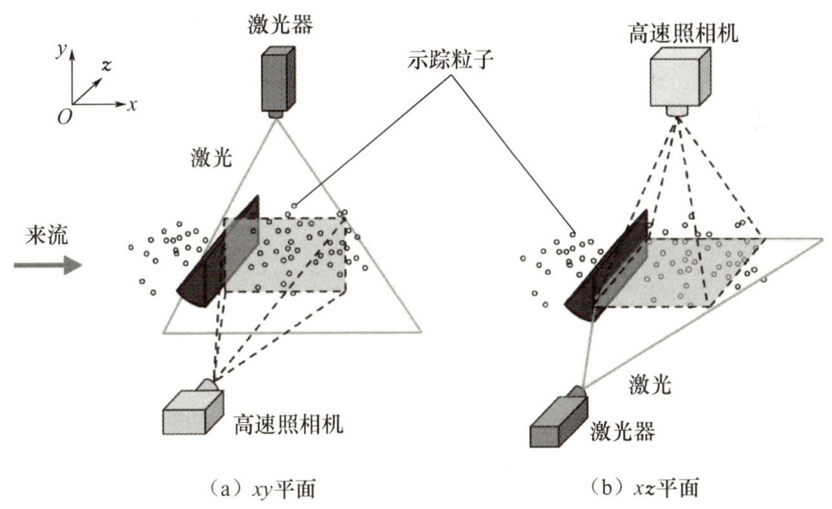

（a）xy平面　（b）xz平面

图 2－19　实验装置

直径为 63～75μm 的聚苯乙烯颗粒用作流动回路中的粒子图像测速示踪

剂。采用高速照相机（Photoron FASTCAM－SA3）和厚度为 1mm 的激光光片，以 500f/s 的帧率和 1024 像素×768 像素的空间分辨率捕获数字图像。将每帧的快门速度设置为 1ms，通过粒子图像测速软件分析 15000 幅数字图像。粒子图像测速查询窗口尺寸为 16 像素，两幅连续图像的间隔时间为 2ms。测量的流动面积约为钝体后方 150mm×150mm（$3L\times3L$）的二维区域。该粒子图像测速测量的速度不确定度估计为 1.5%，置信水平为 95%。

2.3.2 不同形式钝体的时均流场分析

图 2－20 所示为通过测量的瞬态速度计算的 xy 平面和 xz 平面内的时间平均流线和归一化雷诺应力分布。三棱柱钝体、半圆柱钝体和 CT 柱钝体背面到驻点的距离分别约为 $1.7L$、$1.2L$ 和 $1.4L$。此外，对于三棱柱钝体、半圆柱钝体和 CT 柱钝体，焦点之间的长度分别为 $0.70L$、$0.45L$ 和 $0.55L$。xy 平面内的时间平均流线表明，半圆柱钝体产生的对称涡旋最小，CT 柱钝体产生的不对称涡旋比三棱柱钝体小。涡旋下游的不对称流线向上，CT 柱钝体尾流中下侧的涡旋大于上侧的涡旋，表明产生了下压力。从 xz 平面内的时间平均流线来看，通过拥挤流线可以清楚地观察到分离区的长度，表明 CT 柱钝体尾流的分离区比三棱柱钝体短、比半圆柱钝体长。

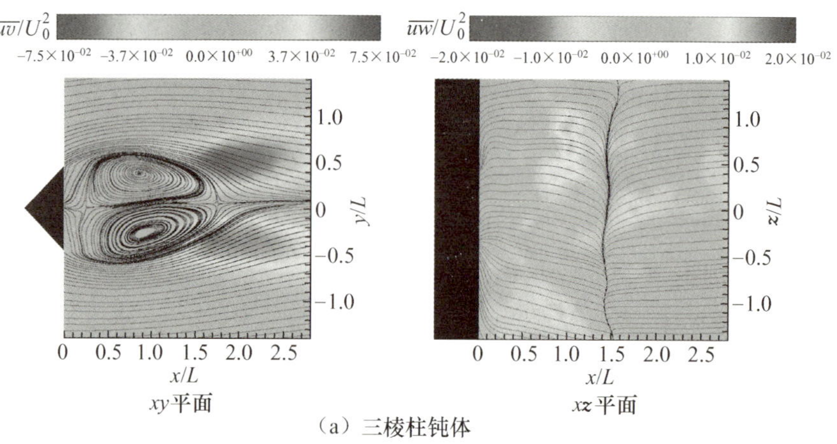

（a）三棱柱钝体

图 2－20　三种钝体的时间平均流线和归一化雷诺应力分布

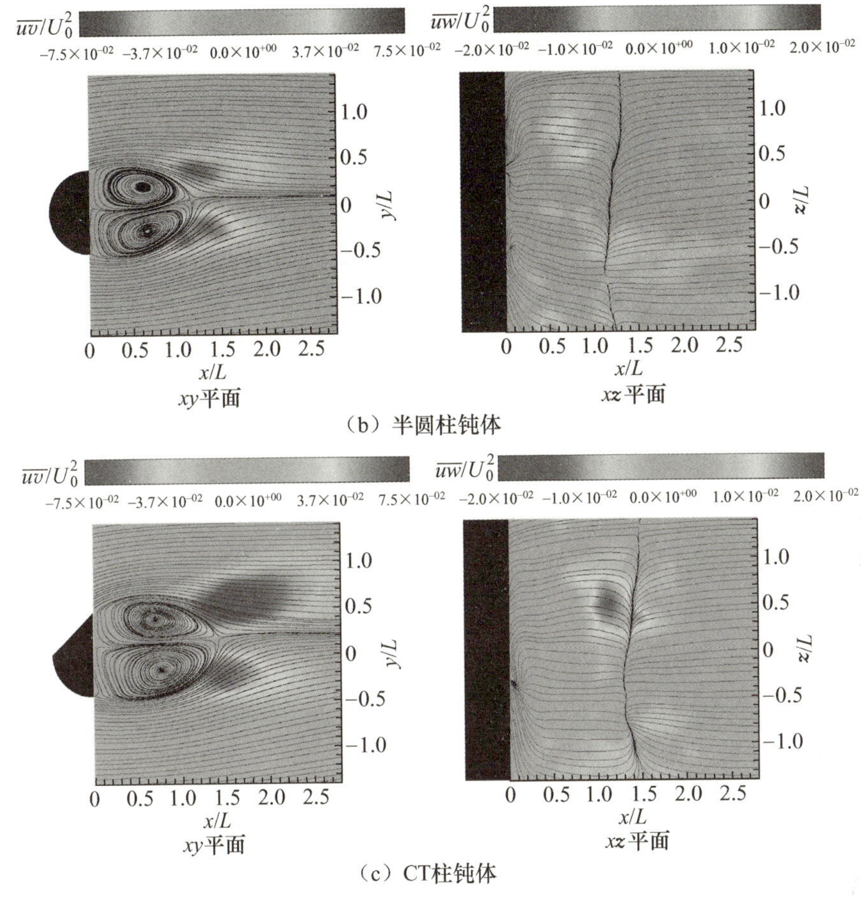

（b）半圆柱钝体

（c）CT柱钝体

图 2-20　三种钝体的时间平均流线和归一化雷诺应力分布（续）

在 xy 平面，所有尾流雷诺应力 $\overline{uv}/U_0^2$ 的分布都在分离区末端附近出现最大值。其中三棱柱钝体尾流的雷诺应力分布最广、幅度最大，表明分离区大、湍流结构强。CT 柱钝体尾流和半圆柱钝体尾流中的雷诺应力最大值区域小于三棱柱钝体尾流，表明 CT 柱钝体尾流雷诺应力减小且分离区减小。在 xz 平面，三棱柱钝体尾流和半圆柱钝体尾流的雷诺应力 $\overline{uw}/U_0^2$ 最大值出现在分离区减小，并靠近钝体的背风侧。然而，CT 柱钝体尾流的雷诺应力 $\overline{uw}/U_0^2$ 最大值出现在分离区边界附近，其分布比另外两个钝体尾流发生器更广、更强烈，表明非对称钝体会产生强烈的横向涡旋。

为了比较三种钝体涡旋脱落尾流的特征，基于涡旋脱落频率，根据粒子图像测速的速度数据构建 xy 平面的相位平均流线。图 2－21 所示为三种钝体尾流的相位平均流线分布，可以清楚地观察到两个具有相反旋转方向的大尺度涡旋从主体和鞍点脱落。三种钝体尾流的流线模式和涡旋的几何形状存在差异。CT 柱钝体尾流与半圆柱钝体尾流相比出现更大的涡旋，三棱柱钝体尾流产生较大的涡旋。此外，三棱柱钝体尾流和 CT 柱钝体中上侧脱落的涡旋呈三角形，分布于 $y/L>0.5$ 区域，而半圆柱钝体不是这样，意味着涡旋尺寸受钝体形状的影响而增大。从这一事实可以看出，三棱柱钝体尾流、半圆柱钝体尾流和 CT 柱钝体尾流在 y 方向上从一个焦点到另一个焦点的距离分别为 $0.60L$、$0.31L$ 和 $0.43L$，在 x 方向上的涡旋频率分别约为 $0.57L$、$0.57L$ 和 $0.51L$，表明 CT 柱钝体的上侧涡旋频率和下侧涡旋频率略有差异。

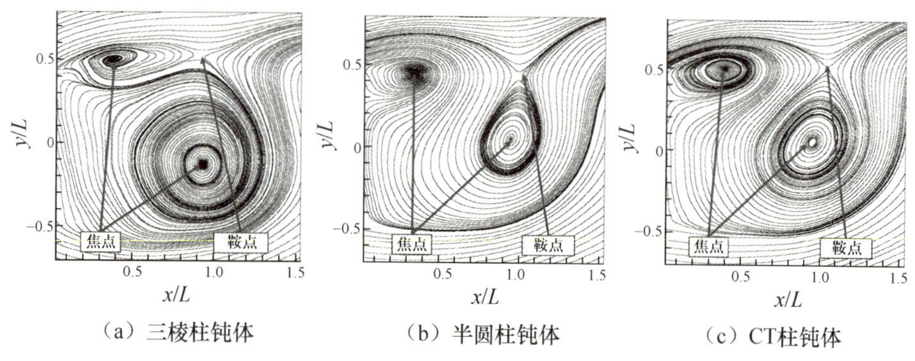

图 2－21 三种钝体尾流的相位平均流线分布

图 2－22 所示为 xy 平面内三种钝体尾流的湍动能耗散率分布。可以清楚地观察到，三种钝体尾流的高湍动能耗散率集中在剪切层。在三种钝体中，半圆柱钝体尾流的湍动能耗散区域最小。还可以观察到，三种钝体尾流的最高湍动能耗散率出现在半圆柱钝体附近（分离的剪切层中），湍动能耗散率分布在卷起的剪切层，表明小尺度湍流运动大多受到剪切层黏度的阻尼。CT 柱钝体尾流的湍动能耗散区域比三棱柱钝体尾流的湍动能耗散区域小，但比半圆柱钝体尾流的湍动能耗散区域大。

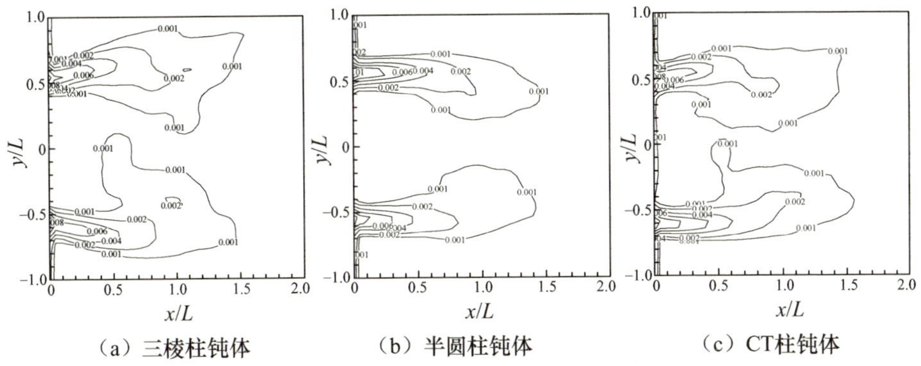

（a）三棱柱钝体　（b）半圆柱钝体　（c）CT柱钝体

图 2-22　*xy* 平面内三种钝体尾流的湍动能耗散率分布

2.3.3　不同尺度流动结构的频谱特性

结合前述的一维多尺度解析方法，本书采用 12 阶 Daubechies 小波矩阵作为分析矩阵。每个小波级分量的频带宽度都取决于分析小波矩阵和时间数据的长度，结合本次分析的 15000 个数据点，可以得到 8 个代表不同尺度的小波分量。

为了分析每个小波分量的频谱特性，首先通过一维小波多分辨率技术在时间方向计算粒子图像测速在 $x/L=1.5$ 和 $y/L=0.5$ 处获得的半圆柱钝体尾流的垂直波动速度。这里选择垂直速度分量是因为已知该速度分量对有一定规律性的结构比其他分量敏感。速度波动被分解为 8 个小波分量或小波级别，然后利用快速傅里叶变换分析每个小波分量。每个小波分量的频谱都覆盖一个频率范围。不同小波分量的频率带宽、中心频率和施特鲁哈尔数见表 2-1。较小的小波分量对应于较低的频率带宽或较大的尺度结构，而较大的小波分量对应于较高的频率带宽或较小的尺度结构。其中小波分量 1 覆盖涡旋脱落频率范围，对应大尺度涡旋结构。

表 2-1　不同小波分量的频率带宽、中心频率和施特鲁哈尔数

小波分量	频率带宽/Hz	中心频率/Hz	施特鲁哈尔数
1	0～3.0	1.5	0.25

续表

小波分量	频率带宽/Hz	中心频率/Hz	施特鲁哈尔数
2	0.5～6.0	2.9	0.51
3	1.5～10.0	5.7	0.93
4	4.0～25.0	7.8	1.35
5	7.0～49.0	21.5	3.70
6	15.0～100.0	37.1	6.40
7	30.0～210.0	62.5	10.78
8	60.0～250.0	154.3	26.60

2.3.4 不同形式钝体的瞬态多尺度流动结构

为了比较三种钝体的尾流结构，使用高速粒子图像测速技术测量瞬态速度矢量场。图 2-23 所示为瞬态流线及对应的归一化涡量云图，其中最大涡量和最小涡量分别显示为红色和蓝色。在 xy 平面和 xz 平面，涡旋结构在强度、几何形状、尺寸方面表现出显著差异。xy 平面的大尺度涡旋结构及 xz 平面的相对小尺度涡旋结构在流线和涡量等值线中都是可识别的。在 xy 平面观察到两个起源于物体的具有相反旋转方向的大尺度涡旋。对于三种钝体产生的尾流，除大尺度涡旋外，很难研究其他结构的行为。

在 xy 平面，CT 柱钝体尾流和半圆柱钝体尾流呈现较小的涡旋，并且具有比三棱柱钝体尾流小的分离区。在 CT 柱钝体尾流中可以清楚地观察到从物体上脱落的具有相反旋转方向的不对称大尺度涡旋。源自上侧（三棱柱钝体）的大型展向结构会受从下侧（半圆柱钝体）脱落的滚动结构的影响而变弱。三棱柱钝体瞬时产生相对对称的大尺度涡旋，由于三棱柱钝体具有倾斜形状，钝体后方的流动具有较强的垂直速度分量，因此具有较大的分离区。具有平滑截面形状的半圆柱钝体尾流沿着物体表面向下游流动，其分离区是三种钝体中最小的。在每个钝体的 xz 平面内，较小的二次涡旋分布在分离区后面的下游，交替显示正涡量和负涡量，导致分离的边界层卷起。三棱柱钝体瞬间产生的涡旋比 CT 柱钝体和半圆柱钝体产生的涡旋强。

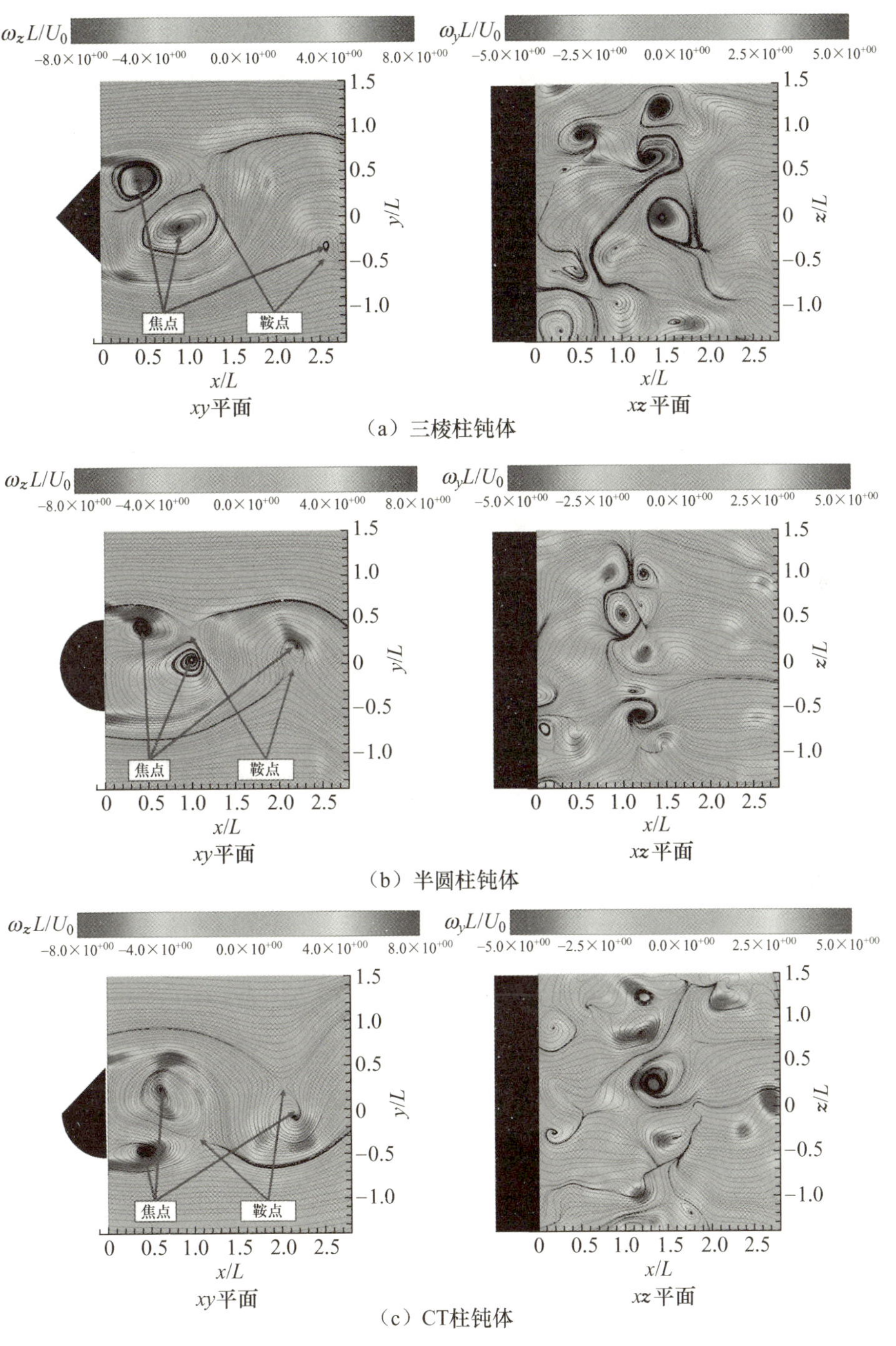

图 2-23　瞬态流线及对应的归一化涡量云图

图 2-24 所示为 xy 平面内小波分量 1、小波分量 2、小波分量 3 的瞬态流线和涡量云图。小波分量 1 的瞬态流线和涡量云图的正负峰值对应尾流的大尺度涡旋，与图 2-23 中的流动结构具有良好的对应性，表明大尺度小波分量与大尺度涡旋存在对应关系。在尾流下游观察到焦点和鞍点的位置差异，意味着大尺度涡旋略减弱，并开始出现中尺度涡旋、小尺度涡旋。三种钝体尾流的涡旋结构存在差异。在三种钝体尾流中，大尺度涡旋的不同行为与其

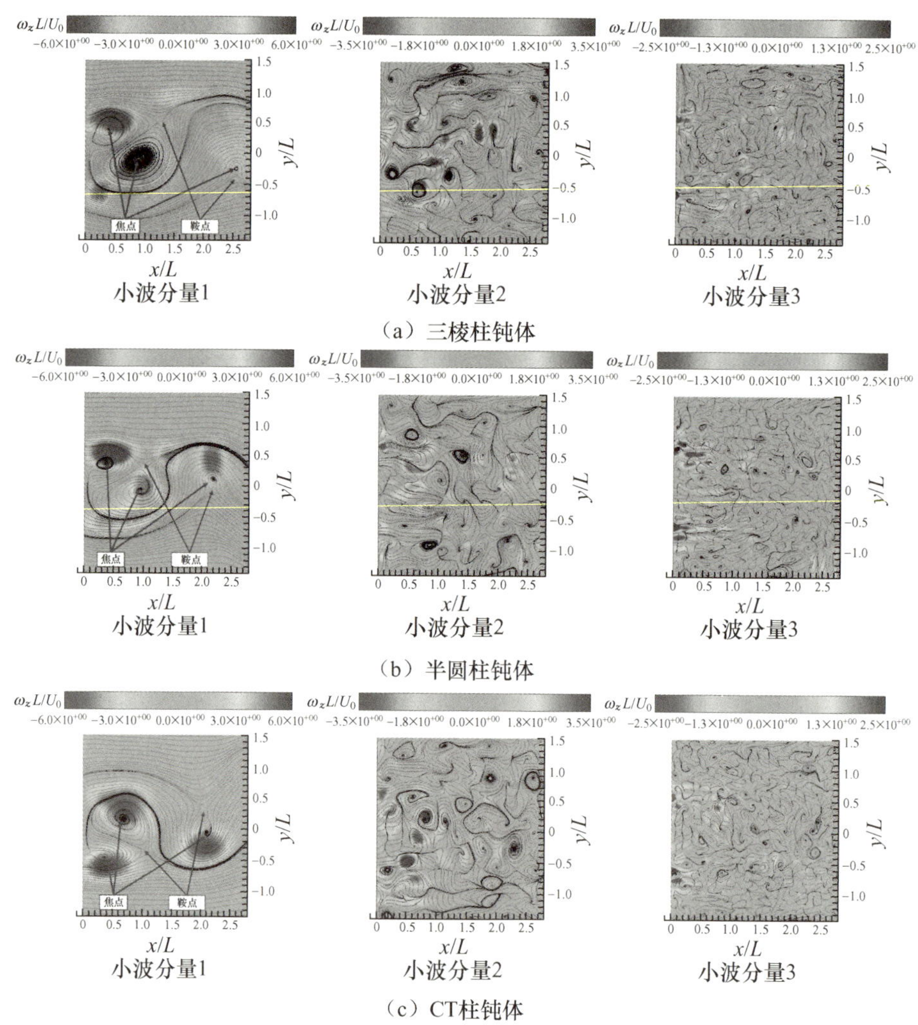

（a）三棱柱钝体

（b）半圆柱钝体

（c）CT柱钝体

图 2-24 xy 平面内小波分量 1、小波分量 2、小波分量 3 的瞬态流线和涡量云图

涡旋产生机制和相互作用不同的事实一致。与其他钝体尾流相比，CT 柱钝体尾流的分离区较小，对涡量的贡献较大。

小波分量 2 代表的流动结构在整个流场中的涡量出现许多正负峰值，意味着其尾流中存在中尺度涡旋，有些与大尺度涡旋脱落有关。同时，与大尺度涡旋的涡量相比，中尺度涡旋的强度下降尤为明显。三棱柱钝体尾流的中尺度涡旋在分离区对涡量的贡献比其他钝体尾流大。小波分量 3 代表的流动结构在整个流场中呈随机分布趋势，很难区分三种钝体尾流的不同结构。对小尺度涡旋而言，涡量高度集中在剪切层中的半圆柱钝体尾流。

图 2－25 所示为 xz 平面内小波分量 1、小波分量 2、小波分量 3 的瞬态流线和涡量云图。如图 2－25（a）所示，三棱柱钝体尾流中产生较强的二次涡旋，不仅与图 2－23（a）中吻合的大尺度涡旋，还提取了较强的中尺度涡旋和小尺度涡旋，表明三棱柱钝体尾流会产生不同尺度的更强横向涡旋，并表现出较强的三维性。如图 2－25（b）所示，在半圆柱钝体尾流中产生中、小尺度

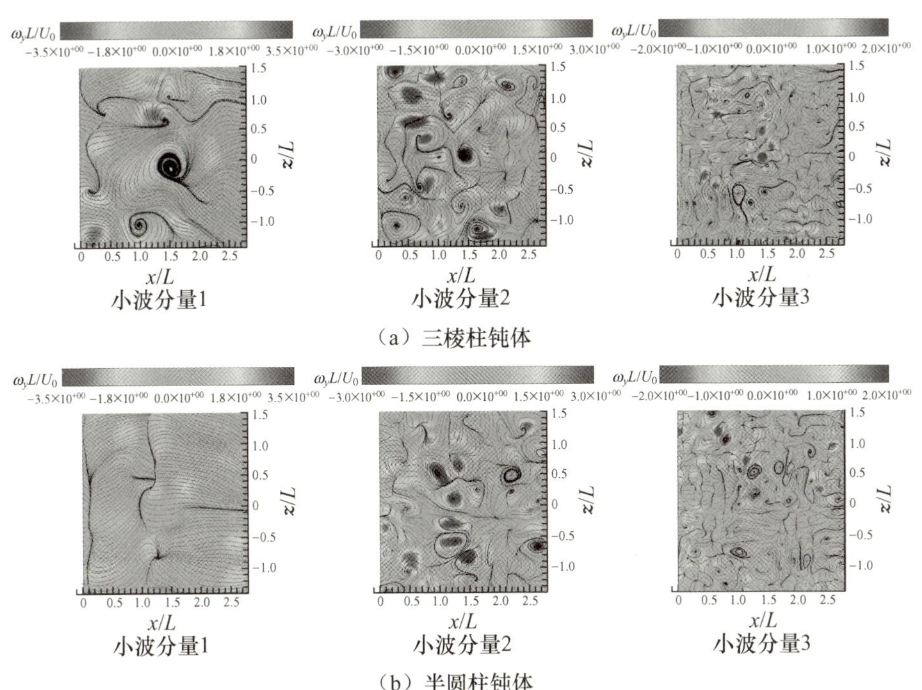

图 2－25　xz 平面内小波分量 1、小波分量 2、小波分量 3 的瞬态流线和涡量云图

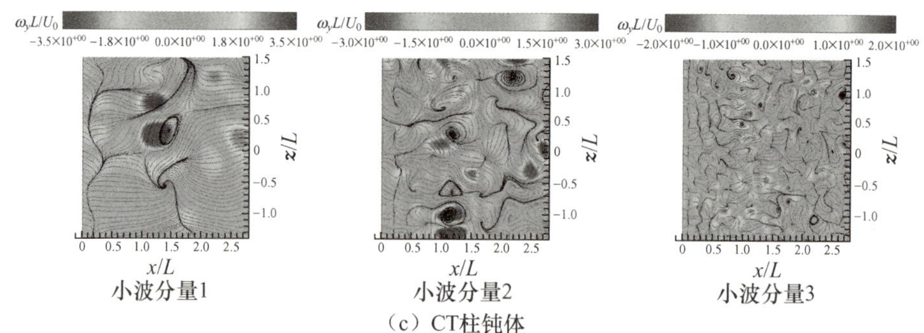

（c）CT柱钝体

图 2-25 xz 平面内小波分量 1、小波分量 2、小波分量 3 的瞬态流线和涡量云图

的横向涡旋，中尺度涡旋是最上层的含能结构，对半圆柱钝体尾流附近的流动结构贡献最大。CT 柱钝体尾的流结构分布表明，尽管在大尺度涡旋和小尺度涡旋中出现了一些强度较高的涡旋，但中尺度涡旋主导了流动结构。

2.3.5 不同小波分量对雷诺应力的贡献

为了分析雷诺应力的多尺度分量，首先使用一维小波多分辨率技术将粒子图像测速获得的所有测量区域的脉动速度分量在时间方向上分解为 8 个小波分量；然后计算每个级别小波分量的波动速度，以获得小波分量对应的雷诺应力。图 2-26 所示为 xy 平面内不同小波分量对应的雷诺应力分布云图。小波分量 1 对应的雷诺应力最大值区域与三种钝体绕流形成的大尺度涡旋振荡区域大致重合。三棱柱钝体和半圆柱钝体尾流的最大雷诺应力在小波分量 1 上仍然占最大测量值的近 92%，而 CT 柱钝体尾流的最大雷诺应力约占 82%，表明对雷诺应力的最大贡献来自大尺度涡旋。三棱柱钝体和半圆柱钝体尾流的面积比 CT 柱钝体尾流的面积大。

当小波分量增加到级别 4 时，雷诺应力区域出现在剪切层和物体表面附近，这些区域具有与两侧相反的雷诺应力，表明剪切层中存在强烈的中间速度波动（特别是 y 方向的波动），三棱柱钝体的波动范围和波动强度比半圆柱钝体和 CT 柱钝体的大。

当小波分量增加到级别 7 时，小尺度涡旋的雷诺应力迅速减小，并且仅出现在剪切层中，表明对雷诺应力的贡献较少来自三种钝体尾流中的小尺度涡旋。

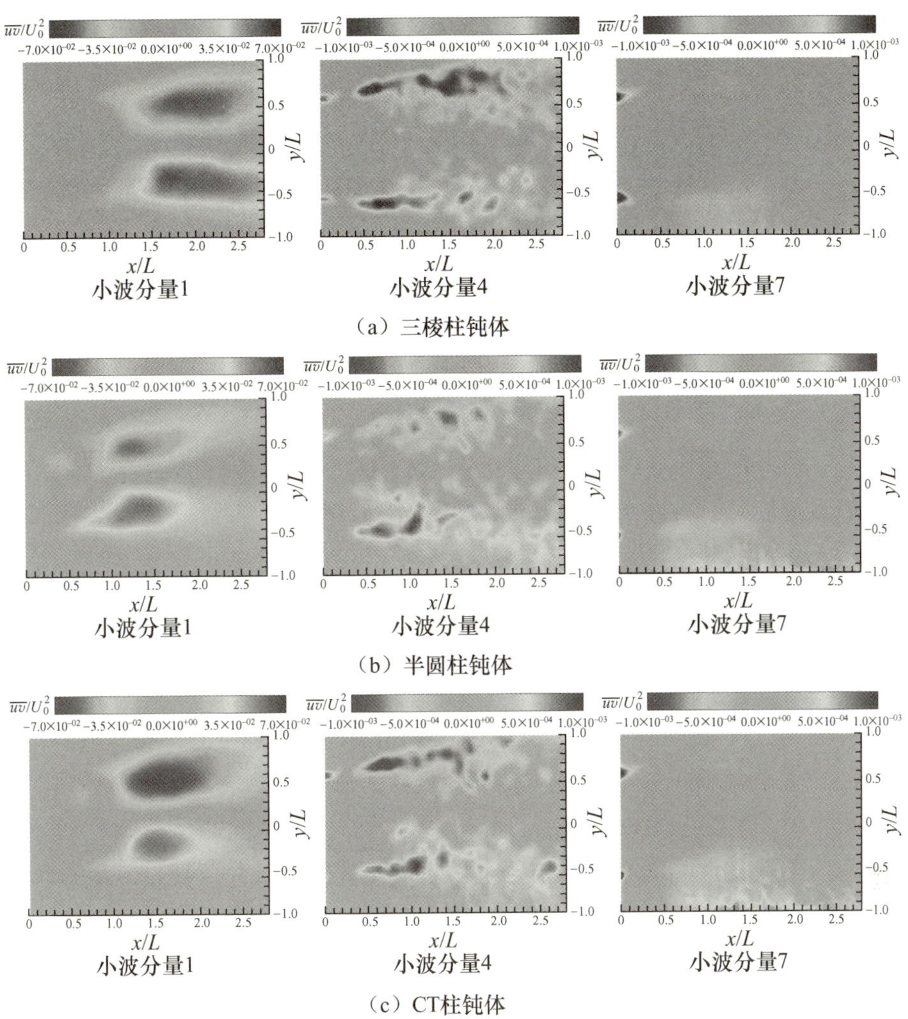

（a）三棱柱钝体

（b）半圆柱钝体

（c）CT柱钝体

图 2-26　*xy* 平面内不同小波分量对应的雷诺应力分布云图

2.3.6　小结

本节重点研究了一种新型非对称钝体的多尺度尾流结构，该结构可以产生气动下压力。首先用高速粒子图像测速测量了对称钝体和非对称钝体产生的三种近尾流，然后利用一维多分辨率技术根据湍流结构的中心频率将其分解为不同尺度，得出以下结论。

（1）非对称钝体尾流产生的涡旋比三棱柱钝体和半圆柱钝体尾流的小，并且分离区较小。频谱分析表明，该钝体尾流的波动小于剪切层中的另外两种钝体尾流。

（2）在分离的剪切层中湍动能耗散率最高，非对称钝体尾流区域比三棱柱钝体尾流区域小，但比半圆柱钝体尾流区域大。

（3）对涡量浓度的较大贡献来自 xy 平面内大尺度非对称钝体尾流、中尺度三棱柱钝体尾流和小尺度半圆柱钝体尾流。非对称钝体尾流的中尺度涡旋主导了 xz 平面内的流动结构。在小尺度涡旋中，三种钝体尾流没有明显差异。

（4）非对称钝体尾流的雷诺应力小于三棱柱钝体尾流和半圆柱钝体尾流。雷诺应力的最大值出现在分离区的末端附近。

（5）在三种钝体尾流中，对雷诺应力贡献较大的是大尺度涡旋，小尺度涡旋对雷诺应力的贡献较小。

2.4 基于多尺度解析的流场相位平均方法

受基础流体动力学研究及其工程应用的启发，长方体钝体后方的流动现象备受关注，例如流过烟囱、高层建筑和桥面的流动。长方体钝体绕流的主要特征是称为卡门涡街的大尺度相干结构，它是由低频范围内的全局不稳定性引起的。除大尺度结构外，钝体后方的流动中还存在小尺度结构，如二次涡旋、开尔文-亥姆霍兹涡旋和纵向肋状涡旋。这种流动结构通常与隐藏在平均流中的不稳定波动密切相关，其特征是在较高频率范围内流动不稳定。为了进一步了解尾流结构，识别高能大尺度涡旋和阐明小尺度涡旋是非常必要的。

在前面对半圆柱钝体尾流的研究中，许多研究致力于将流动分解为相干部分和非相干部分。相干部分与大尺度涡旋脱落过程引起的有规律的运动有关，非相干部分对应于小尺度涡旋波动。由于大尺度涡旋具有准周期特性，因此相位平均技术广泛用于通过流场的瞬态时间序列研究具有周期性扰动的相干运动。为了获得相位平均结果，需要提取所有瞬态流场的相位信息。近几十年来，基于频谱分析、本征正交分解和线性随机估计的流场相位平均方法广泛用于研究涡旋动力学行为，其能够有效地捕获流场大尺度相干结构的形成和发展过程，但是隐藏于主流下的小尺度结构通常被相位平均过程掩盖。在实际流场中，相干结构不仅以大尺度形式出现，还可能以中、小尺度形式出现。因此，对湍流结构进行多尺度相位平均分析有重要意义。

在过去的几十年里，小波分析因具有对湍流结构的多尺度和时频表示的独特能力而在流体动力学中得到广泛应用。前面对多尺度湍流尾流结构的研究表明，一维正交小波多分辨率技术不仅能够分离和定量表征流场中的相干结构及非相干结构，还能够分离和量化不同尺度的湍流结构。例如，Rinoshika 和 Zhou 将一维正交小波多分辨率技术应用于圆柱钝体尾流分析，可根据中心频率将湍流结构分解为多个小波分量。为了进一步了解多尺度涡旋动力学，可以在相位平均意义上进一步研究分解的小波分量。

为了获得相位平均结果，需要提取所有瞬态流场的相位信息，常用的相位识别方法是基于波动流场的本征正交分解。在该方法中，所有瞬态流场的相位都是通过其在前两个本征正交分解模态上的投影得出的，这两个本征正交分解模态代表大尺度涡旋脱落过程中的相干运动。基于连续小波的相位平均技术在电气工程和图像处理领域得到广泛应用，其在流体动力学分析中的潜在应用值得我们研究。如上所述，基于本征正交分解的相位平均技术可能导致隐藏于主流下的小尺度涡旋被相位平均过程消除，因此结合一维正交小波多分辨率技术和连续小波变换来研究多尺度涡旋的动力学行为。

本书旨在提供一种揭示高速粒子图像测速测量的尾流多尺度相位平均特征的方法。首先，应用一维正交小波多分辨率技术将长方体钝体尾流的测量速度矢量场分解为大尺度结构、中尺度结构、小尺度结构；其次，基于 Morlet 小波变换识别大尺度结构、中尺度结构参考的相位信息；最后，对数据集的相位排序，并在多尺度相位平均流型中分析。

2.4.1 流场数据测量

在具有 400mm（宽度）×250mm（高度）×1000mm（长度）实验段的

循环水槽中进行测量。为保证流动的均匀性，在实验段前放置一个沉降室、一个蜂窝、三个湍流阻尼筛和一个收缩器。在均匀来流条件下，循环水槽的湍流强度小于0.2%。实验装置如图2-27所示。在水槽中心安装一个长方体钝体，宽度$D=20$mm，相对于其整个长度的纵横比为20。在$U_0=0.21$m/s的恒定自由流速度下进行粒子图像测速，该速度对应于基于长方体宽度的雷诺数$Re=4075$，该雷诺数说明处于从层流到湍流的过渡状态（$1000<Re<20000$），其特征是主导的大尺度流动振荡和多尺度流动结构共存。

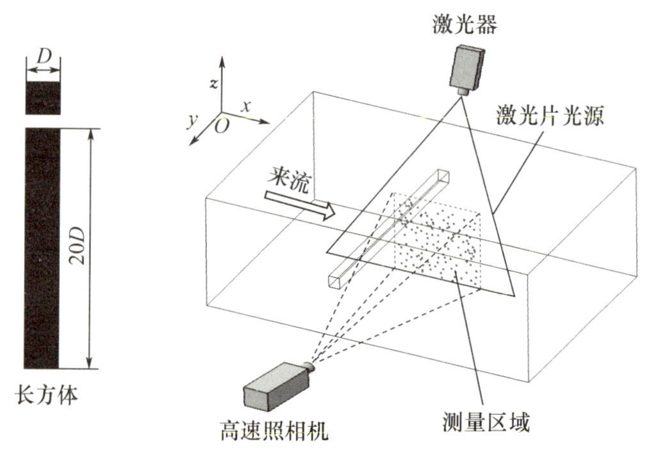

图2-27 实验装置

如图2-27所示，激光器产生的厚度为1mm的激光光束照亮流场。本次测量使用的高速照相机（Photron FASTCAM-SA3）的最大空间分辨率为1024像素×1024像素，帧率为1000f/s。直径为63～75μm的聚苯乙烯颗粒用作流动回路中的粒子图像测量示踪剂。根据客观流量设置帧率为250f/s，并在测量区域中以1024像素×768像素的空间分辨率捕获尺寸为200 mm（10D）×140 mm（7D）的数字图像。在连续粒子图像之间使用基于快速傅里叶变换的互相关技术生成瞬态速度矢量场。查询窗口尺寸为32像素×32像素，重叠率为50%，在测量区域有4800（80×60）个速度矢量。因此，像素大小约为0.2毫米/像素，速度矢量的空间分辨率约为2.5mm。为了确定时间平均流动结构，测量3000个瞬态速度矢量场。

2.4.2　多尺度流场结构的频谱特性

应用一维正交小波分解技术，分解流场中每个测量点的瞬态波动速度：

$$u'(x_i, y_j, n) = u(x_i, y_j, n) - \overline{u(x_i, y_j)}$$

式中，u 为沿流向或垂直方向的速度分量；x_i 和 y_j 为局部空间信息；$\overline{u(x_i, y_j)}$中的上划线表示测量点在时间序列 n 上的平均值。

测量的流场可以通过式（2－11）实现重构。

$$u(x_i, y_j, n) = \overline{u(x_i, y_j)} + \underbrace{\boldsymbol{M}^{\mathrm{T}}\boldsymbol{S}_1(x_i, y_j)}_{\text{level1}} + \underbrace{\boldsymbol{M}^{\mathrm{T}}\boldsymbol{S}_2(x_i, y_j)}_{\text{level2}} \cdots + \underbrace{\boldsymbol{M}^{\mathrm{T}}\boldsymbol{S}_k(x_i, y_j)}_{\text{levelk}} + \cdots + \underbrace{\boldsymbol{M}^{\mathrm{T}}\boldsymbol{S}_{N-3}(x_i, y_j)}_{\text{level}(N-3)} \quad (2-11)$$

湍流表现为叠加在平均流上的多尺度级联现象，为了正确提取感兴趣的多尺度结构，在小波分解之前揭示流动振荡的全局频率信息非常重要。图 2－28（a）所示为圆柱钝体近尾流中测量的粒子图像测速数据的功率谱。可以看出，在 1.4 Hz 处出现波动速度的最显著峰值，表明圆柱钝体后方的准周期性涡旋运动的主导频率。此外，在 2.75 Hz 处出现一个次级峰值，表明尾流中存在不同尺度结构。在较高的频率范围（$f>3.5$ Hz），在 4.8 Hz 处出现第三个峰值，但功率谱的值小得多。

如前所述，采用一维正交小波分解可以提取最多 7 级的小波分量。基于波动速度的频谱特征，将小波分量重新排列为三个部分较合理。第一部分是小波分量 1，它给出主要结构的表示；第二部分是小波分量 2，它对应功率谱的次峰；第三部分是由其余级别的小波分量相加构成的，称为小波分量 3+。在本次测量中，小波分量 1、小波分量 2、小波分量 3+分别表示大尺度结构、中尺度结构、小尺度结构。

图 2－28（b）至图 2－28（d）所示分别为小波分量 1、小波分量 2、小波分量 3+的功率谱，其中心频率分别为 1.4 Hz、2.75 Hz、4.8 Hz。显然，三个小波分量功率谱叠加能够还原出原始测量数据的功率谱，证明了小波分析提取不同尺度湍流结构的能力。

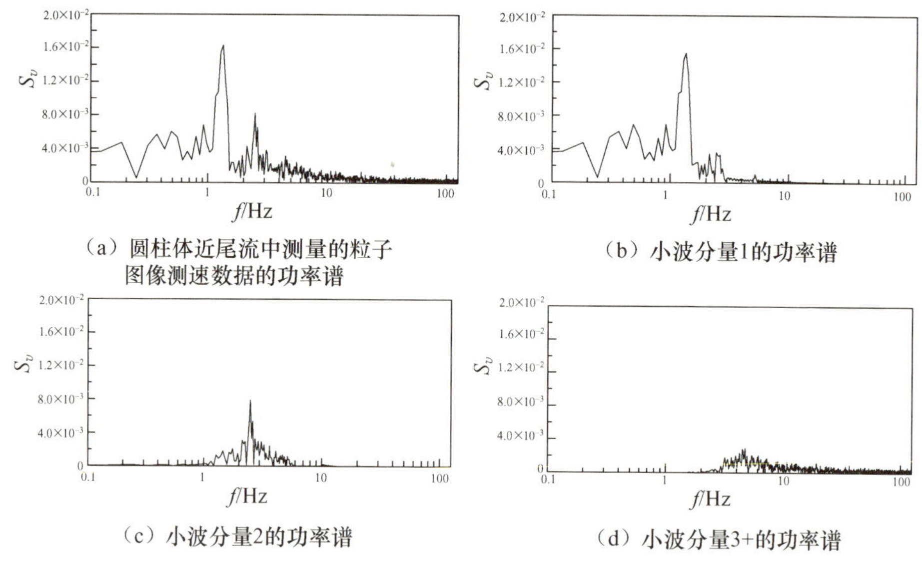

（a）圆柱体近尾流中测量的粒子图像测速数据的功率谱

（b）小波分量1的功率谱

（c）小波分量2的功率谱

（d）小波分量3+的功率谱

图 2－28　不同小波分量的功率谱

2.4.3　流场多尺度相位平均方法

近几十年来，基于频谱分析、本征正交分解和线性随机估计的流场相位平均方法广泛应用于涡动力学行为研究，这些方法能够有效地捕获流场中大尺度拟序结构的形成和发展过程，但是隐藏于主流下的小尺度结构容易被相位平均过程掩盖。在实际流场中，拟序结构不仅以大尺度形式出现，还可能以中、小尺度形式出现，因此对湍流结构进行多尺度相位平均分析有重要意义。

与大尺度结构相比，中、小尺度结构通常在相位平均过程中被消除，而且其包含的相位信息与大尺度结构不同。实现多尺度相位平均的关键在于不同尺度结构的抽取及其包含相位信息的识别。

首先对实验数据进行正交小波变换，把测得的瞬态流场分解成不同尺度，获取不同尺度流场的脉动信息；其次将流场特征点的不同尺度信号作为参考信号；最后基于连续小波变换，提取各瞬态流场对应的相位。相位信息的获取过程如下。

首先对流场参考信号 $u(t)$ 进行连续小波变换：

$$Wf(\tau,s)=\frac{1}{s}\int_{-\infty}^{\infty}u(t)\psi^{*}\left(\frac{t-\tau}{s}\right)\mathrm{d}t \tag{2-12}$$

式中，τ 为伸缩因子；s 为尺度因子；$Wf(\tau,\ s)$ 为小波系数；$\psi^{*}\left(\frac{t-\tau}{s}\right)$为小波函数的变换函数，其中“＊”表示复共轭。

本项目中的母小波为复 Morlet 小波，其定义如下。

$$\psi(t)=\mathrm{e}^{6it}\mathrm{e}^{-(|t|^{2}/2)} \tag{2-13}$$

对于参考信号 $u(t)$，由于采用复 Morlet 小波，因此得到包含实部 $\mathrm{Re}[Wf(\tau,\ s)]$和虚部 $\mathrm{Im}[Wf(\tau,\ s)]$ 的小波系数，其振幅记为

$$W=|Wf(\tau,s)|\sqrt{\{\mathrm{Re}[Wf(\tau,s)]\}^{2}+\{\mathrm{Im}[Wf(\tau,s)]\}^{2}} \tag{2-14}$$

小波系数反映参考信号与小波函数的相似程度，当参考信号的局部频率与相应尺度的小波函数相等或者接近时，小波系数的振幅较大。连接小波系数振幅最大的位置，得到连续小波变换的脊线（ridge）。

$$\mathrm{ridge}=\max[(W(\tau,s)] \tag{2-15}$$

根据在脊线上得到的小波系数的实部和虚部，得到各瞬态流场的相位信息。

$$\alpha=\arctan\frac{\mathrm{Im}[W_{\max}(\tau,s)]}{\mathrm{Re}[W_{\max}(\tau,s)]} \tag{2-16}$$

图 2-29 所示为流场大尺度结构的相位信息提取过程。图 2-29（a）所示为流场中测量点的脉动速度信号。图 2-29（b）所示为利用前述一维正交小波分解得到的大尺度结构信号，与图 2-29（a）中测量点的脉动信号相比，该信号中小尺度结构脉动完全被过滤。由于过滤后的大尺度结构信号具有很强的周期性，因此把大尺度结构信号作为连续小波变换的参考信号。图 2-29（c）所示为复 Morlet 小波变换得到的小波变换系数振幅随时间变化的脉谱图，连接图中小波系数振幅最大的位置，得到连续小波变换的脊线，利用脊线上小波系数包含的相位信息提取大尺度结构的瞬态相位。提取的大尺度结构的瞬态相位如图 2-29（d）所示。在此基础上，对大尺度结构中相同相位的瞬态流场进行归类和平均，得到大尺度结构的相位变化规律。

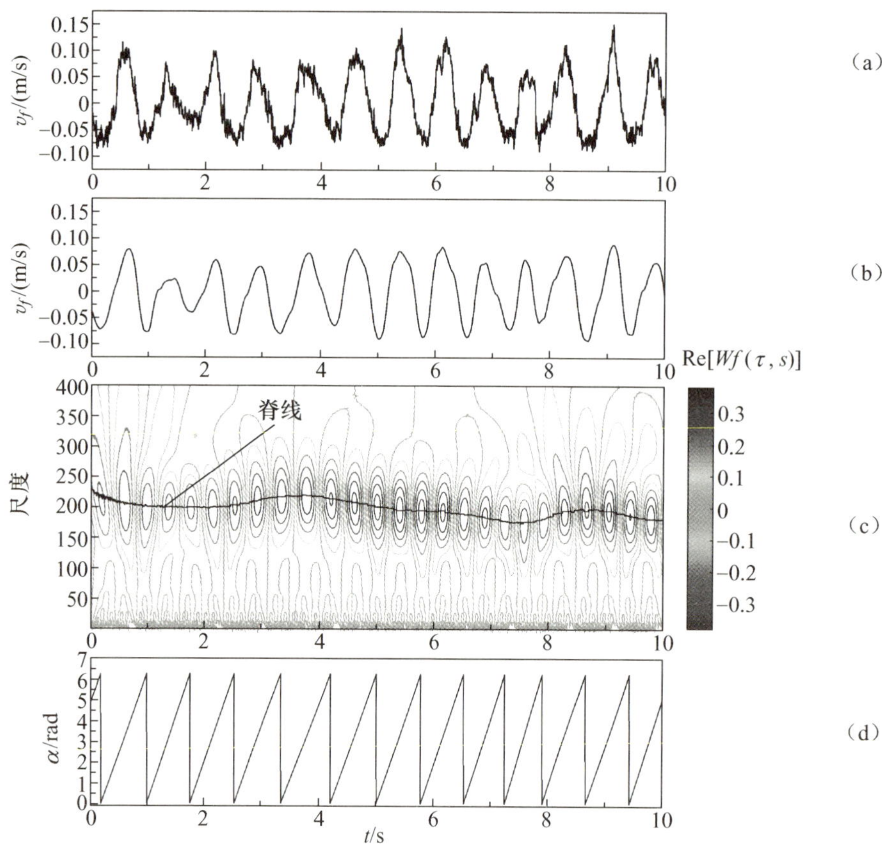

图 2-29　流场大尺度结构的相位信息提取过程

图 2-30 所示为流场中尺度结构的相位信息提取过程。与大尺度结构相似，对中尺度结构的参考信号进行复 Morlet 小波变换，可得到其相位变换规律。从图 2-30（c）可以清晰地看出两种尺度结构分别包含 14 个和 27 个流场振荡周期，其频率与前述频谱分析具有很高的一致性，从而验证了本书提出的多尺度相位平均方法的可行性。根据图 2-30 中脊线上小波系数包含的相位信息提取不同尺度结构的瞬态相位，可以得到中尺度结构的相位变化规律。

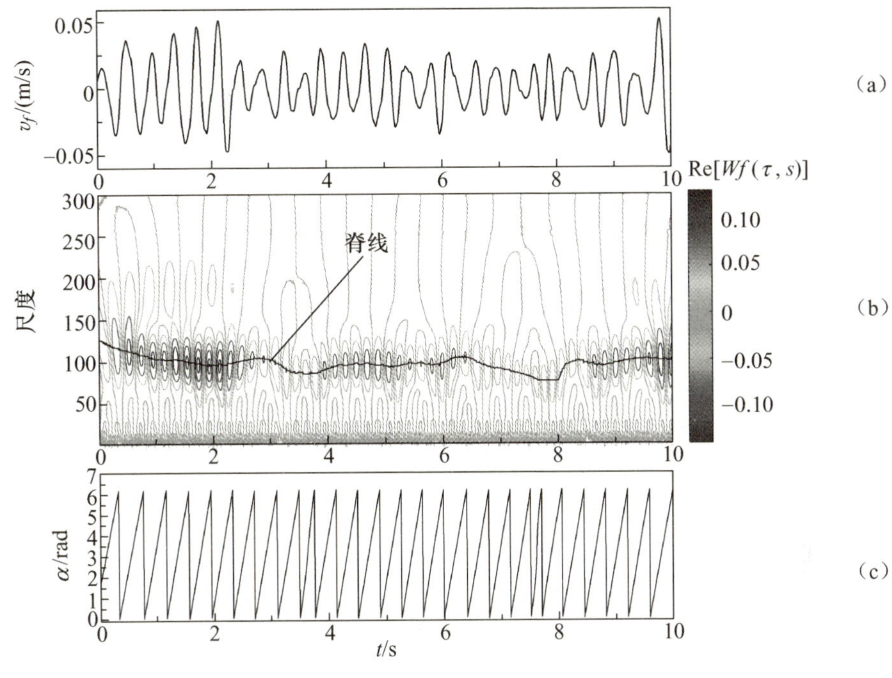

图 2-30　流场中尺度结构的相位信息提取过程

2.4.4　时均和瞬态多尺度流场结构

在本书中，平均流场是通过平均 3000 个瞬态流场得到的，其中时间平均流线和涡量、流向速度、垂直速度和雷诺应力如图 2-31 所示。图 2-31（a）所示为时间平均流线和涡量。形成分离区的两个大尺度涡旋几乎对称地位于圆柱钝体的中心轴上（$y/D=4$）。通过时间平均流线可以很好地识别两个焦点和一个鞍点。圆柱钝体后部与鞍点的距离约为 $0.8D$。小尺度速度波动通过时间平均过程消除。时间平均涡量等值线表明，两个剪切层几乎平行于中心轴，分离区下游的涡量迅速降低。如图 2-31（b）所示，流向速度几乎沿中心轴对称分布，在分离区的近中心处可以观察到最小值，在鞍点处逐渐增大到零。流向速度为负的区域与分离区中大尺度涡旋对的形成有关。图 2-31（c）所示为垂直速度，其反对称分布表明尾流与主流之间存在卷吸现象。垂直速度振幅较高的区域与最初从圆柱钝体两侧分离的剪切层的发展有关。此外，可以在分离区（$x/D=7$）的更下游检测到垂直速度振幅较高的区域，说明平均流场中存在较小的涡旋。如图 2－31（d）所示，分布在剪切层边界附近的中心轴两侧显示出一对雷诺应力峰值，表明从圆柱钝体脱落的涡旋对导致尾流中产生显著的湍流应力。在剪切层与圆柱钝体后部之间存在雷诺应力较小的区域，表明分离区波动速度的强度较低。

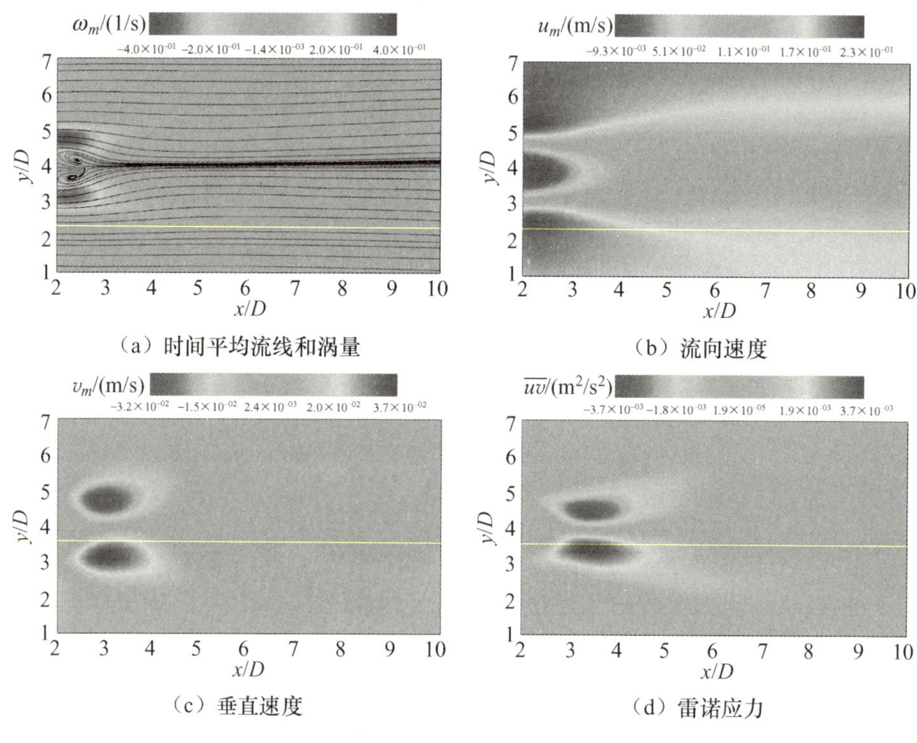

（a）时间平均流线和涡量　（b）流向速度
（c）垂直速度　（d）雷诺应力

图 2－31　时均流场分布

图 2－32 所示为测量数据和相应小波分量的瞬态流线及涡量等值线。颜色映射已分配给涡量值，最高浓度显示为红色，最低浓度显示为蓝色。在图 2－32（b）中有一个高涡量浓度的大尺度涡旋从圆柱钝体上侧脱落，与图 2－32（a）中的测量数据吻合。测量流场与大尺度流场的区别在于，非定常的小尺度结构是从测量数据中提取的，从而产生反映尾流中准周期性流动振荡的大尺度涡旋。显然，这种涡旋能量最大，对实际流动结构的贡献也最大。如图 2－32（c）所示，在分离区下游可以清楚地观察到在测量流场中无法识别的

几个中尺度涡旋。说明大尺度涡旋被削弱，并开始在分离区下游转变为中尺度涡旋。此外，在剪切层的上边界观察到一个中尺度涡旋，伴随着图 2 - 32（b）所示的大尺度涡旋。这种涡旋的形成被认为与由开尔文-亥姆霍兹不稳定性引起的二次涡旋运动有关。此外，如图 2 - 32（d）所示，小尺度涡旋在分离区下游变得活跃，可能由流动振荡导致大尺度涡旋分解为小尺度涡旋。

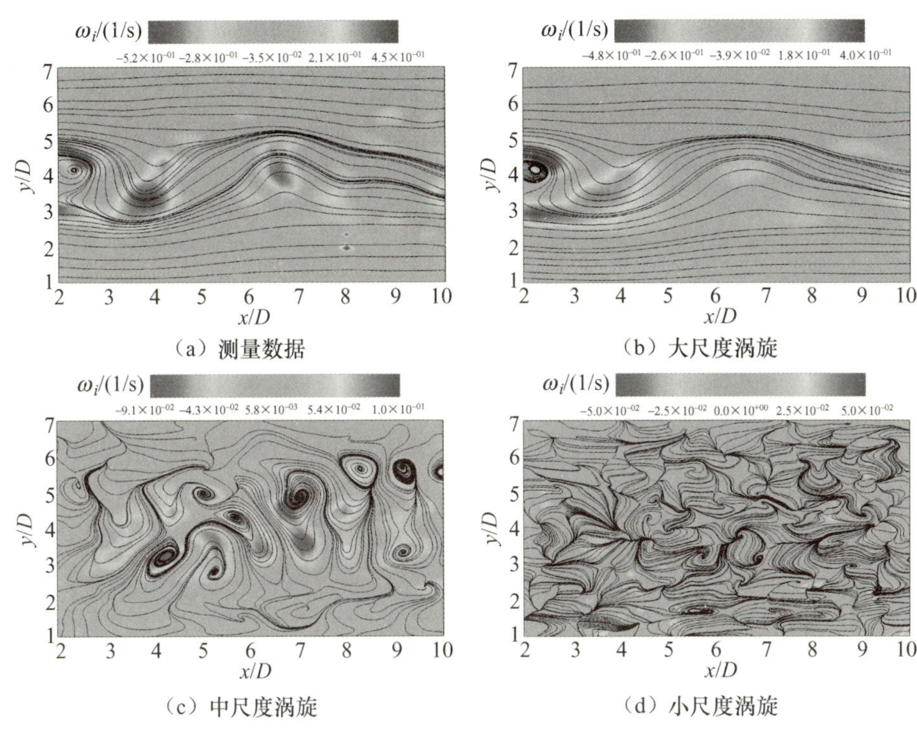

图 2 - 32　测量数据和相应小波分量的瞬态流线及涡量等值线

2.4.5　流场结构的多尺度相位平均

大尺度涡旋脱落过程的准周期特性促进了相位平均在尾流相干运动分析中的应用。如前所述，涡旋脱落过程的相位信息由大尺度结构信号的脊线决定。根据相位角（φ）对测量流场进行平均，提取叠加在平均尾流上的相干运动。在本书中，通过与涡旋脱落过程的每个相应阶段对应的约 14 个瞬态流场获得相位平均流型。

图 2-33 所示为 π/2 相位间隔处的相位平均流向速度。在 $\varphi=0$ 阶段[图 2-33(a)]，可以清楚地观察到从上侧脱落的大规模顺时针涡旋，焦点位于近尾流区域的中心。在 $\varphi=\pi/2$ 阶段[图 2-33(b)]，大尺度涡旋向下游对流，流动向下振荡，并且从下侧分离出一个正在发展的涡旋。在 $\varphi=\pi$ 阶段[图 2-33(c)]，一个起源于下侧的逆时针大尺度涡旋被甩入尾流，导致尾流区域的向上流动加剧。随着相位的增大（$\varphi=3\pi/2$）[图 2-33(d)]，一个新的涡旋从上侧生长，大尺度涡旋从下游向上移动。从相位平均流向速度的变化可知，尾流上下滚动并与相应的涡旋一起向下游移动，形成具有相反旋转方向的涡旋对。

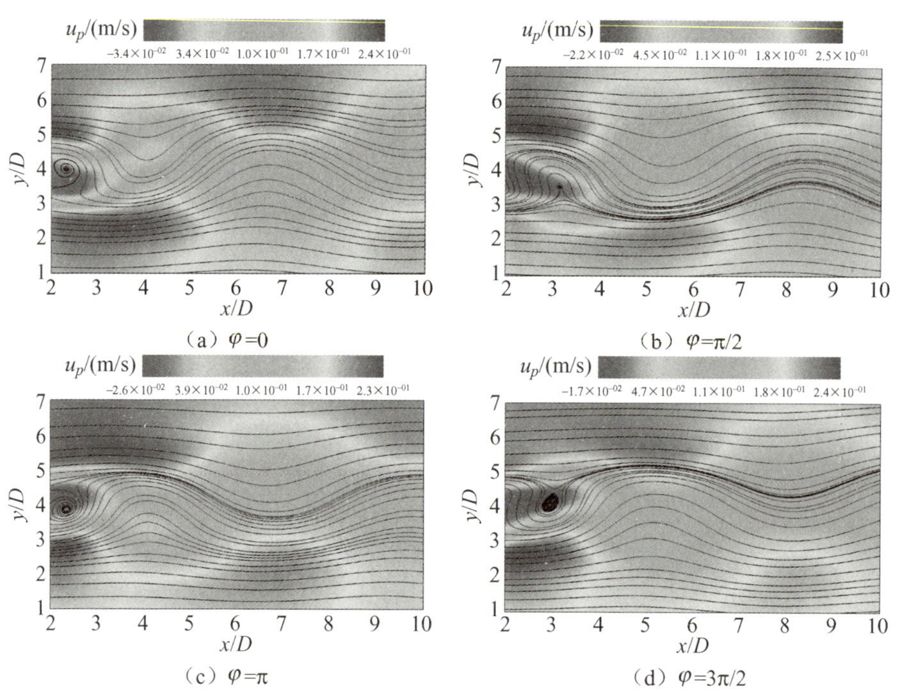

图 2-33 π/2 相位间隔处的相位平均流向速度

图 2-34 所示为 π/2 相位间隔处的相位平均垂直速度。与相位平均流向速度的振荡分布不同，相位平均垂直速度沿流向呈现出正、负峰值，这些峰值随着相位的增大而向下游移动，表明尾流中存在混合过程。在近尾流区域

($x/D<3.5$)，峰值在 $\pi/2$ 相位间隔处交替出现且符号相反，说明涡旋具有很强的周期性。

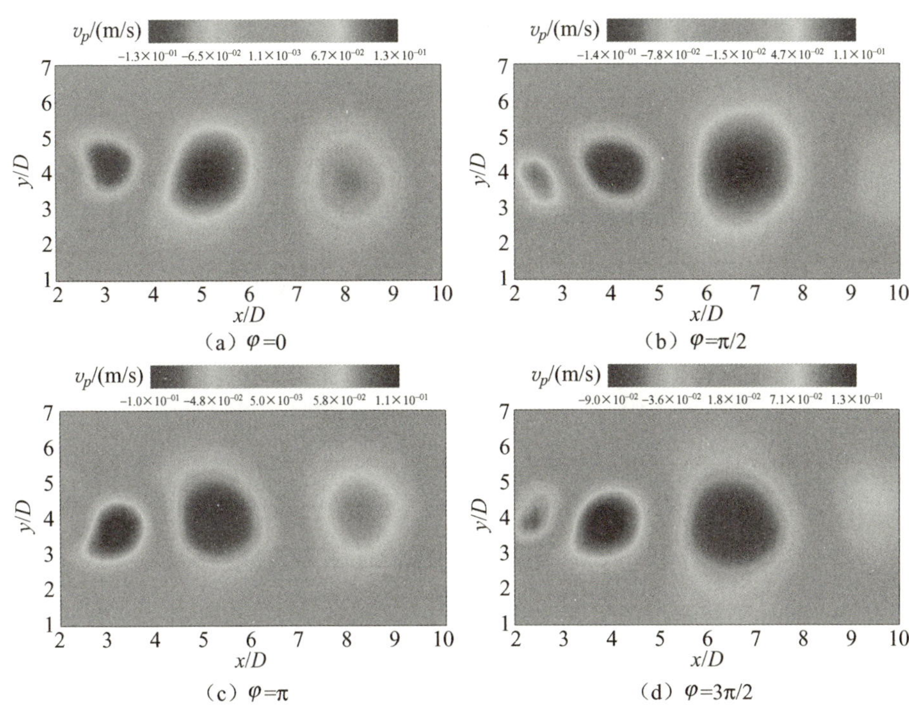

图 2-34　π/2 相位间隔处的相位平均垂直速度

在涡旋脱落过程中尾流包含一个占主导地位的大尺度涡旋，伴随着较小的湍流波动。为了进一步了解流动结构的相平均特征，对大尺度涡旋和中尺度涡旋进行相平均。

图 2-35 和图 2-36 所示分别为大尺度涡旋和中尺度涡旋的相位平均涡量等值线。如图 2-35 所示，在圆柱钝体的上侧和下侧都能清楚地观察到两个高涡量浓度的剪切层。在 $\varphi=0$ 阶段 [图 2-35 (a)]，发展的下剪切层从下侧向上移动，而上剪切层沿相反方向移动。发展中的上剪切层与图 2-33 (a) 中的大尺度涡旋具有良好的对应性，表明相平均流场主要来自大尺度涡旋。在 $\varphi=\pi/2$ 阶段 [图 2-35 (b)]，上剪切层向下游移动且呈细长形状，表明大尺度涡旋对流运动，随后细长剪切层交替出现。对于中尺度涡旋，涡量分布

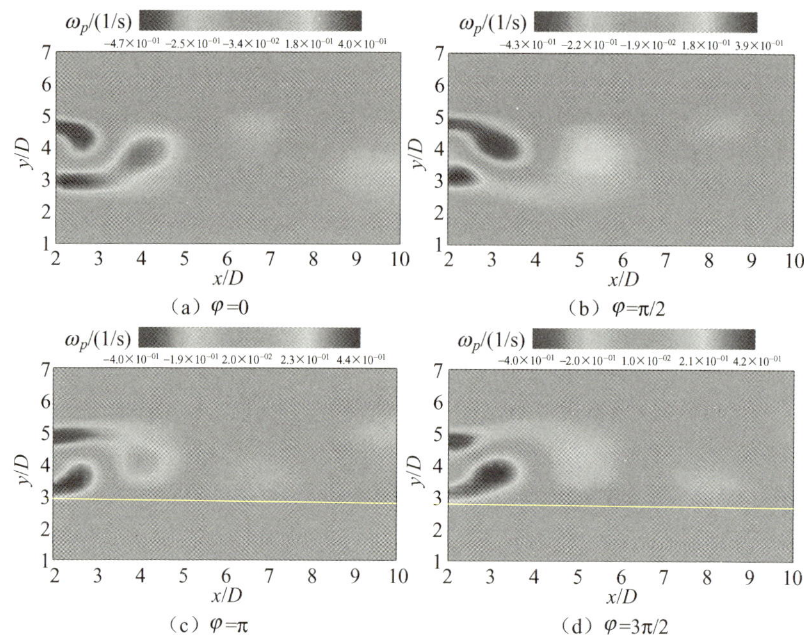

图 2-35 大尺度涡旋的相位平均涡量等值线

的形状和尺寸随着相位的增大而增大，说明中尺度涡旋具有不稳定性。在前两个阶段［图 2-36（a）和图 2-36（b）］，中尺度涡旋倾向于沿流向向下游移动。在随后的阶段［图 2-36（c）和图 2-36（d）］可以观察到涡旋与前半周期相似的对流运动。然而，在后半周期的中尺度涡旋被证明具有与前半周期中结构相反的旋转方向。这些测量结果可能暗示了开尔文-亥姆霍兹涡旋的性质，即由大规模流动振荡引起。

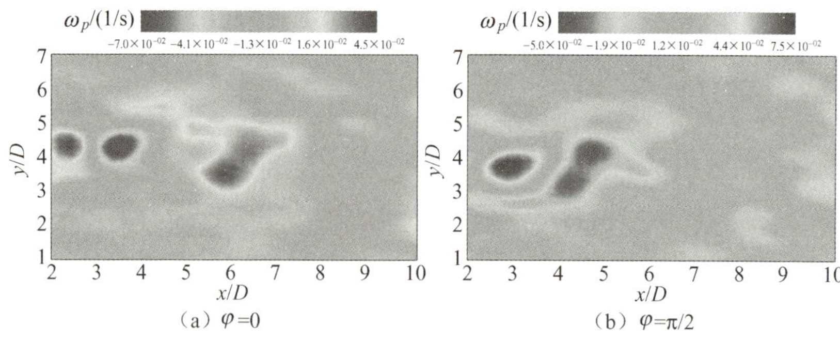

图 2-36 中尺度涡旋的相位平均涡量等值线

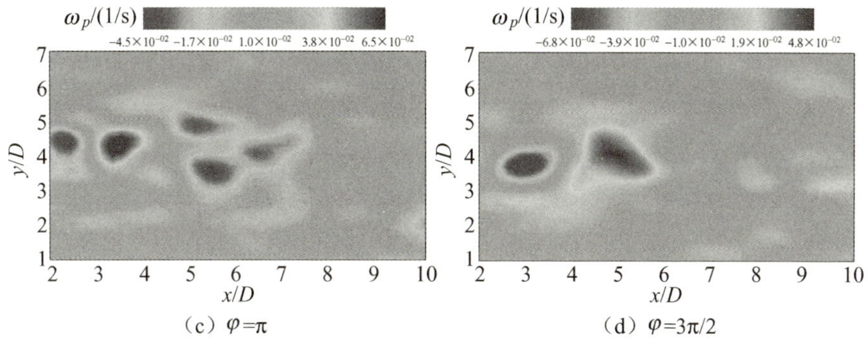

（c）$\varphi=\pi$　　（d）$\varphi=3\pi/2$

图 2-36　中尺度涡旋的相位平均涡量等值线（续）

图 2-37 和图 2-38 所示分别为大尺度涡旋和中尺度涡旋的相位平均雷诺应力。与平均流场结果相比，在 $\varphi=0$ 阶段［图 2-37（a）］，在剪切层边界附近出现一对峰值，可以用初始阶段剪切层的形成过程解释。随着相位的增大，两个峰值在近尾流区域来回移动，表明在流动分离过程中存在高强度的大尺

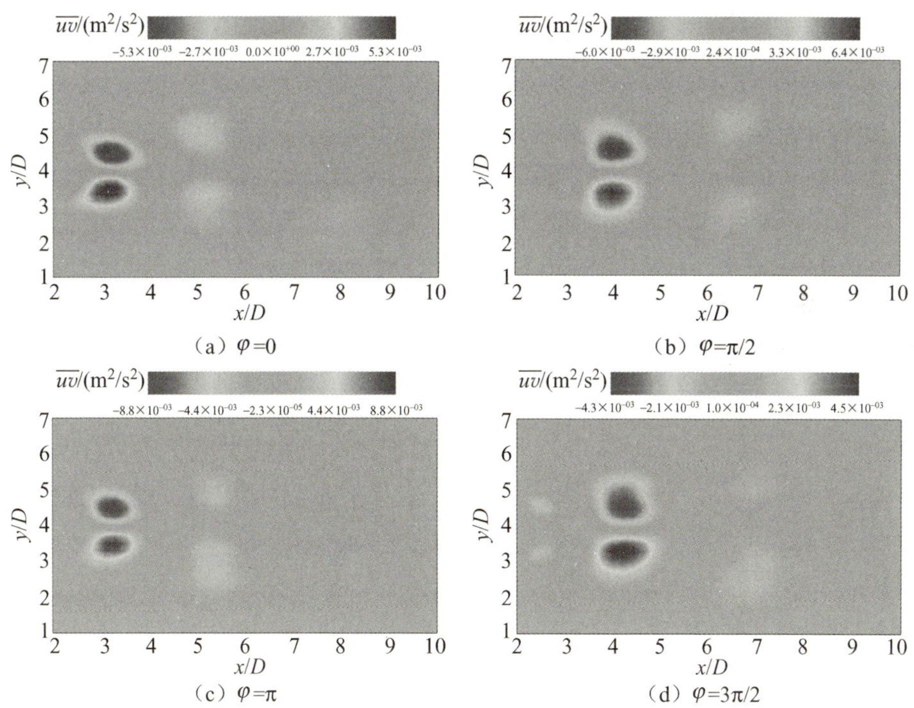

（a）$\varphi=0$　　（b）$\varphi=\pi/2$

（c）$\varphi=\pi$　　（d）$\varphi=3\pi/2$

图 2-37　大尺度涡旋的相位平均雷诺应力

度波动速度。对于所有相位，由于远尾流区域大尺度涡旋对之间没有强烈的相互作用，因此雷诺应力在远尾流区域的值小得多。与图 2－36 所示的测量结果不同，从中尺度涡旋的相位平均雷诺应力分布中没有观察到明显的对流特征，可能由于中尺度湍流波动快速消散。在前半周期，上侧雷诺应力的振幅从 $\varphi=0$ 阶段［图 2－38（a）］增大到 $\varphi=\pi/2$ 阶段［图 2－38（b）］。相反，雷诺应力的增大出现在从 $\varphi=\pi$ 阶段［图 2－38（c）］到 $\varphi=3\pi/2$ 阶段［图 2－38（d）］的下侧。此外，在大尺度涡旋周围观察到中尺度湍流波动，表明大尺度流动振荡导致出现中尺度涡旋。

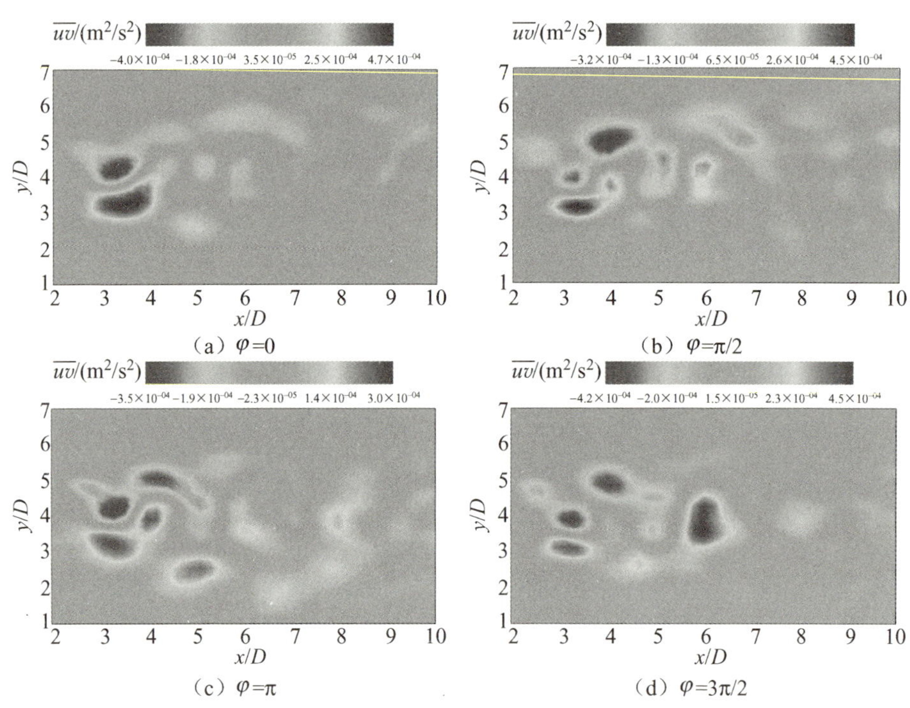

图 2－38　中尺度涡旋的相位平均雷诺应力

如上所述，结合一维正交小波多分辨率技术和连续小波变换，能够揭示涉及涡量分布、流型和雷诺应力分布的长方体钝体尾流的多尺度相位平均特征。事实上，相位平均方法的应用不局限于圆柱钝体尾流，也可用于揭示其他钝体周围流动的多尺度流体动力学，因为它们的尾流具有相似特征。

2.4.6　小结

基于一维正交小波多分辨率技术和连续小波变换的相位平均技术用于揭示高速粒子图像测速测量的长方体钝体尾流的相位平均特征。从平均流场、瞬态多尺度流结构和相位平均流型的角度研究了长方体钝体尾流的定性信息和定量信息，主要结果总结如下。

（1）基于一维正交小波多分辨率技术和复 Morlet 小波变换，可以清楚地识别大尺度涡旋和中尺度涡旋的相位信息，采用的相位平均技术可用于分析其他钝体周围的流动。

（2）瞬态多尺度结构表明，大尺度涡旋是形成分离区的主要因素。大尺度涡旋强度降低，开始在分离区下游转变为中尺度涡旋。此外，在剪切层的上边界观察到中尺度涡旋，并伴随着大尺度涡旋，这被认为与开尔文-亥姆霍兹不稳定性有关。

（3）相位平均流场表明，尾流上下滚动并与相应的涡旋一起向下游移动，形成具有相反旋转方向的涡旋对。大尺度涡旋的相位平均涡量与相位平均流场的拓扑结构具有良好的对应性，表明涡旋具有很强的周期性。中尺度涡旋的前半周期旋转方向与后半周期旋转方向不同，可能与开尔文-亥姆霍兹涡旋有关。

（4）大尺度涡旋的相位平均雷诺应力峰值在近尾流区域来回移动，表明在剪切层夹带过程中存在高强度的大尺度波动速度。

第 3 章　多维多尺度解析方法在湍流结构分析中的应用

湍流是指黏性流体在高雷诺数条件下因流动失稳引起的极端复杂的流动状态。作为典型的湍流流场，钝体绕流广泛存在于交通运输、航空航天、水利工程等科学研究和工程实际中。在一定的雷诺数范围内，钝体绕流产生的边界层分离和涡旋脱落等复杂流动现象会导致阻力、振动、噪声的形成，至今仍然是流体力学领域研究的重点和难点。此外，工程技术中的大量问题与湍流密切相关。从流体力学的观点来看，流体流经钝体表面后会产生由不同尺度涡旋组成的湍流流场。作为流体运动的“肌腱”，这些涡旋串联了整个流场，对产生分离区和流动噪声有决定性影响。鉴于涡旋运动对湍流流场的重要性，我们需要获取涡旋中的更多物理信息，可以将其分解成不同的尺度研究。

作为一种能够识别流场中大尺度湍流结构的解析方法，本征正交分解广泛应用于湍流研究领域。本征正交分解的主要特点是通过确定最优正交基将流场中不同尺度的涡旋按照能量分解成不同模态，通常用于分析大尺度的高能流场结构。然而，实际的湍流结构由不同尺度的涡旋组成，这种多尺度特征不仅体现在时间上，还体现在空间上。不同尺度的涡旋具有不同的能量，除高能量的大尺度涡旋外，还存在中、小尺度涡旋。在一定条件下，尺度较小的涡旋能够抑制大尺度涡旋的形成和发展，进而减小钝体的阻力和噪声。第 2 章提出的一维正交小波分解方法能够实现对流场的多尺度解析，但其基于时间多尺度，提取空间流场时不能严格以空间尺度为基准对流场进行多尺度解析。在空间上，可将湍流结构看成由不同尺度的涡旋叠加而成，使流场处于杂乱无序的状态，需要我们从空间上提取不同尺度的涡旋。为了弥补一维正交小波分解无法准确提取流场不同空间尺度涡旋的缺点，本书提出基于多维正交小波的流场空间多尺度解析方法。

3.1　二维空间多尺度流场解析方法

一维正交小波分解提供了一种以流场参数中心频率为基准的多尺度解析方法，能够有效提取某特定频段的流场结构。实际上，流场在空间上具有多尺度特性，每种涡旋都具有特定的空间尺度。结合实验测量数据或者数值计算结果的面特性，可从空间多尺度的角度识别流场中可能存在的不同尺度的涡旋。

以在某平面测得的速度场为例，选定该平面的测量区域作为二维正交小波分解的计算域，假设该计算域由 4096（64×64）个速度向量组成。为方便说明计算方法，用 $v(x_i, y_j)(i=1,\cdots,n_x;j=1,\cdots,n_y)$ 表示计算域中各网格点的流场参数。在本次计算中，n_x 和 n_y 的值都为 64，v 可以代表流向速度 U（x 方向）、垂直（z 方向）速度 V 或者展向速度 W（y 方向）。

（1）把瞬态流场中的 $n_x \times n_y$ 个流向速度放入 $2^N \times 2^N$ 的二维矩阵 $\boldsymbol{U}^N$。

$$\boldsymbol{U}^N = \begin{pmatrix} U(1,1) & U(1,2) & \cdots & U(1,n_x) \\ U(2,1) & U(2,2) & \cdots & U(2,n_x) \\ \vdots & & & \\ U(n_y,1) & U(n_y,2) & \cdots & U(n_y,n_x) \end{pmatrix} \tag{3-1}$$

在本次计算中，取 $N=6$。

(2)通过系数为 12 的 Daubechies 小波基矩阵 $\boldsymbol{C}^N$ 对初始二维矩阵 $\boldsymbol{U}^N$ 沿水平方向(x 向)进行一维正交小波变换。

$${}^1\boldsymbol{D} = \boldsymbol{C}^N \times \boldsymbol{U}^N = [s_{1,m}^1 \quad d_{1,m}^1 \quad s_{2,m}^2 \quad d_{2,m}^2 \quad \cdots \quad s_{i-1,m}^1 \quad d_{i-1,m}^1 \quad s_{l,m}^1 \quad d_{l,m}^1]^{\mathrm{T}} \tag{3-2}$$

式中，$i=1$，…，2^{N-1}；$m=1$，…，2^N；计算得到由平顺系数和差分系数组成的列向量 $\boldsymbol{s}_{i,m}^1$ 和 $\boldsymbol{d}_{i,m}^1$，列向量的大小为 $2^N \times 1$；${}^1\boldsymbol{D}$ 为第一次分解得到的小波

系数矩阵。整个乘积过程相当于沿着水平方向（x 方向）对二维矩阵的列向量进行连续的一维正交小波分解。

(3) 通过置换矩阵 $\boldsymbol{P}^N$ 把矩阵 ${}^1\boldsymbol{D}$ 中的平顺系数 $\boldsymbol{s}^1_{i,m}$ 置换到 ${}^1\boldsymbol{D}^x$ 矩阵中的前半部分，把差分系数 $\boldsymbol{d}^1_{i,m}$ 置换到 ${}^1\boldsymbol{D}^x$ 矩阵中的后半部分，从而完成对二维矩阵沿着水平方向的初次分解，分解过程如下。

$$
\begin{aligned}
{}^1\boldsymbol{D}^x &= \boldsymbol{P}^N \times {}^1\boldsymbol{D} = [s^1_{1,m} \quad s^1_{2,m} \quad \cdots \quad s^1_{i,m} \quad d^1_{1,m} \quad d^1_{2,m} \quad \cdots \quad d^1_{i,m}]^{\mathrm{T}} \\
&= \begin{bmatrix}
s^1_{1,1} & \cdots & s^1_{1,2^{N-1}} & s^1_{1,2^{N-1}+1} & \cdots & s^1_{1,m} \\
\vdots & \ddots & \vdots & \vdots & \ddots & \vdots \\
s^1_{i,1} & \cdots & s^1_{i,2^{N-1}} & s^1_{i,2^{N-1}+1} & \cdots & s^1_{i,m} \\
d^1_{1,1} & \cdots & d^1_{1,2^{N-1}} & d^1_{1,2^{N-1}+1} & \cdots & d^1_{1,m} \\
\vdots & \ddots & \vdots & \vdots & \ddots & \vdots \\
d^1_{i,1} & & d^1_{i,2^{N-1}} & d^1_{i,2^{N-1}+1} & & d^1_{i,m}
\end{bmatrix}
\end{aligned}
\tag{3-3}
$$

(4)对第(3)步得到的 ${}^1\boldsymbol{D}^x$ 转置后，可进一步沿垂直方向(y 方向)分解，从而完成对二维矩阵的第一次正交小波变换。

$$
{}^1\boldsymbol{D}^{xy} = \boldsymbol{P}^N \times \boldsymbol{C}^N \times {}^1\boldsymbol{D}^{x\,\mathrm{T}} =
$$

$$
\begin{bmatrix}
ss^1_{1,1} & \cdots & ss^1_{1,2^{N-1}} & sd^1_{1,2^{N-1}+1} & \cdots & sd^1_{1,m} \\
\vdots & \ddots & \vdots & \vdots & \ddots & \vdots \\
ss^1_{i,1} & \cdots & ss^1_{i,2^{N-1}} & sd^1_{i,2^{N-1}+1} & \cdots & sd^1_{i,m} \\
ds^1_{1,1} & \cdots & ds^1_{1,2^{N-1}} & dd^1_{1,2^{N-1}+1} & \cdots & dd^1_{1,m} \\
\vdots & \ddots & \vdots & \vdots & \ddots & \vdots \\
ds^1_{i,1} & & ds^1_{i,2^{N-1}} & dd^1_{i,2^{N-1}+1} & & dd^1_{i,m}
\end{bmatrix}
= \begin{bmatrix} S_1 & D^v_1 \\ D^h_1 & D^d_1 \end{bmatrix}
\tag{3-4}
$$

从式(3-4)可以得到由平顺系数(ss)和差分系数(sd、ds 和 dd)组成的小波系数矩阵。为了便于说明下一步计算，把小波系数矩阵 ${}^1\boldsymbol{D}^{xy}$ 分为四个部分，第一部分是由平顺系数 ss 组成的子带 S_1，第二部分是由差分系数 sd 组成的子带 D^v_1，第三部分是由差分系数 ds 组成的子 D^h_1，第四部分是由差分系数 dd 组成的子带 D^d_1，各子带大小都为 $2^{N-1} \times 2^{N-1}$。由差分系数组成的子带 D^v_1、D^h_1 和 D^d_1

被定义为尺度为 $N-2$ 的小波系数。

(5)只针对第一次正交小波变换中的子带 S_1 进行第二次正交小波变换，计算过程如下。

$$^{2}\boldsymbol{D}^{xy}=\boldsymbol{P}^{N-1}\boldsymbol{C}^{N-1}\left(P^{N-1}C^{N-1}\begin{pmatrix}S_1 & D_1^v\\ D_1^h & D_1^d\end{pmatrix}\right)^{\mathrm{T}}=\begin{pmatrix}S_2 & & D_2^v & \\ & & & D_1^v\\ D_2^h & & D_2^d & \\ & D_1^h & & D_1^d\end{pmatrix} \tag{3-5}$$

在第二次正交小波变换过程中产生四个不同的子带，各子带大小都为 $2^{N-2}\times 2^{N-2}$。子带 D_2^v、D_2^h 和 D_2^d 被定义为尺度为 $N-3$ 的小波系数。

(6) 对得到的平顺系数进行卷积和转置运算，直到最大尺度的小波系数被分解出来，这个过程将重复 $N-3$ 次，最终得到 $2^3\times 2^3$ 的平顺系数子带 S_{N-3}，该子带被定义为尺度为 1 的小波系数。式 (3-6) 中的小波系数矩阵 $^{N-3}\boldsymbol{D}^{xy}$ 由 $N-2$ 个不同尺度的小波系数分量组成，小波分析矩阵 $\boldsymbol{W}$ 可通过小波基矩阵和转置矩阵的级联算法获得。

$$^{N-3}\boldsymbol{D}^{xy}=\boldsymbol{W}(WU^N)^{\mathrm{T}}=\begin{pmatrix}S_{N-3} & D_{N-3}^v & \cdots & \\ D_{N-3}^h & D_{N-3}^d & \cdots & D_1^v\\ \vdots & & & \\ & D_1^h & & D_1^d\end{pmatrix} \tag{3-6}$$

$$\boldsymbol{W}=P^4C^4\cdots P^{N-1}C^{N-1}P^NC^N \tag{3-7}$$

二维正交小波分解过程如图 3-1 所示。

(7) 由于小波分析矩阵具有正交性 ($\boldsymbol{W}^{\mathrm{T}}\boldsymbol{W}=\boldsymbol{I}$，其中 $\boldsymbol{I}$ 为单位矩阵)，因此二维正交小波的逆变换可表示如下。

$$\boldsymbol{U}^N=\boldsymbol{W}^{\mathrm{T}}(^{N-3}\boldsymbol{D}^{xy})\boldsymbol{W} \tag{3-8}$$

(8) 基于小波系数矩阵中各小波系数分量的空间尺度特性，将小波系数分解为各分量之和并对各分量进行重构。

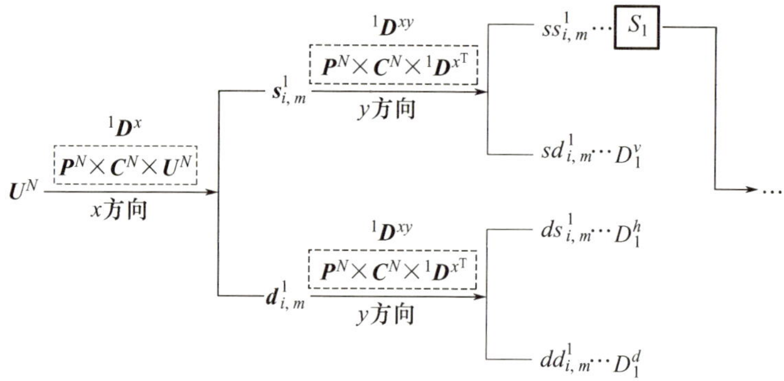

图 3-1　二维正交小波分解过程

$$
\begin{aligned}
{}^{N-3}\boldsymbol{D}^{xy} &= \boldsymbol{S}^N + \boldsymbol{D}_1^N + \cdots + \boldsymbol{D}_i^N + \cdots + \boldsymbol{D}_{N-3}^N \\
&= \underbrace{\begin{pmatrix} S_{N-3} & 0 & \cdots & \\ 0 & 0 & \cdots & 0 \\ \vdots & \vdots & \ddots & \\ & 0 & \cdots & 0 \end{pmatrix}}_{\text{尺度}1} + \underbrace{\begin{pmatrix} 0 & D^v_{N-3} & \cdots & \\ D^h_{N-3} & D^d_{N-3} & \cdots & 0 \\ \vdots & \vdots & \ddots & \vdots \\ & 0 & \cdots & 0 \end{pmatrix}}_{\text{尺度}2} + \cdots \\
&\quad + \underbrace{\begin{pmatrix} 0 & 0 & \cdots & & \\ 0 & 0 & \cdots & D^v_i & 0 \\ \vdots & \vdots & \ddots & & \\ & D^h_i & \cdots & D^d_i & \\ & 0 & \cdots & & 0 \end{pmatrix}}_{\text{尺度}i} + \cdots + \underbrace{\begin{pmatrix} 0 & 0 & \cdots & \\ 0 & 0 & \cdots & D^v_1 \\ \vdots & \vdots & \ddots & \\ & D^h_1 & \cdots & D^d_1 \end{pmatrix}}_{\text{尺度}N-2}
\end{aligned}
\tag{3-9}
$$

$$
\boldsymbol{U}^N = \boldsymbol{W}^{\mathrm{T}}\boldsymbol{S}^N\boldsymbol{W} + \boldsymbol{W}^{\mathrm{T}}\boldsymbol{D}_1^N\boldsymbol{W} + \cdots + \boldsymbol{W}^{\mathrm{T}}\boldsymbol{D}_1^N\boldsymbol{W} + \cdots + \boldsymbol{W}^{\mathrm{T}}\boldsymbol{D}_{N-3}^N\boldsymbol{W} \tag{3-10}
$$

式中，$\boldsymbol{W}^{\mathrm{T}}\boldsymbol{S}^N\boldsymbol{W}$ 称为尺度为 1 的小波分量（最大空间尺度）；$\boldsymbol{W}^{\mathrm{T}}\boldsymbol{D}_{N-3}^N\boldsymbol{W}$ 称为尺度为 $N-2$ 的小波分量（最小空间尺度）。

采用上述二维正交小波分解方法最多可以把二维瞬态流向速度场分解为 $N-2$ 个小波分量，各尺度小波分量以不同的空间尺度为特征。除流向速度外，还可以对测得的垂直速度、涡量等参数进行多尺度的定性分析和定量分析。

3.2 二维空间多尺度解析在流动结构解析中的应用

流体绕过钝体是一个在实际应用中常遇到的基础流体力学问题。与钝体相关的一个经典现象是卡门涡街，即涡旋从钝体两侧交替脱落并在下游形成涡街。大尺度涡旋通常是主要结构，在低频范围内是主要频谱成分。除大尺度涡旋外，在湍流结构中还有较小尺度涡旋，包括次生涡旋、开尔文-亥姆霍兹涡旋和纵向肋状结构，表明湍流结构由多种尺度涡旋组成。显然，不同尺度的湍流结构在湍流中起不同的作用，为了详细描述尾流，需要对多尺度湍流结构进行阐释。

理解湍流结构在控制传输现象中的作用可以帮助实现精确、可靠的流体系统设计。在过去的几十年里，许多方法（如条件采样、小波分析、模式识别分析、本征正交分解、随机估算方法和基于拓扑概念方法）广泛用于识别和表征相干结构。早期开发的数据处理技术主要用于提取包含较少时间或空间信息的流场数据。随着实验技术的进步和计算能力的提高，在空间上获取瞬态数据成为主流手段（如使用粒子图像测速等技术测量速度和大涡模拟）。小波变换在导出流场相干结构方面有广泛应用。然而，早期的大部分研究著作都基于一维数据集。Farge 重建了小波变换，重构了在直接数值模拟中特定尺度的湍流结构，并研究了这些结构的时间演化。Kailas 和 Narasimha 对平面流场图像进行小波变换并识别出其中的相干结构。先前对多尺度湍流尾流结构的研究表明，一维正交小波多分辨率技术不仅能够分离和定量表征流场中的相干结构及非相干结构，而且能够分离和量化不同尺度的湍流结构。二维正交小波分析用于分析不同尺度的瞬态流型，其中根据空间尺度将湍流结构分解为多个小波分量。然而，到目前为止，对湍流结构的统计分析和关注很少，为了进一步了解湍流流场，需要提取多尺度结构的详细信息及相应的流动统计数据。

下面对长方体钝体尾流的空间多尺度结构进行定量分析。首先，应用高速粒子图像测速技术测量长方体钝体产生的湍流尾流；其次，利用二维正交小波分析将得到的速度流场分解为不同尺度；最后，根据两点自相关、功率谱、湍动能和雷诺应力对尾流的多尺度特征进行量化。

3.2.1 实验装置与测量方法

实验模型如图 3-2 所示，其方形截面边长 $d=20\text{mm}$，长度 $L=500\text{mm}$。该模型以聚乳酸为材料通过三维打印机逐层打印而成，其打印精度为 0.15mm。基于实验数据计算的科尔莫戈罗夫尺度为 0.45mm，与三维打印精度为同一数量级，表明该模型表面精度对微小科尔莫戈罗夫尺度存在较大影响。

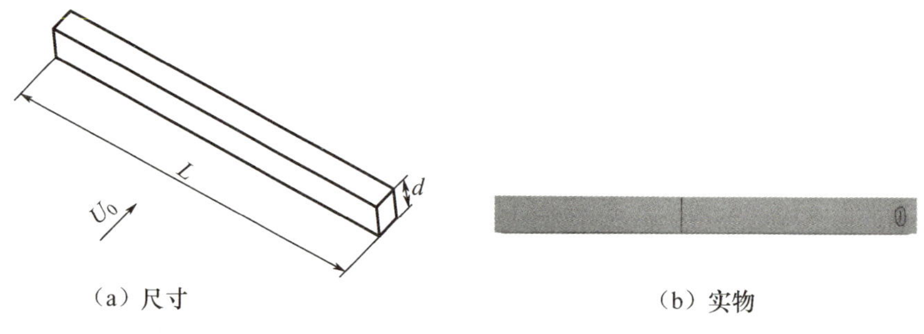

(a) 尺寸　　(b) 实物

图 3-2　实验模型

在循环水槽中进行本实验，实验段的尺寸为 2000mm（长度）×500mm（宽度）×500mm（高度），测量时循环水槽的自由液面高度为 400mm。为了方便照亮流场，实验段两侧及地面由透明有机玻璃材料制成。为了保证流场的均匀性，在实验段前端放置若干蜂窝整流器。在本实验中，流向速度展向分布均匀，核心区域平均速度及湍流强度的不均匀度均小于 2%。实验装置及坐标系统如图 3-3 所示，长方体钝体横跨循环水槽左右两侧并处于液面中心高度位置。在本实验中，阻塞比带来的影响可以忽略不计。

本实验的自由来流速度 $U_0=0.285\text{m/s}$，以钝体的边长为特征长度，对应的雷诺数 $Re=U_0 d/v=5850$（v 为运动黏度，$v=1.003\times10^{-6}\text{m}^2/\text{s}$），处于亚临界流动状态。高速照相机和激光片光源用于拍摄流场，采用 VisionPro 软件计算钝体后方的流场。实验时，在循环水槽中加入适量的聚苯乙烯颗粒作为

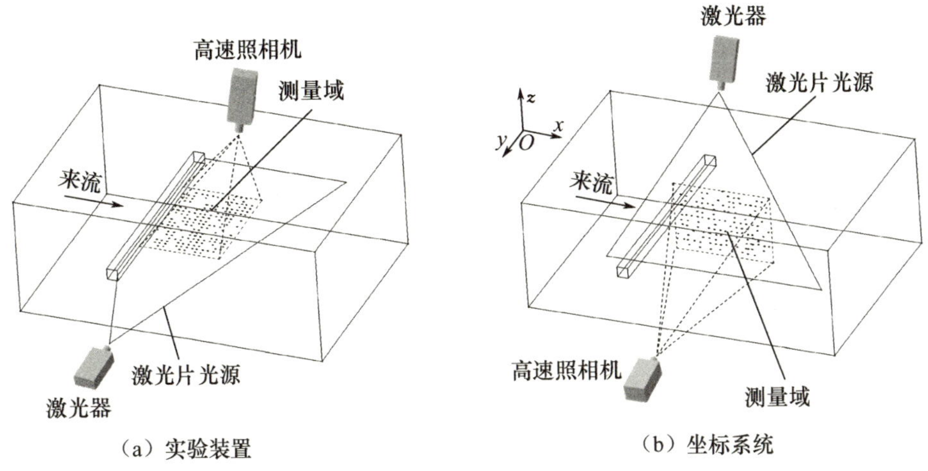

(a) 实验装置　　　(b) 坐标系统

图 3-3　实验装置及坐标系统

示踪粒子，颗粒的平均直径为 30～60μm，密度为 1.01×10^3 kg/m^3，接近水的密度，可近似忽略水的浮力或颗粒重力带来的影响。为了提取更丰富的流场信息，分别在流向平面（xz 平面）和展向平面（xy 平面）测量，对应的激光片光源厚度约为 1.5mm。对于上述两个平面，高速照相机对应的照相频率均为 250Hz，能够满足捕捉流场中非定常结构的要求。流向平面和展向平面对应测量区域的尺寸分别为 240mm×240mm（12d×12d）和 200mm×160mm（10d×8d），根据测量区域的尺寸，高速照相机的分辨率分别为 1024 像素×1024 像素和 1024 像素×768 像素，每个像素对应的空间分辨率分别为 0.23mm 和 0.2mm。通过基于快速傅里叶变换的互相关算法对连续两帧图像计算得到速度矢量场。互相关算法中的判断窗口为 32 像素×32 像素，在两个方向上的重叠均为 50%。对于流向平面和展向平面，每次测量得到的瞬态速度矢量场分别包括 16384（128×128）个速度向量和 8192（128×64）个速度向量。因此，速度矢量场的空间分辨率约为 2mm，约为科尔莫戈罗夫尺度的 3.4 倍。对上述测量平面采样 3000 次，以得到 2999 帧对应平面内的瞬态速度矢量场。基于这些平面内的速度测量结果，可以得到相应的一阶统计量和二阶统计量。本实验中时均速度的统计误差为 1.38%，相应的均方根统计误差为 4.56%。

3.2.2 时均流场分布

本书中的时均流场是通过对 3000 枚连续瞬态速度矢量场进行统计学分析得到的，对应的时间为 12s，流向平面的时均流场参数分布如图 3-4 所示。从图 3-4（a）可以看出，在长方体钝体尾流后方形成一对大小近似相等、旋转方向相反的大尺度涡旋，这对涡旋沿长方体钝体尾流轴线对称分布，组成了长方体钝体尾流后方的分离区。两个大尺度涡旋涡核的距离约为 0.7D。在分离区存在一个低速回流区域，并呈现先宽后窄的分布趋势。在回流区域末端，时均速度由负值逐渐增大，在驻点处为零，对应的分离区长度为 1.3D。

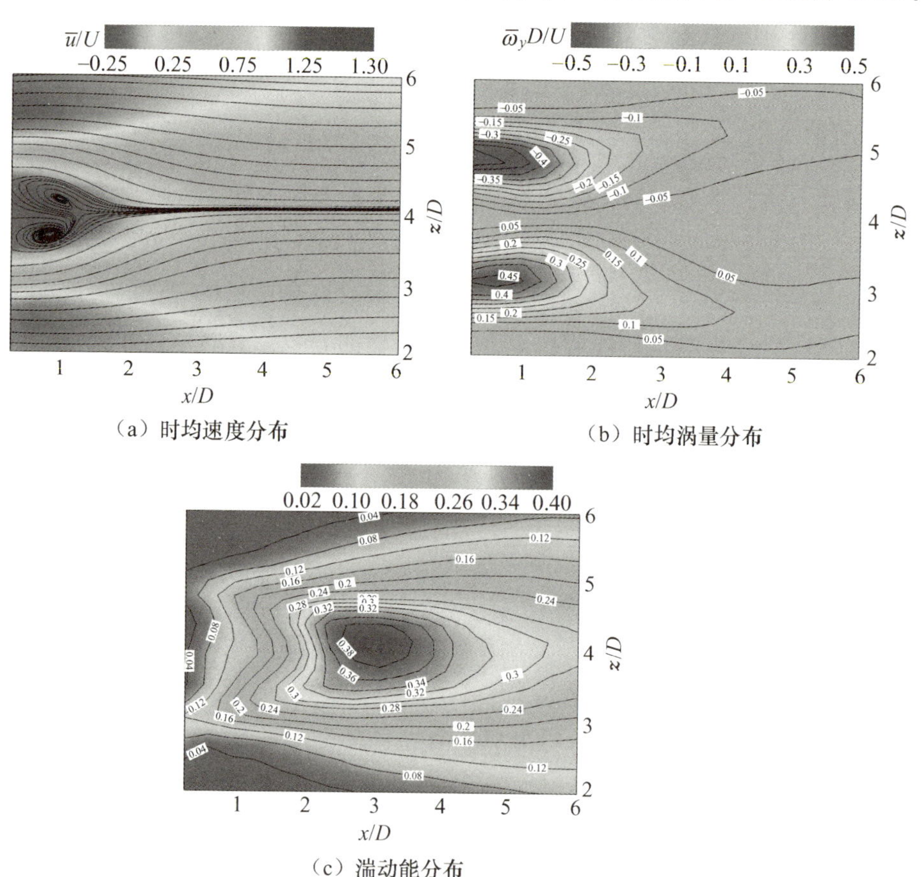

（a）时均速度分布

（b）时均涡量分布

（c）湍动能分布

图 3-4　流向平面的时均流场参数分布

流体流经分离区后，其时均速度逐渐增大。图 3－4（b）所示为长方体钝体尾流的时均涡量分布，可以看出涡量沿长方体钝体中心轴对称分布，随着流体的流动，涡量代表的涡旋强度逐渐降低。时均涡量分布表示了在长方体钝体尾流因大尺度涡旋脱落而形成的分离剪切层。无论是时均流线分布还是时均涡量分布，发现的都是小尺度涡旋，因为小尺度涡旋的流场波动在平均过程中被消除。在实际流场中，湍流结构不仅以大尺度涡旋的形式出现，还可能以中、小尺度涡旋的形式出现，因此需要提取湍流中的不同尺度结构，并展开统计学分析。图 3－4（c）所示为长方体钝体尾流的湍动能分布，可以看出湍动能从靠近长方体钝体末端开始逐渐增大至 $x/D=3$ 处，随后逐渐减小，反映了大尺度涡旋的形成和耗散过程。

图 3－5 所示为展向平面的时均流场参数分布。如图 3－5（a）所示，与长方体钝体展向平面平行的回流区域能够从时均流线清晰地辨别出来，回流区域的流向速度小于零。在长方体钝体尾部 $x/D=1.3$ 附近，流向速度接近零，表明长方体钝体尾流区域的大尺度涡旋形成长度，与图 3－4（a）所示的回流区域长度保持较高的一致性。在距离长方体钝体尾部大于 $x/D=1.3$ 处，流向速度逐渐增大至 $\bar{u}/U=0.8$。为了进一步研究展向平面的涡旋，对展向平面的时均涡量分布展开分析，如图 3－5（b）所示。与流向平面的时均涡量分布不同，展向平面的时均涡量分布没有明显特征，涡旋在空间呈现一定的随机性。虽然研究表明在长方体钝体瞬态尾流中存在多种二次涡旋，但由于这种尺度较小的涡旋在时间和空间上具有不稳定性，因此很难通过直接的时均方法提取。此外，较小尺度的涡旋易被消除也是造成涡量随机分布的一个原因。图 3－5（c）所示为展向平面的湍动能分布，在回流区域湍动能保持较小的振幅，在回流区域外湍动能增大，表明了大尺度涡旋的耗散过程。长方体钝体两端的湍动能明显较大，可能与长方体钝体安装在循环水槽两侧壁面而受到壁面流场干扰有关。

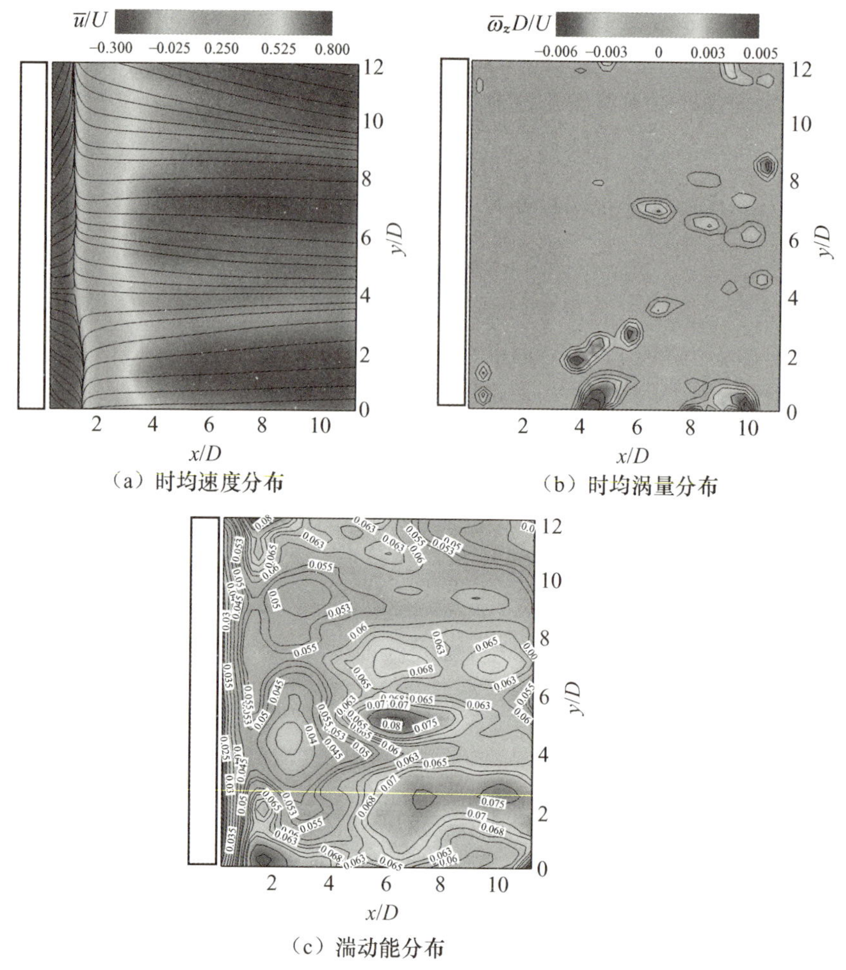

（a）时均速度分布

（b）时均涡量分布

（c）湍动能分布

图 3-5　展向平面的时均流场参数分布

3.2.3　瞬态流场多尺度特性

为了更进一步分析长方体钝体尾流的特性，采用二维空间多尺度解析方法把 3000 枚瞬态流场分解为三个尺度，即大尺度、中尺度和小尺度。图 3-6 所示为流向平面的多尺度瞬态流场。如图 3-6（a）所示，卡门涡街从长方体钝体后部上方脱落，而下方的涡旋准备形成，在分离区后方存在空间尺度不同的涡旋。采用二维正交小波分解提取的大尺度涡旋如图 3-6（b）所示，可以看出大尺度涡旋与图 3-6（a）中的初始流场结构具有很高的一致性，表明大尺度涡旋在流场中占主导地位，对实际流场的贡献最大。与初始流场相比，大尺度涡旋的流场波动较小、流线较光滑，表明流场中非稳态的中、小尺度涡旋被消除，大尺度涡旋能够很好地表示尾流的周期性振荡。此外，涡量场中较小尺度的涡旋未在大尺度流场中呈现。图 3-6（c）所示为从初始流场中提取的中尺度涡旋，可以看出未能在初始流场中呈现的中尺度涡旋被清晰地识别出来，其多集中在分离区尾部，表明大尺度涡旋在分离区下游开始剥落，并且开始转化为中尺度涡旋。此外，中尺度涡旋沿着长方体钝体尾流的边界层附近向下游发展，这可能与由开尔文-亥姆霍兹不稳定性引起的二次涡旋运动有关。图 3-6（d）所示为从初始流场中提取的小尺度涡旋。与中尺度涡旋相比，小尺度涡旋在空间上随机分布，且其强度远低于大尺度涡旋和中尺度涡旋，表明小尺度涡旋对整个流场的贡献较小。此外，小尺度涡旋在分离区

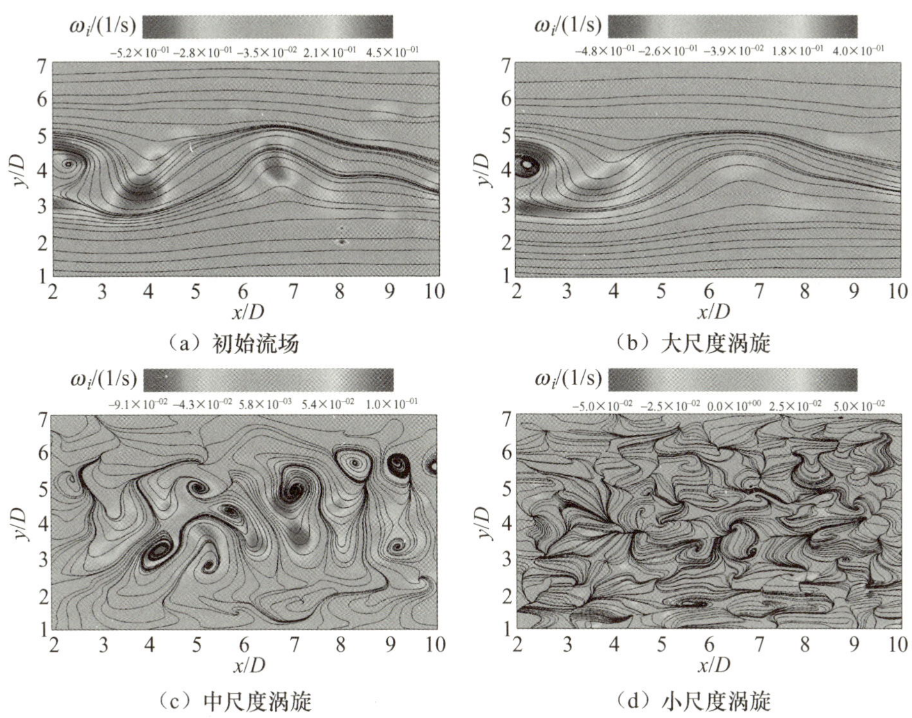

（a）初始流场　（b）大尺度涡旋

（c）中尺度涡旋　（d）小尺度涡旋

图 3-6　流向平面的多尺度瞬态流场

下游更活跃，可能与大尺度涡旋来回振荡引起的涡旋破碎过程有关。

展向平面的多尺度瞬态流场如图 3－7 所示。图 3－7（a）所示为初始流场，可以看出其尾流结构与时均流场存在很大的差异，分离区的形状沿展向有较大波动，反映了展向平面二次涡旋的不稳定性。采用二维正交小波分解提取的大尺度涡旋如图 3－7（b）所示，可以发现大尺度涡旋很好地体现了流场的拓扑形态，表明大尺度涡旋在展向平面占主导地位。从涡量分布上看，中、小尺度涡旋被消除，侧面反映了空间多尺度解析能够有效提取不同尺度的涡旋。图 3－7（c）所示为中尺度涡旋，可以看出隐藏于主流下的中尺度涡旋被成功提取，这些涡旋在流向上成串排列，相邻涡旋的旋转方向相反、涡量相近，相邻涡旋的间距约为 2.2D。在展向上旋转方向相同的涡旋间的平均间距约为 5.6D。此外，从涡量上看，中尺度涡旋的涡量与大尺度涡旋的涡量基本一致，表明中尺度涡旋代表的二次涡旋在展向平面占有重要的地位。

综上所述，采用空间多尺度解析方法能够成功提取尾流中可能存在的二次涡旋并计算其展向间距，为后续的展向周期性扰动减阻研究提供扰动参数。

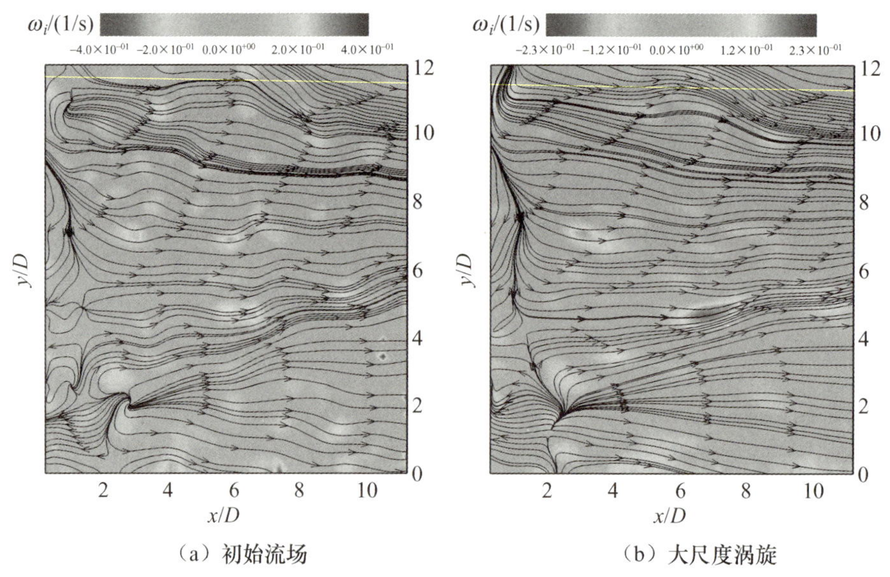

（a）初始流场　　（b）大尺度涡旋

图 3－7　展向平面的多尺度瞬态流场

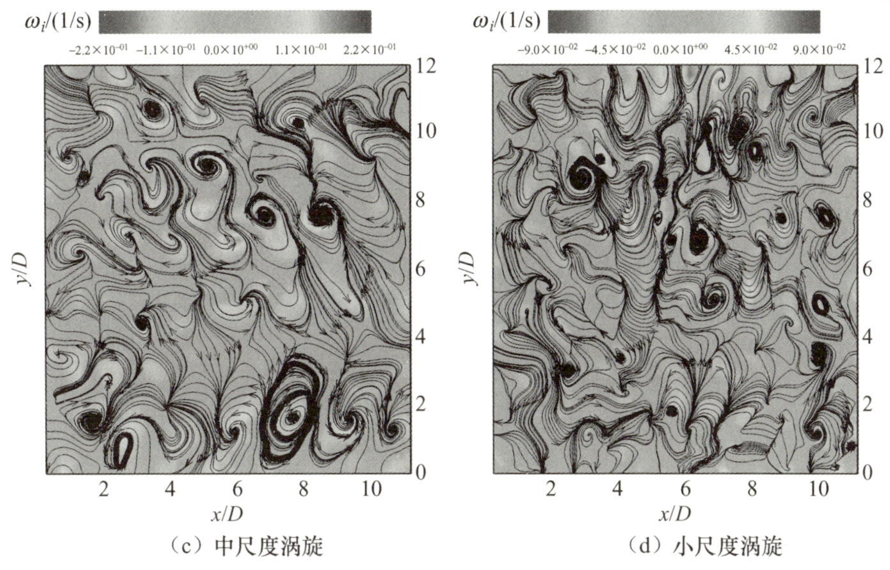

（c）中尺度涡旋　　（d）小尺度涡旋

图 3－7　展向平面的多尺度瞬态流场（续）

3.2.4　流场尺度与频谱分析

应用空间多尺度解析方法，将流场分为不同尺度的小波分量，并以其空间尺度为特征。为了量化不同小波分量对应的空间尺度，采用空间两点自相关函数进行定量计算。自相关函数的定义如下。

$$R^{i}_{u'u'}(x,r)=\frac{\overline{u'^{i}(x)u'^{i}(x,r)}}{\sqrt{\overline{[u'_{i}(x)]^{2}}\,\overline{[u'_{i}(x,r)]^{2}}}} \tag{3-11}$$

式中，上角标 i 表示小波分量；r 为流场速度向量沿流向的间距，此处两个相邻速度向量的间距为 $12D/128$；u'^{i} 为不同尺度涡旋的流向脉动速度，$i=1$、$i=2$、$i=3$，分别表示小波分量 1、小波分量 2、小波分量 3。

图 3－8 所示为不同尺度小波分量的空间自相关计算。从图中可以明显看出 $R^{i}_{u'u'}$ 的值先减小至第一次最小值再继续振荡，直到 $x/D\approx2.75$ 为止。可以将 $R^{1}_{u'u'}$、$R^{2}_{u'u'}$ 和 $R^{3}_{u'u'}$ 对应的小波分量中心尺度值定义为第一次最大值对应的空间尺度，分别为 1.45、0.6 和 0.3。可以看出空间尺度随着小波级别的增大而减小，体现了二维正交小波分解提取不同空间尺度结构的能力。将流场中

的涡旋分为三种尺度，其中小波分量 1 对应大尺度涡旋，小波分量 2 对应中尺度涡旋，小波分量 3 对应小尺度涡旋。

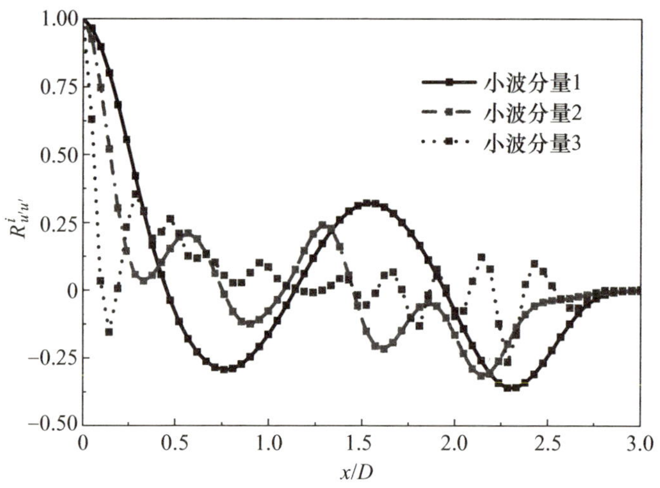

图 3-8　不同尺度小波分量的空间自相关计算

前面主要分析了不同尺度流场的流动形态及流场参数分布，为了进一步分析不同尺度涡旋的非定常特征，下面对不同尺度流场参数进行频谱分析，进而得到不同尺度涡旋的频谱特性。由于本次实验的采集频率为 250Hz，远高于大尺度涡旋从长方体钝体尾流脱落的频率，因此能够满足流场结构频谱分析的要求。为了更好地了解流场波动的频率特征，分别在流向平面和展向平面的回流区域选取两个特征点进行频谱分析。

图 3-9 所示为采用快速傅里叶变换得到的流向平面特征点频谱分析图，特征点为流向平面的 $x/D=2.5$、$z/D=4.5$ 处，该点位于流场中大尺度涡旋流经处，能够更好地捕捉流场的振荡信息。图中低频信号代表流场中的大尺度涡旋（$f\leqslant 2$Hz），中、高频信号（$f>2$Hz）代表流场中的中、小尺度涡旋。可以看出，在低频区域存在一个明显峰值，该峰值对应的中心频率 $f=1.25$Hz，相应的施特鲁哈尔数 S_t（$S_t=fD/U_0$）$=0.14$。该峰值频率为长方体钝体尾流后方大尺度卡门涡街脱落的频率，同时反映了大尺度涡旋在流向平面的主导地位。此外，在 $f=2.5$Hz 处存在第二个峰值，其频率约为卡门涡街脱落频率的 2 倍，振幅比第一个峰值低很多。结合前面关于流场的多尺

度解析，可以断定该频率段能够反映流场中的中尺度涡旋，其与由开尔文-亥姆霍兹不稳定性引起的二次涡运动有关。上述发现还说明空间多尺度解析具有提取不同频段涡旋的能力。当 $f>5$ Hz 时，频谱振幅明显低于中、低频率段，表明高频成分在流场中的占比较小，部分高频信号可能与实验过程中的背景噪声相关。

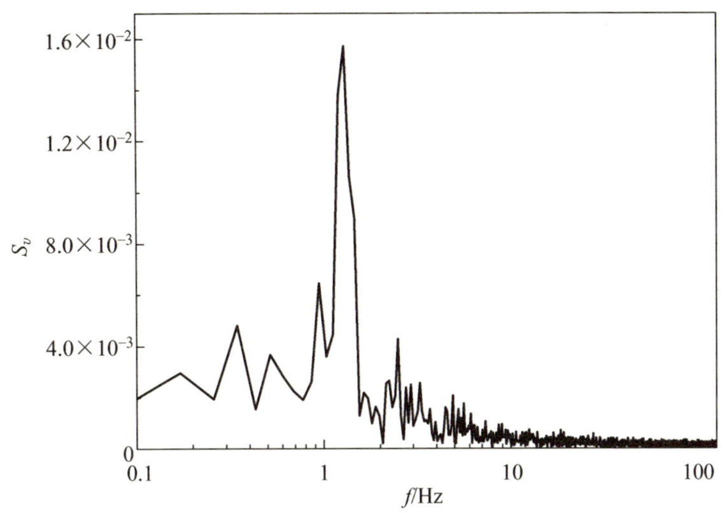

图 3-9　流向平面特征点频谱分析图

图 3-10 所示为采用快速傅里叶变换得到的展向平面特征点频谱分析图，特征点为展向平面的 $x/D=1.0$、$y/D=6$ 处，该点位于展向平面的回流区域。与流向平面特征点频谱分析图不同，在特征点处未出现明显的峰值，振幅较大的部分集中在 $0<f<3$Hz 频率段，表明在展向平面不存在明显占主导地位的涡旋，且构成流场主体的频率成分主要集中在中、低频率段。这种频谱分布同时解释了大尺度涡旋强度和中尺度旋涡强度接近的原因。在 $0.1\text{Hz}<f<0.7\text{Hz}$ 频率段，频谱的振幅较高，但低于卡门涡街的脱落频率，说明展向平面的流场波动未受到卡门涡街的影响，这主要与二维钝体展向扰动较小的流场特性有关。低频大尺度涡旋的出现可能与长方体钝体背面形成的回流区域大尺度流场波动有关。与流向平面的频谱特性相比，展向平面特征点的振幅明显低于流向平面，其峰值约为流向平面的 27%，说明在长方体钝体的流场

中卡门涡街占主导地位。在中、高频率段（$f>2.5$Hz），展向平面特征点的振幅比流向平面略高，说明在展向平面中、小尺度涡旋更加活跃。

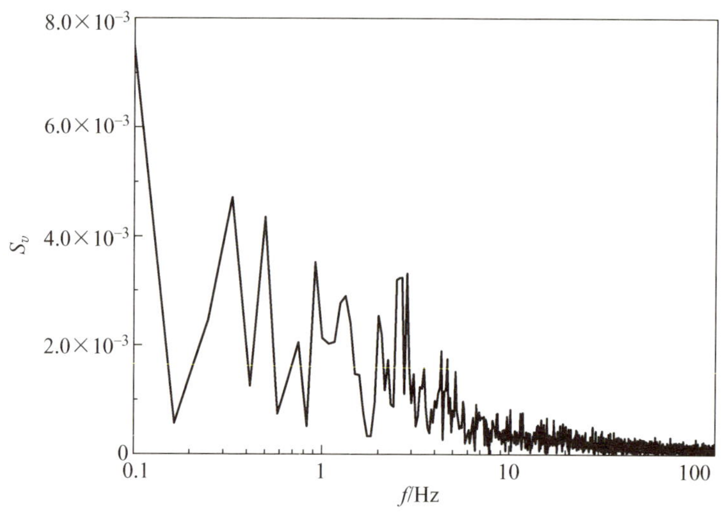

图 3-10　展向平面特征点频谱分析图

3.2.5　多尺度流场结构的功率谱密度及其对湍动能的贡献

前面从全局角度分析了流场特征点的频谱特性，并初步划分了不同频率段的流动结构。为了进一步分析采用空间多尺度解析提取的不同尺度涡旋的频率特性，利用功率谱密度函数分析不同尺度涡旋的频谱特性。功率谱密度函数定义为

$$\int_0^{\infty} P\mathrm{d}f=\phi \tag{3-12}$$

式中，P 为功率谱密度函数；f 为频率；ϕ 为流向脉动速度 u' 的均方根 $\overline{u'^2}$。

当计算不同尺度涡旋时，ϕ 表明不同尺度涡旋的流向脉动速度 u'^i 的均方根 $\overline{u'^{i2}}$，$i=1$、$i=2$、$i=3$ 分别代表大尺度涡旋、中尺度涡旋、小尺度涡旋。

图 3-11 所示为流向脉动速度的功率谱密度分布。可以看出，在低频率段大尺度涡旋的功率谱与测得的流向脉动速度功率谱具有较高的一致性，其峰值频率对应的施特鲁哈尔数 $S_t=0.14$。当 $S_t>0.25$ 时，大尺度涡旋对应的

功率谱明显低于测量数据，表明提取的大尺度涡旋反映的是流场结构中的低频成分。当流场中出现周期性的大尺度涡旋脱落现象时，采用多尺度解析方法能够有效提取占主导地位的低频结构。从提取的中尺度涡旋的功率谱图来看，中尺度涡旋有效反映了测量数据功率谱中的第二个峰值频率对应的 $S_t=0.26$，在低频率段和高频率段功率谱的振幅均低于测量数据，从而证实了空间多尺度解析方法具备提取二次涡旋的能力。从提取的小尺度涡旋的功率谱图来看，其峰值频率与测量数据功率谱中的第三个峰值频率有较好的对应关系，在高频率段小尺度涡旋的功率谱分布更接近测量数据。测量数据的功率谱可以近似等同于不同尺度涡旋的功率谱的叠加，说明采用空间多尺度解析方法能够把流场分解为不同尺度，从而对流场进行重构。

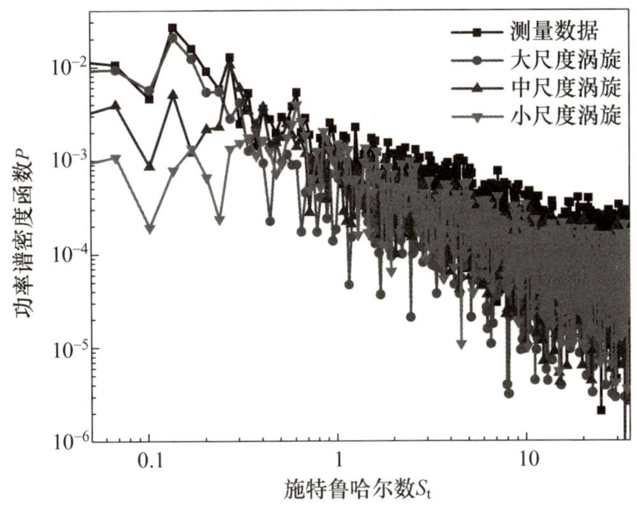

图 3-11　流向脉动速度的功率谱密度分布

为了定量评估每个小波分量对总湍动能的贡献，在测量区域上对湍动能积分，以计算每个小波分量的能量，然后通过每个小波分量的能量之和对相对能量进行归一化。

图 3-12 所示为小波分量的能量分布。可以看出，小波分量 1 的能量最大，占总湍动能的 84%，表明大尺度涡旋占主导地位，可能与尾流中的相干运动有关。小波分量 2 和小波分量 3 的能量占比分别为 10.5%和 4%；小波分

量 4 的能量占比仅为 1.5%。尽管小波分量 2 和小波分量 3 的能量较低，但它们很重要，可以反映隐藏于主流下的中、小尺度涡旋。小波分量 4 的能量占比很低，说明该尺度涡旋与流场中的随机事件或噪声事件有关。

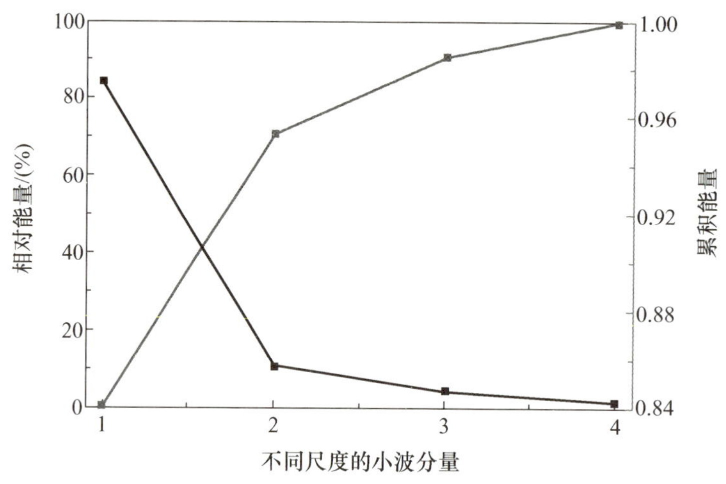

图 3-12 小波分量的能量分布

3.2.6 小结

利用粒子图像测速技术在流向平面和展向平面展开长方柱钝体尾流流场实验，首先分析了长方柱钝体尾流流场的一阶统计学特征和二阶统计学特征；然后应用二维正交小波分解对瞬态流场进行空间多尺度解析，量化了不同小波分量的尺度，并把流场分解为三种尺度；最后对不同尺度的流场结构进行频谱分析，主要结论如下。

（1）时均流场特性揭示了长方体钝体尾流流场形态、湍动能及涡量的分布状态，不同于流向平面内典型的卡门涡街分布，展向平面内的涡旋在空间随机分布，与展向平面内涡旋尺度较小且在时间和空间上呈现不稳定性有关。

（2）开发了基于空间多尺度解析的二维正交小波分解方法，并应用空间自相关算法计算不同小波分量对应的空间尺度，把流场分解为三个尺度，即大尺度、中尺度和小尺度。

（3）在对流向平面瞬态流场的多尺度解析过程中，提取由开尔文-亥姆霍兹不稳定性引起的二次涡旋，其对应的频率为大尺度卡门涡街脱落频率的2倍。在对展向平面瞬态流场的多尺度解析过程中，提取了隐藏于主流下的二次涡旋，其对应的展向间距为5.6D。

(4) 对流场特征点的频谱分析表明，采用空间多尺度解析方法提取的涡旋尺度与中心频率成反比，涡旋尺度越大，对应的中心频率越低。在流向平面大尺度涡旋在流场中占主导地位，占总湍动能的84%。

3.3 三维空间多尺度解析方法

小波变换是一种近年发展起来的技术，其基于信号与基本小波的卷积运算在时间-尺度（频率）域表示信号。它可以分为连续小波变换和正交离散小波变换。连续小波变换能够实现信号的连续时间-频率识别。正交离散小波变换产生的小波系数能够捕捉变换数据在时间和频率上的局部特征，并且这些小波系数是相互独立且正交的。由于时间和频率的分辨率根据不确定性原理独立变化，因此正交离散小波变换能够为高频事件提供良好的时间分辨率，为低频事件提供良好的频率分辨率。前面介绍过一维正交小波变换和二维正交小波变换，下面简要介绍三维正交小波变换。

与一维正交小波变换相似，三维正交小波变换的原理是对三个不同方向的数据重复进行一维小波变换。对 $2^i \times 2^j \times 2^k$ 的三维数据矩阵 $\boldsymbol{M}_{ijk}$ 进行三维正交小波变换，首先对数组的第一个索引进行变换，然后对数组的第二个索引进行变换，最后对数组的第三个索引进行变换，即在 i 向（水平）、j 向（垂直）和 k 向（纵向）重复进行一维正交小波变换。本书采用10阶Daubechies小波基矩阵，$\boldsymbol{W}^i$、$\boldsymbol{W}^j$、$\boldsymbol{W}^k$ 分别表示 $2^i \times 2^i$、$2^j \times 2^j$、$2^k \times 2^k$ 的小波基矩阵。为了确定小波分量的层数，假设 k 值小于 i 值和 j 值。

三维正交小波变换可通过以下矩阵的乘积获得，其过程如图3-13所示。

$$\boldsymbol{X}^1 = \{\boldsymbol{P}^k \times \boldsymbol{W}^k [\boldsymbol{P}^j \times \boldsymbol{W}^j (\boldsymbol{P}^i \times \boldsymbol{W}^i \times \boldsymbol{M}_{ijk})^{\mathrm{T}}]^{\mathrm{T}}\}^{\mathrm{T}} \tag{3-13}$$

式中，矩阵转置过程为 $\boldsymbol{M}_{ijk} \rightarrow \boldsymbol{M}^1_{jki} \rightarrow \boldsymbol{M}^2_{kij}$。其中置换矩阵 $\boldsymbol{P}$ 用于把矩阵奇数行中的元素移动至矩阵的前半部分，把偶数行中的元素移动至矩阵的后半部分。

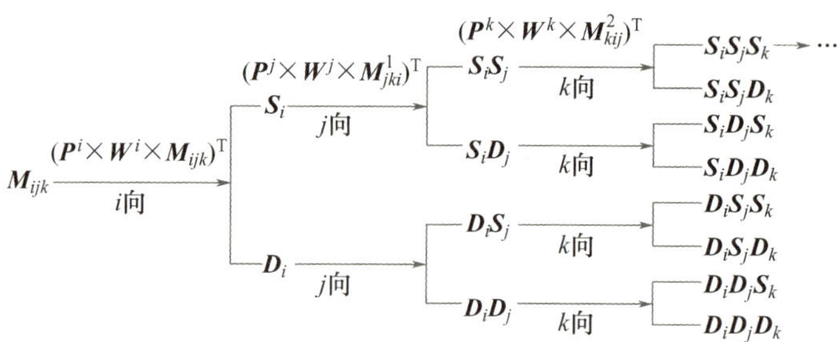

图 3-13　三维正交小波变换过程

通过第一次一维正交小波变换，原始的数据矩阵被分为 8 个子矩阵，如图 3-14 所示，每个矩阵的大小均为 $2^{i-1} \times 2^{j-1} \times 2^{k-1}$。由平顺系数和差分系数组成的子矩阵通过小波矩阵的卷积运算得到，分别为 $\boldsymbol{S}_i\boldsymbol{S}_j\boldsymbol{S}_k$、$\boldsymbol{S}_i\boldsymbol{S}_j\boldsymbol{D}_k$、$\boldsymbol{S}_i\boldsymbol{D}_j\boldsymbol{S}_k$、$\boldsymbol{S}_i\boldsymbol{D}_j\boldsymbol{D}_k$、$\boldsymbol{D}_i\boldsymbol{S}_j\boldsymbol{S}_k$、$\boldsymbol{D}_i\boldsymbol{S}_j\boldsymbol{D}_k$、$\boldsymbol{D}_i\boldsymbol{D}_j\boldsymbol{S}_k$、$\boldsymbol{D}_i\boldsymbol{D}_j\boldsymbol{D}_k$，其下角标表示小波变换的方向。显然，7 个子矩阵包含差分系数（D），称为尺度为 $k-2$ 的小波系数。

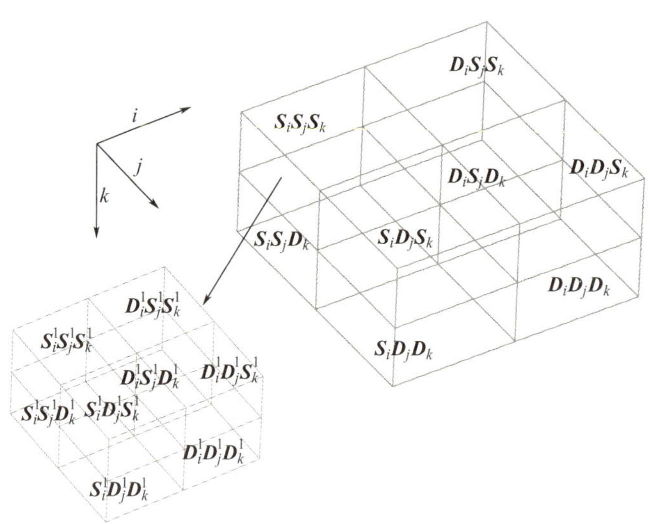

图 3-14　小波系数矩阵

正交小波变换的第二步是将小波基矩阵 $\boldsymbol{W}^{i-1}$、$\boldsymbol{W}^{j-1}$、$\boldsymbol{W}^{k-1}$ 以及置换矩阵 $\boldsymbol{P}^{i-1}$、$\boldsymbol{P}^{j-1}$、$\boldsymbol{P}^{k-1}$ 应用于仅包含平顺系数的子矩阵 $\boldsymbol{S}_i\boldsymbol{S}_j\boldsymbol{S}_k$ 中，沿着 i 向、

j 向和 k 向变换，其表达式如下。

$$\boldsymbol{X}^2=\{\boldsymbol{P}^{k-1}\times\boldsymbol{W}^{k-1}[\boldsymbol{P}^{j-1}\times\boldsymbol{W}^{j-1}(\boldsymbol{P}^{i-1}\times\boldsymbol{W}^{i-1}\times\boldsymbol{S}_i\boldsymbol{S}_j\boldsymbol{S}_k)^{\mathrm{T}}]^{\mathrm{T}}\} \quad (3-14)$$

通过式（3-14）的运算，可以得到由 $S_i^1S_j^1D_k^1$、$S_i^1D_j^1S_k^1$、$S_i^1D_j^1D_k^1$、$D_i^1S_j^1S_k^1$、$D_i^1S_j^1D_k^1$、$D_i^1D_j^1S_k^1$、$D_i^1D_j^1D_k^1$ 组成的 $k-3$ 级小波系数，每个子矩阵的大小都为 $2^{i-2}\times2^{j-2}\times2^{k-2}$。重复该过程，直到获得尺度为 1 的小波系数矩阵，该矩阵的大小为 $2^{(i-k+3)}\times2^{(j-k+3)}\times2^3$。因此，三维小波变换系数矩阵 $\boldsymbol{X}$ 可由下式得到。

$$\boldsymbol{X}_{ijk}=\{\boldsymbol{C}^k\times[\boldsymbol{C}^j\times(\boldsymbol{C}^i\times\boldsymbol{M}_{ijk})^{\mathrm{T}}]^{\mathrm{T}}\}^{\mathrm{T}} \quad (3-15)$$

式中，矩阵 $\boldsymbol{C}$ 通过正交小波基的级联运算获得。

$$\boldsymbol{C}^k=\boldsymbol{P}^4\boldsymbol{W}^4\cdots\boldsymbol{P}^{k-1}\boldsymbol{W}^{k-1}\boldsymbol{P}^k\boldsymbol{W}^k \quad (3-16)$$

$$\boldsymbol{C}^i=\boldsymbol{P}^{i-k+3}\boldsymbol{W}^{i-k+3}\cdots\boldsymbol{P}^{i-1}\boldsymbol{W}^{i-1}\boldsymbol{P}^i\boldsymbol{W}^i \quad (3-17)$$

$$\boldsymbol{C}^j=\boldsymbol{P}^{j-k+3}\boldsymbol{W}^{j-k+3}\cdots\boldsymbol{P}^{j-1}\boldsymbol{W}^{j-1}\boldsymbol{P}^j\boldsymbol{W}^j \quad (3-18)$$

由于小波分析矩阵具有正交性（$\boldsymbol{W}^{\mathrm{T}}\boldsymbol{W}=\boldsymbol{I}$，其中 $\boldsymbol{I}$ 为单位矩阵），因此离散小波的逆变换可通过下式表达。

$$\boldsymbol{M}_{ijk}=(\boldsymbol{C}^i)^{\mathrm{T}}\times\{(\boldsymbol{C}^j)^{\mathrm{T}}\times[(\boldsymbol{C}^k)^{\mathrm{T}}\times\boldsymbol{X}_{ijk}^{\mathrm{T}}]^{\mathrm{T}}\}^{\mathrm{T}} \quad (3-19)$$

正交小波变换产生的系数包含各种频带对变换数据的相对局部贡献的信息，而不是原始数据的频率成分。为了得到变换后的数据的频带成分，将正交小波系数 $\boldsymbol{X}_{ijk}$ 分解为各尺度之和。

$$\boldsymbol{X}_{ijk}=\boldsymbol{B}_{ijk}^1+\boldsymbol{B}_{ijk}^2+\cdots+\boldsymbol{B}_{ijk}^m+\cdots+\boldsymbol{B}_{ijk}^{k-2} \quad (3-20)$$

式中，$\boldsymbol{B}_{ijk}^m$ 包含尺度为 m 的小波系数矩阵及一个零矩阵，其大小为 $2^i\times2^j\times2^k$。以 $k-2$ 尺度的矩阵 $\boldsymbol{B}_{ijk}^{k-2}$ 为例，其包含 8 个子矩阵——0、$\boldsymbol{S}_i\boldsymbol{S}_j\boldsymbol{D}_k$、$\boldsymbol{S}_i\boldsymbol{D}_j\boldsymbol{S}_k$、$\boldsymbol{S}_i\boldsymbol{D}_j\boldsymbol{D}_k$、$\boldsymbol{D}_i\boldsymbol{S}_j\boldsymbol{S}_k$、$\boldsymbol{D}_i\boldsymbol{S}_j\boldsymbol{D}_k$、$\boldsymbol{D}_i\boldsymbol{D}_j\boldsymbol{S}_k$、$\boldsymbol{D}_i\boldsymbol{D}_j\boldsymbol{D}_k$，每个矩阵的大小均为 $2^{i-1}\times2^{j-1}\times2^{k-1}$。

对式（3-19）进行逆变换，得到以下公式。

$$\begin{aligned}\boldsymbol{M}_{ijk}=&(\boldsymbol{C}^i)^{\mathrm{T}}\times\{(\boldsymbol{C}^j)^{\mathrm{T}}\times[(\boldsymbol{C}^k)^{\mathrm{T}}\times(\boldsymbol{B}_{ijk}^1)^{\mathrm{T}}]^{\mathrm{T}}\}^{\mathrm{T}}+(\boldsymbol{C}^i)^{\mathrm{T}}\times\{(\boldsymbol{C}^j)^{\mathrm{T}}\times[(\boldsymbol{C}^k)^{\mathrm{T}}\times\\&(\boldsymbol{B}_{ijk}^2)^{\mathrm{T}}]^{\mathrm{T}}\}^{\mathrm{T}}+\cdots+(\boldsymbol{C}^i)\mathrm{T}\times\{(\boldsymbol{C}^j)^{\mathrm{T}}\times[(\boldsymbol{C}^k)^{\mathrm{T}}\times(\boldsymbol{B}_{ijk}^m)^{\mathrm{T}}]^{\mathrm{T}}\}^{\mathrm{T}}+\cdots+\\&(\boldsymbol{C}^i)^{\mathrm{T}}\times\{(\boldsymbol{C}^j)^{\mathrm{T}}\times[(\boldsymbol{C}^k)^{\mathrm{T}}\times(\boldsymbol{B}_{ijk}^{k-2})^{\mathrm{T}}]^{\mathrm{T}}\}^{\mathrm{T}}\end{aligned} \quad (3-21)$$

式中，等号右边的第一项和最后一项分别表示尺度为 1 和尺度为 $k-2$ 的小波分量，叠加所有分量可获取完整的初始流场。这种分解方法称为三维正交小波多分辨率技术。

3.4 三维空间多尺度解析方法在数值计算结果中的应用

新月形沙丘是大自然形成的一种钝体形状。当风主要从一个方向吹来，沉积物供应有限时会形成新月形沙丘。研究人员通过实验测量和数值模拟对新月形沙丘形态和动力学进行了大量研究。Hersen 等人在水下创建了小尺度新月形沙丘，并证明了其基本形态和动力学特性。Walker 和 Nickling 发现了复杂的二次流模式对泥沙运输动力学的影响，并为背风侧气流模式对沙丘形态动力学的影响提供了新信息。Venditti 和 Bennett 揭示了固定沙丘上湍流波动速度和含沙量的频谱特征。

近年来，随着实验设备的发展，激光多普勒测速仪、激光多普勒风速计和粒子图像测速仪等在流体动力学研究中得到广泛应用。Best 和 Kostaschuk 利用激光多普勒风速计对低角度沙丘上的湍流进行了实验研究，指出沙丘形态在泥沙运输、产生湍流和流动阻力方面起重要作用。Balachandar 利用激光多普勒测速仪测量了深度对一系列固定二维沙丘流动的影响。Jessica 等人测量了固定床模型，以研究新月形沙丘相互作用对流场结构的影响。然而，实验结果往往局限于几个横截面甚至几个剖面，应该辅以数值模拟，为进一步研究流体动力学提供更详细的参数。在该研究中，使用沙丘模型进行粒子图像测速实验，并通过时间平均数据验证数值模拟结果。大涡模拟在数值模拟中的应用相当普遍，并且与时间平均速度和实验测量的湍流波动都具有很好的一致性。在沙丘流动领域，Yue 等人和 Grigoradis 对二维沙丘进行了大涡模拟，并重点研究了沙丘顶部后方的连贯结构。Mohammad 和 Ugo 根据大涡模拟的结果对三维沙丘进行了湍流统计。然而，很少有人分析尾流复杂的三维多尺度湍流结构。为了进一步了解沙丘上的流体动力学，需要获取沙丘尾流和多尺度湍流的详细信息。

众所周知，湍流表现为一种多尺度现象。湍流结构具有多尺度特性，小波分析为阐明湍流结构提供了一种强大工具。在过去的几十年里，小波变换广泛用于分析湍流结构。Yamada、Ohkitani 和 Meneveau 首次将湍流的一维实验数据分解为不同尺度并进行了统计分析。Farge 介绍了小波变换在流体湍流研究中的应用思想。Camussi 和 Felice 追踪了涡旋结构，并提供了相干结构与背景流的分离，及其长度尺度和其他相关量的测量。Farge 等开发了一种基于正交小波变换将湍流结构分解为相干结构和非相干结构的相干涡旋模拟方法。Rinoshika 和 Zhou 将一维正交小波多分辨率技术应用于湍流尾流分析，该技术还能够分离及定量表征流场中的相干结构和非相干结构，以及不同尺度的湍流结构。

为了更深入地了解沙丘的湍流尾流，可以对湍流结构进行多尺度分析。本书旨在提供一种新的方法揭示三维多尺度湍流结构。基于大涡模拟的计算结果，得到沙丘尾流的三维流场速度、压力等参数，通过小波分量计算和分析流场多尺度结构的定量信息及定性信息，实现不同尺度流动结构的可视化。

3.4.1　数值计算方法与边界条件设置

为了获取沙丘模型周围的三维不可压缩非定常流，采用基于将滤波操作应用于三维非定常纳维–斯托克斯（Navier – Stokes）方程的大涡模拟湍流模型，通过该模型直接计算大尺度速度场，并对小尺度速度场进行建模。

对三维非定常不可压缩的纳维–斯托克斯方程和连续性方程进行滤波，得到大涡模拟的控制方程

$$\rho\frac{\partial\bar{u}_i}{\partial t}+\rho\bar{u}_j\frac{\partial\bar{u}_i}{\partial x_j}=-\frac{\partial\bar{p}}{\partial x_i}+\mu\frac{\partial^2\bar{u}_i}{\partial x_j\partial x_j}-\frac{\partial\tau_{ij}}{\partial x_j} \tag{3-22}$$

$$\frac{\partial\bar{u}_i}{\partial x_i}=0 \tag{3-23}$$

式中，$\bar{u}_i$ 和 $\bar{p}$ 分别为滤波后的平均速度和平均压力；τ_{ij} 为次网格尺度（sub-grid scale，SGS）应力张量，它是由滤波操作产生的，$\tau_{ij}=\rho\,\overline{u_iu_j}-\rho\bar{u}_i\bar{u}_j$。

本书采用代数涡旋黏性模型——Smagorinsky 模型，对次网格尺度应力张量 τ_{ij} 的各向异性部分建模为

$$\tau_{ij} = -2\mu_t \bar{S}_{ij} + \frac{1}{3}\tau_{kk}\delta_{ij} \tag{3-24}$$

$$\bar{S}_{ij} \equiv \frac{1}{2}\left(\frac{\partial \bar{u}_i}{\partial x_j} + \frac{\partial \bar{u}_j}{\partial x_i}\right) \tag{3-25}$$

式中，$\bar{S}_{ij}$ 为应力张量的速率。次网格尺度湍流黏度 μ_t 表示为

$$\mu_t \equiv \rho L_s^2 |\bar{S}| = \rho L_s \sqrt{2\bar{S}_{ij}\bar{S}_{ij}} \tag{3-26}$$

$$L_s = \min(\kappa\delta, C_s V^{1/3}) \tag{3-27}$$

式中，L_s 为次网格尺度的混合长度；κ 为卡尔曼常数；C_s 为 Smagorinsky 常数，$C_s = 0.15$；δ 为与最近壁的距离；V 为计算单元的体积。

采用有限体积法（finite volume method，FVM）将计算域离散化为小体积域并进行数值模拟。选择二阶隐式方案对非定常问题进行离散化，采用 SIMPLEC 算法求解压力-速度耦合。空间离散化和压力离散化采用中心差分格式及二阶隐式方案。

计算域和边界条件设置如图 3-15 所示。用于模拟的沙丘模型在几何上与第 2 章采用的实验模型相同，沙丘模型的高度 $h=20$mm。入口位于沙丘上游 80mm（$4h$）处，出口位于沙丘下游 400mm（$20h$）处，流向长度为 440mm（$22h$）。计算域的高度和宽度分别为 100mm（$5h$，垂直方向）和 200mm（$10h$，展向方向）。

Gambit 软件用于计算网格生成。采用混合网格方案，生成主要由六面体单元组成的网格。在大梯度（$z/h=2$ 平面以下的域）区域施加精细网格，在低梯度区域施加粗糙网格，如图 3-15 所示，网格由 4281072 个六面体单元组成，相邻单元的高度约为 0.058mm。

对于网格无关性验证，采用网格收敛指数方法确定与离散化相关的解误差。在本书中，网格尺寸由 1.32 的细化系数指定。每种情况的网格数分别为 9821676、4281072、1861024，每种情况下的网格在垂直方向具有相同的分辨率，而在流向和展向采用不同的分辨率。对于每种情况，分析计算结果中的

尾流再附着长度和流向速度两个关键参数。对于两个关键参数，中网格与精细网格的相对误差、精细网格的外推误差和网格收敛指数均小于1.2%。因此，选择中网格进行后续的数值研究。

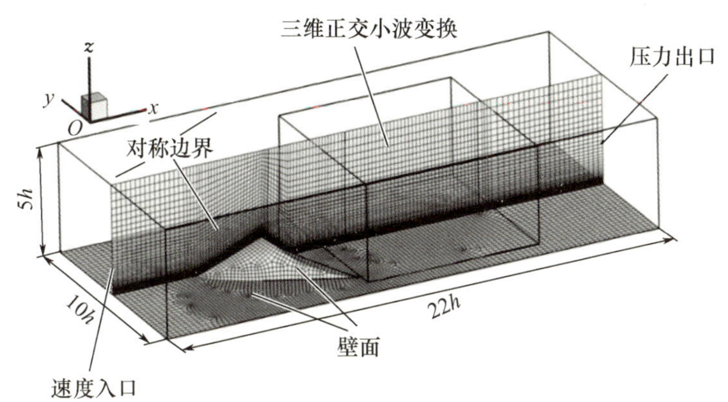

图3-15 计算域和边界条件设置

入口边界条件使用均匀速度U_0=0.285m/s，与实验自由流速度相等。采用频谱合成法产生速度脉动，将湍流强度设置为1.2%。在上边界和两侧边界采用对称边界条件。在流动域的出口处应用压力出口条件。在沙丘表面和底面应用壁面边界条件。

进行大涡模拟计算前，对$k-\varepsilon$模型进行约2000次迭代的稳态计算，使其收敛值小于10^{-5}，然后将稳态流解用作非定常流计算的初始条件。进行大涡模拟计算时，恒定时间步长为1ms，为每个时间步长设置20次迭代以获得收敛结果，总模拟时间为2s。

3.4.2 数值计算结果验证

为了验证数值计算结果的准确性，比较通过粒子图像测速获得的时间平均速度轮廓与大涡模拟计算结果中从沙丘顶到沙丘下游200mm（10h）获得的时间平均结果。图3-16所示为时间平均流线比较。可以看出，由沙丘背风侧的大逆压梯度生成的分离气泡在两者中具良好的一致性。根据实验和数值计算结果，再附着点分别在$x/h\approx4.4$［图3-16（a）］和$x/h\approx4.6$［图3-16（b）］处，因此粒子图像测速实验和大涡模拟具有良好的一致性。

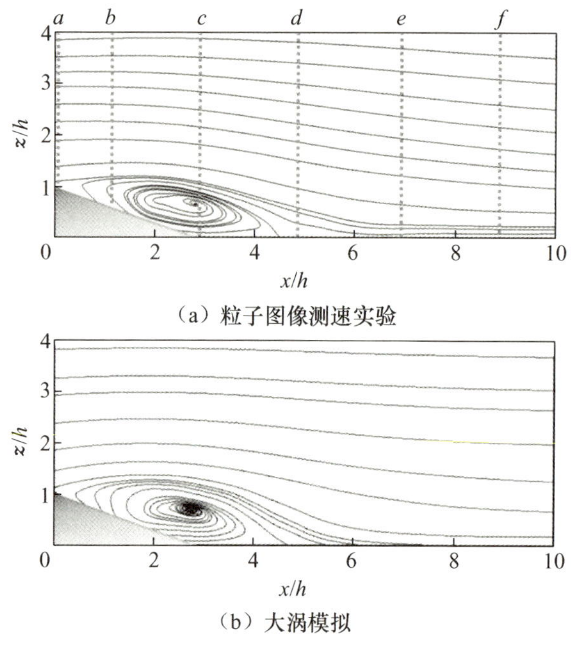

（a）粒子图像测速实验

（b）大涡模拟

图 3-16　时间平均流线比较

为了进一步验证大涡模拟的结果，通过六个垂直位置处的时间平均流向速度进行比较，其中流向速度 U 由自由流速度 U_0 经归一化处理得到。如图 3-17 所示，每幅图都清晰地展示了分离气泡和不同垂直位置处的逆流速度剖面。与时间平均流线类似，大涡模拟与粒子图像测速的测量数据相符，因此大涡模拟能够很好地预测沙丘上的三维流动结构。

3.4.3　不同尺度结构的频谱特征

为了分析不同尺度的三维流动结构，采用三维空间多尺度解析方法了解大涡模拟的速度、涡量和压力数据。将 160mm（$8h$）×160mm（$8h$）×80mm（$4h$）的分析域划分为 1048576（128×128×64）个网格。为了确定每个小波分量的尺度特征，使用快速傅里叶变换分析不同级别的小波分量，将出现明显峰值的尺度定义为中心尺度。

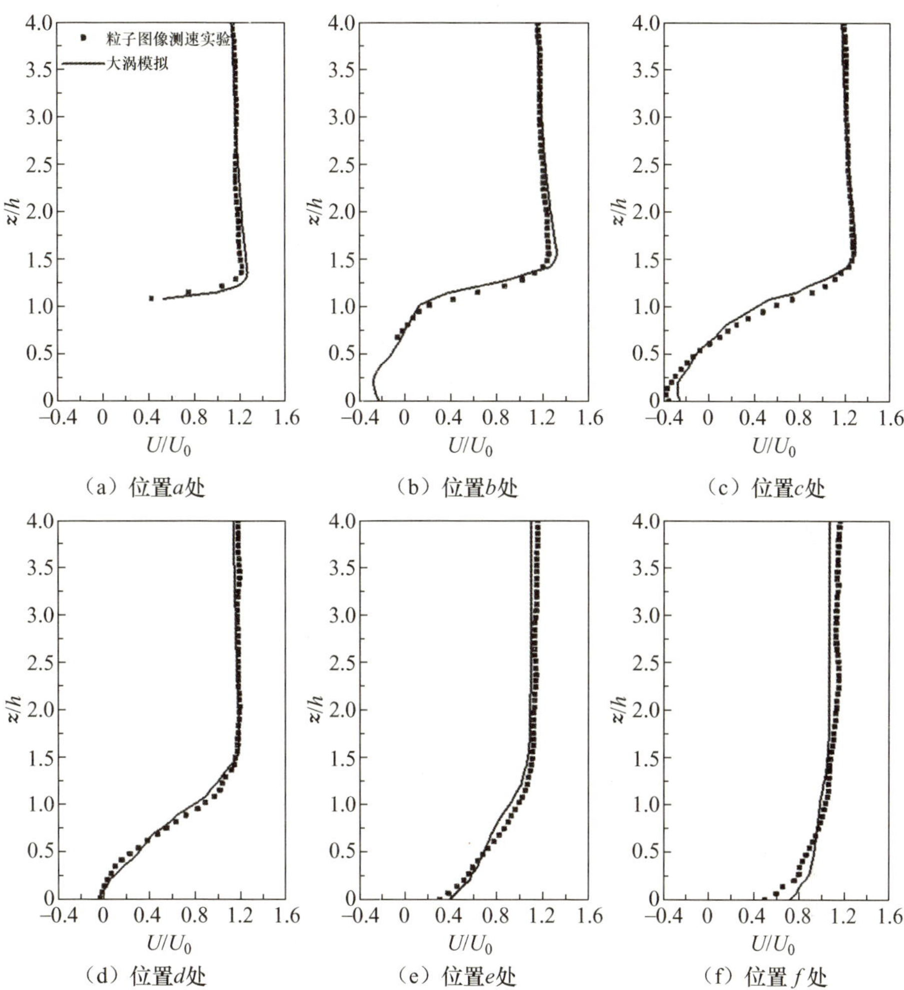

（a）位置*a*处　（b）位置*b*处　（c）位置*c*处

（d）位置*d*处　（e）位置*e*处　（f）位置*f*处

图 3－17　六个垂直位置处的时间平均流向速度比较

图 3－18 所示为不同尺度小波分量的功率谱。可以看出，小波分量的中心尺度随着级数的增大而减小，小波分量 1、小波分量 2 和小波分量 3＋小波分量 4 的中心尺度分别在 50mm、26mm 和 12mm 处。因此，可以将小波分量 1 定义为大尺度结构，将小波分量 2 定义为中尺度结构，将小波分量 3＋小波分量 4 定义为小尺度结构。

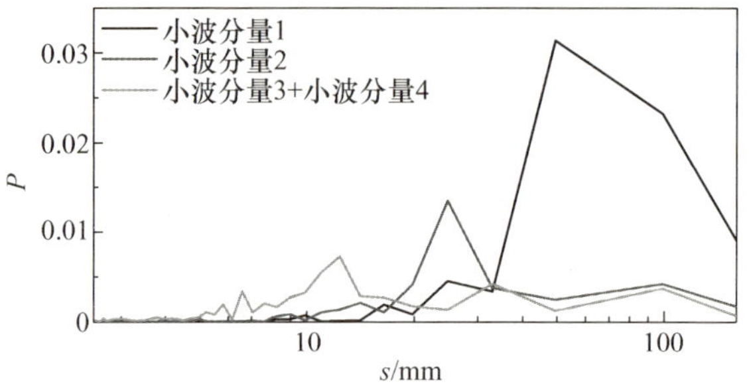

s—尺度；P—功率谱。

图 3-18 不同尺度小波分量的功率谱

3.4.4 瞬态多尺度旋涡结构

图 3-19 所示为在 $z/h=0.4$ 处的瞬态流线和涡量等值线，其中上角标 1、

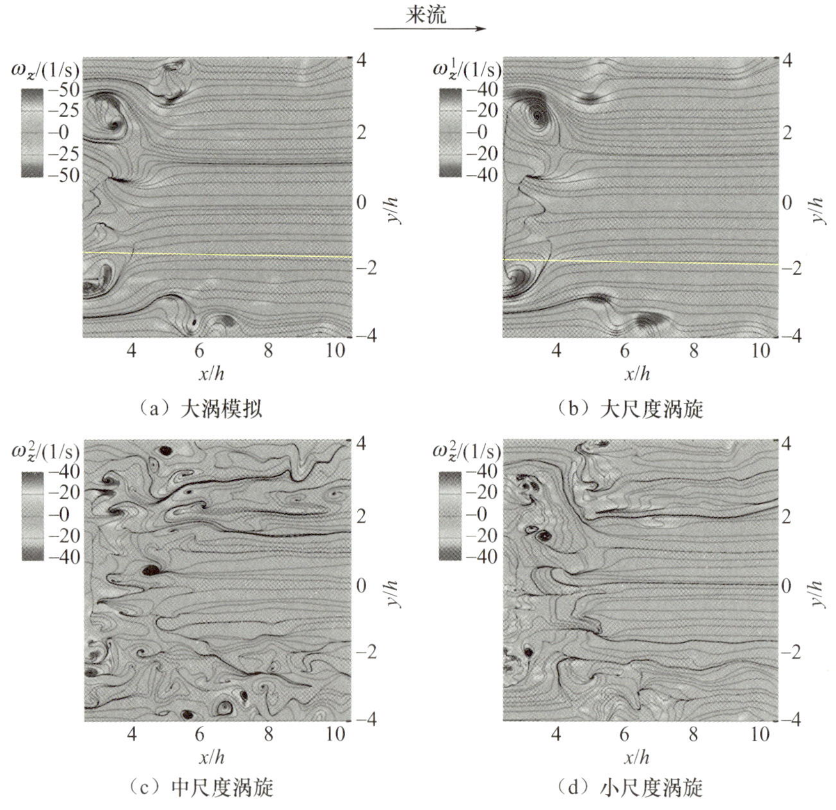

(a) 大涡模拟 (b) 大尺度涡旋

(c) 中尺度涡旋 (d) 小尺度涡旋

图 3-19 在 $z/h=0.4$ 处的瞬态流线和涡量等值线

2、3 分别表示大尺度结构、中尺度结构、小尺度结构。将颜色映射分配给涡量值，最高浓度显示为红色，最低浓度显示为蓝色。在图 3－19（a）和图 3－19（b）中可以清楚地观察到两个具有相反旋转方向的准周期性大尺度涡旋，表明大尺度小波分量与大尺度涡旋存在对应关系。如图 3－19（b）所示，涡旋的中心大致位于沙丘的边缘，表明源自沙丘表面的大尺度涡旋具有最大的涡量，这主要是由尺度的流场波动引起的。除在分离泡中观察到的大尺度涡旋外，在图 3－19（c）和图 3－19（d）中，在 26mm 和 12mm 的中心尺度（小波分量 2 和小波分量 3）上可以清楚地识别沙丘上脱落的几个中尺度涡旋和小尺度涡旋，说明沙丘表面也会产生中、小尺度涡旋，大尺度涡旋在分离泡中破裂。

图 3－20 所示为从 $x/h=2.7$ 到 $x/h=9.6$ 处的瞬态流线和涡量等值线。在分离泡［图 3－20（a）和图 3－20（b）］中可以清楚地观察到一对与 xy 平面［图 3－19（a）］中的涡对对应的大尺度涡旋，受沙丘表面的影响，涡对延伸到侧边界，并从分离泡的下游向上移动。在大尺度涡旋周围观察到一些较小的流向涡旋［图 3－20（a）］，这些涡旋似乎在下游诱导了涡旋结构的产生和上升流。如图 3－20（c）和图 3－20（d）所示，一些大尺度结构无法识别的涡旋被中尺度结构和小尺度结构清晰地识别出来。此外，小尺度结构［图 3－20（d）］在下游变得活跃，可能是由涡旋结构的上升流导致大尺度涡旋破裂为小尺度涡旋。

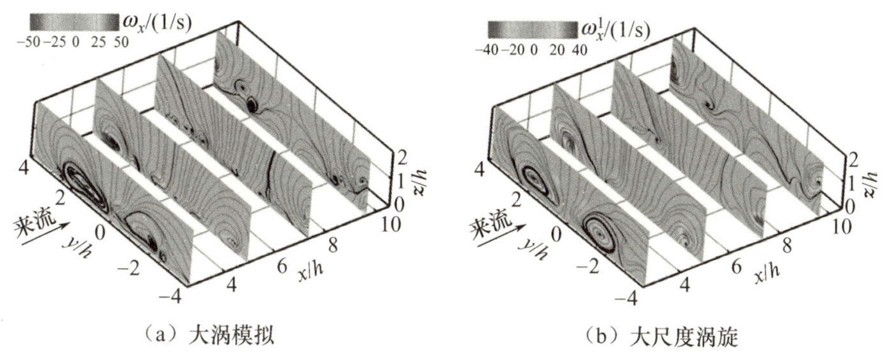

（a）大涡模拟　　（b）大尺度涡旋

图 3－20　从 $x/h=2.7$ 到 $x/h=9.6$ 处的瞬态流线和涡量等值线

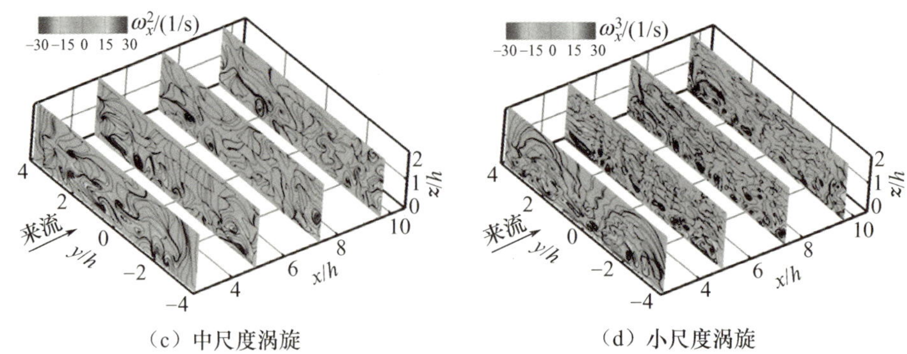

（c）中尺度涡旋　（d）小尺度涡旋

图 3-20　从 $x/h=2.7$ 到 $x/h=9.6$ 处的瞬态流线和涡量等值线（续）

图 3-21 所示为在 $y/h=3$ 处的瞬态速度矢量和涡量等值线。此时，从沙丘顶部发源的横向涡核在大涡模拟中清晰可见［图 3-21（a）］。图 3-21（b）

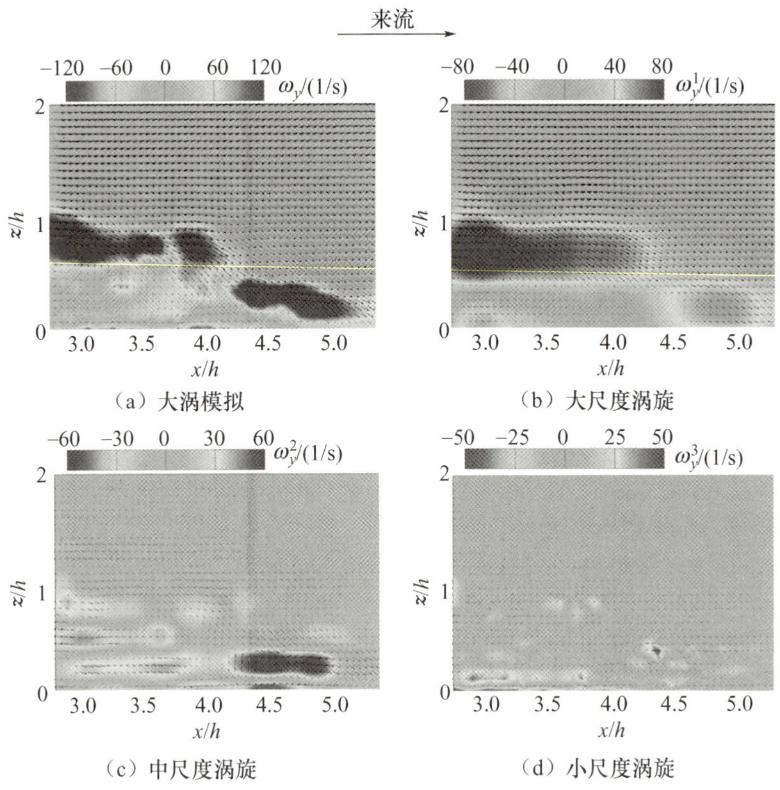

（a）大涡模拟　（b）大尺度涡旋

（c）中尺度涡旋　（d）小尺度涡旋

图 3-21　在平面 $y/h=3$ 处的瞬态速度矢量和涡量等值线

中的大尺度涡旋与图 3－21（a）中的结构对应。此外，在大尺度涡旋中包含较小的横向涡核，在大涡模拟中无法观察到，但可以从中尺度涡旋和小尺度涡旋中提取，如图 3－21（c）和图 3－21（d）所示。壁面附近的涡核被认为会诱发下游的马蹄涡。

3.4.5　马蹄涡的多尺度解析

为了评估沙丘尾流形成的不同尺度的马蹄涡，利用速度的小波分量计算 Q 准则，其定义如下。

$$S_{ij}^m=\frac{1}{2}\left(\frac{\partial u_i^m}{\partial x_j}+\frac{\partial u_j^m}{\partial x_i}\right) \tag{3-28}$$

$$\Omega_{ij}^m=\frac{1}{2}\left(\frac{\partial u_i^m}{\partial x_j}-\frac{\partial u_j^m}{\partial x_i}\right) \tag{3-29}$$

$$Q^m=\frac{1}{2}(\Omega_{ij}^m\Omega_{ij}^m-S_{ij}^mS_{ij}^m)=\frac{1}{2}(\parallel\Omega_{ij}^m\parallel^2-\parallel S_{ij}^m\parallel^2) \tag{3-30}$$

式中，上角标 m 为不同小波分量，$m=1$，2，3；S_{ij}^m 和 Ω_{ij}^m 分别为速度梯度的应变部分和旋转部分；$\parallel\cdot\parallel$ 为欧几里得矩阵范数；Q^m 为速度梯度 ∇u^m 的第二不变量，用于表示旋转部分与应变部分的平衡，$Q^m>0$ 表示流场中的旋转部分占主导地位，因此可通过 $Q^m>0$ 的等值面识别一致结构。为了清晰地可视化涡旋结构，将等值面设定为最大 Q^m 值的 12%并作为用户定义的阈值。

图 3－22 所示为瞬态拟序结构。如图 3－22（a）所示，基于大涡模拟，在沙丘顶附近的分离气泡中观察到横向涡核，这是由沙丘顶部的流动分离所致。如图 3－22（b）所示，大尺度涡核与图 3－21（b）中的对应，表明了该方法从湍流速度数据中提取大尺度拟序结构的能力。一些较小的涡核，位置对应于大尺度涡核，在中尺度涡核中也可以识别出［图 3－22（c）］，而小尺度涡核在图 3－22（d）中无法识别出。此外，在分离泡边界生成的两个典型马蹄涡出现在分离泡下游。在发展边界层中向两侧边界传播的一些流向涡清晰可见，导致在靠近出口区域形成马蹄涡。如图 3－22（b）所示，在分离泡边界检测到两个马蹄涡，对应于图 3－22（a）中提到的两个马蹄涡。这些结构的腿部倾向于在下游诱导出流向结构，而这些流向涡旋结构会导致出口附近的相干结

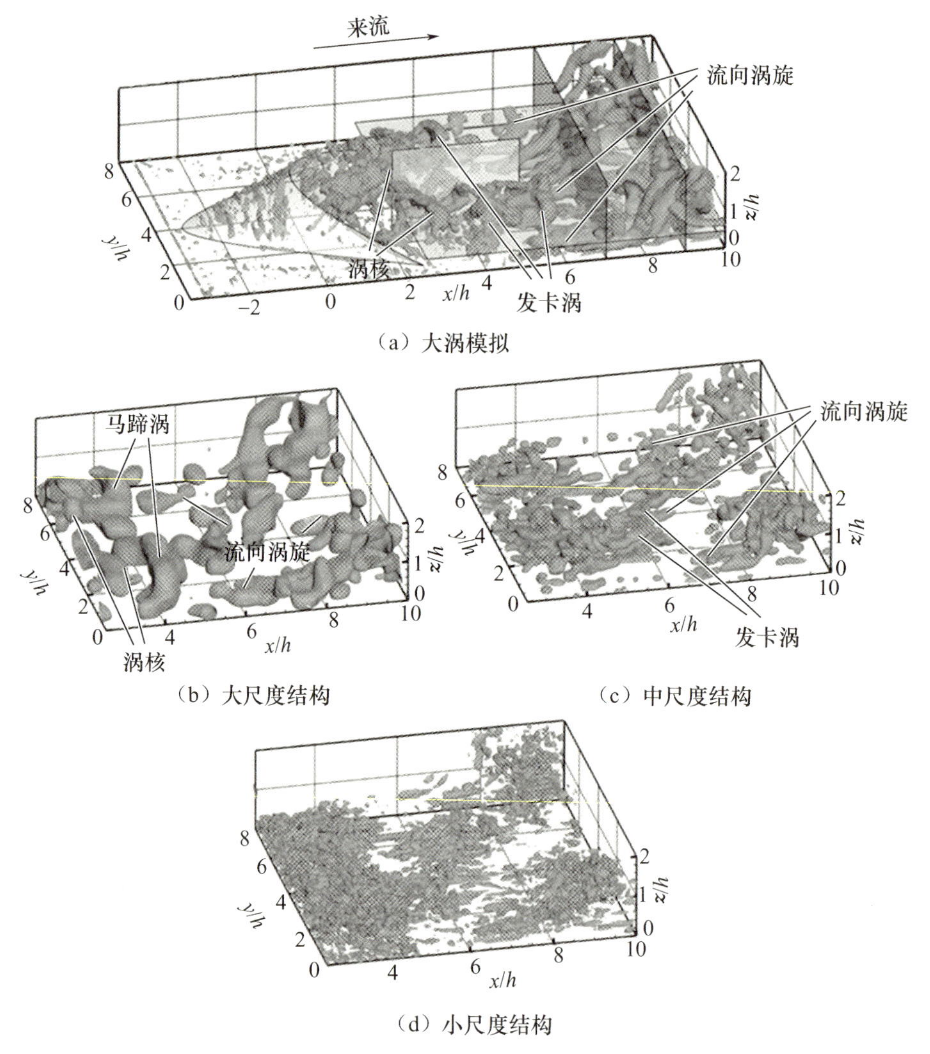

（a）大涡模拟

（b）大尺度结构

（c）中尺度结构

（d）小尺度结构

图 3-22　瞬态拟序结构

构向上迁移。然而，在分离泡下游，在大尺度一致结构中没有具有扩展腿部或畸变结构的马蹄形状。在图 3-22（c）中观察到一些小的马蹄涡，位置对应于大涡模拟中的马蹄涡和大尺度涡旋；还可以明显识别到在大尺度涡旋中没有的流向涡，表明存在中尺度涡旋。一旦达到较小尺度［图 3-22（d）］就无法检测到明显的结构，表明拟序结构主要由大尺度结构和中尺度结构组成。

3.4.6　多尺度三维流线和压力分布

图 3－23 所示为瞬态三维流线，显示了大尺度结构和中尺度结构。从大涡模拟中提取的大尺度横向滚子［图 3－23（b）］清晰地显示在沙丘后方的分离泡中。在分离泡下游可以看到大尺度流向涡，它们沿两侧边界拉伸并逐渐消散。在沙丘附近和下游可以观察到几个中尺度涡旋。

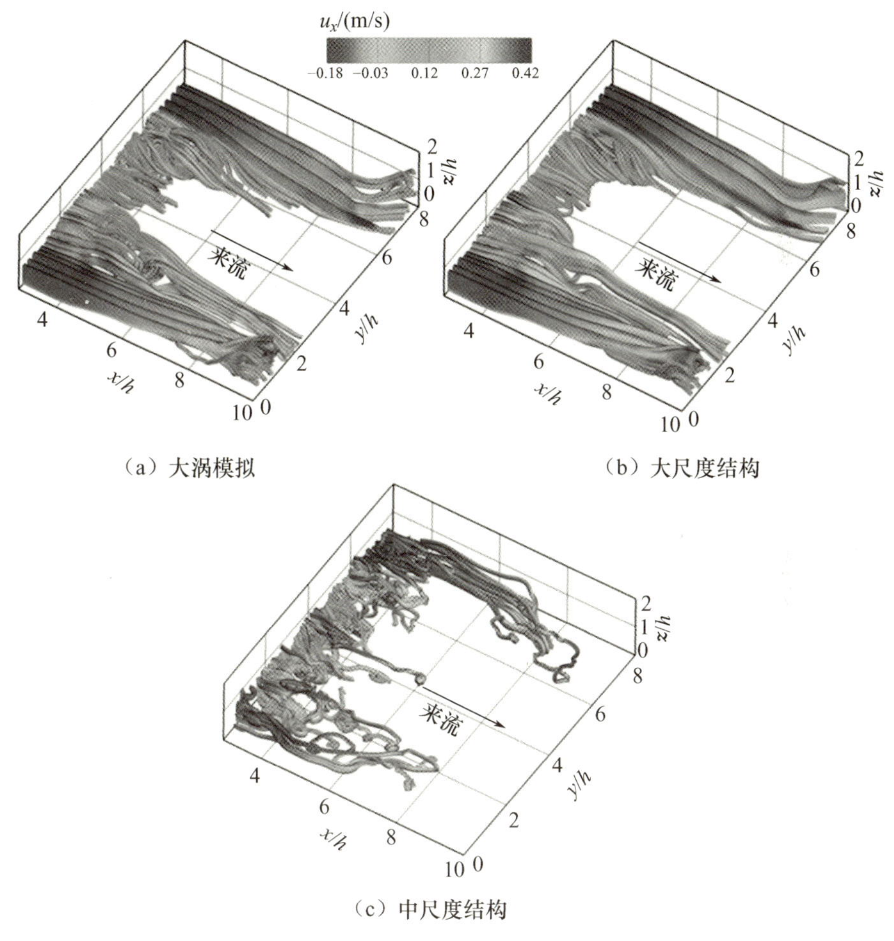

（a）大涡模拟　（b）大尺度结构

（c）中尺度结构

图 3－23　瞬态三维流线

图 3－24 所示为瞬态压力等值面，高压区域和低压区域分别用绿色和黄色表示，其数值分别为 3Pa 和－5Pa。大涡模拟和大尺度结构明显区分了具有

逆压梯度的分离泡状边界，然而在大涡模拟中未观察到小凸面，这些小凸面可能是引起图 3－23（c）中提到的中尺度涡旋的原因。在下游，在大涡模拟和大尺度结构中分别观察到两个低压区域，可能导致形成横向涡核。如图 3－24（c）所示，低压区域和高压区域的无序分布被认为引起了中尺度涡旋，而未观察到明显的小尺度结构。以上表明，压力分布主要由大尺度结构主导，横向涡核由大尺度结构的逆压梯度引起并导致流动分离。

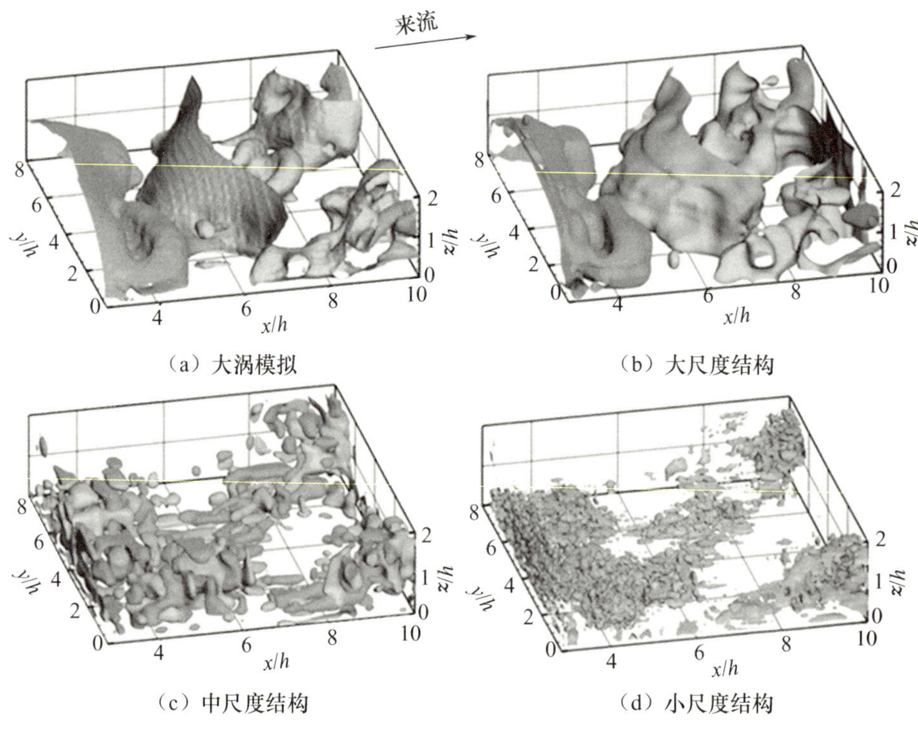

（a）大涡模拟　（b）大尺度结构

（c）中尺度结构　（d）小尺度结构

图 3－24　瞬态压力等值面

3.4.7　小结

通过大涡模拟和粒子图像测速测量模拟了沙丘尾流的三维流动结构，并进行了实验验证。采用三维正交小波多分辨率技术将大涡模拟数据分解为三个尺度，即大尺度、中尺度和小尺度，主要结果总结如下。

（1）大涡模拟的三维速度场、涡量场和压力场被分解为三个尺度，即大尺度、中尺度和小尺度。

（2）使用大涡模拟和小波分量计算的 Q 准则用于可视化马蹄涡。在分离泡中观察到两个大尺度的马蹄涡和横向涡核，表明横向涡核诱导的马蹄涡主要来自大尺度结构。在分离泡下游，中尺度的小波分量清楚地识别出一些无法从大涡模拟中观察到的中尺度马蹄涡。从大尺度结构和中尺度结构观察到的流向涡被认为是马蹄涡迅速增加的原因。马蹄涡的分布是大尺度结构和中尺度结构的综合效应。

（3）在流向和垂直方向，大尺度结构在沙丘尾流中占主导地位，并且其涡量浓度起主要作用。无法通过大涡模拟观察到几个中尺度涡旋，但是可以通过多空间尺度解析方法清楚地抽取并识别。此外，还观察到一些小尺度结构。在展向，中尺度结构和小尺度结构在下游更加活跃。

（4）通过三维流线的可视化，观察到从沙丘顶部脱落的大尺度横向涡旋，这些涡旋决定了沙丘后方的分离泡。此外，还观察到两个横向涡核。

（5）压力等值面的分布呈现出大尺度结构特征，显示出分离泡周围明显的逆压梯度场。在下游观察到两个低压区域，被认为引发了涡核产生和马蹄涡向上迁移。

3.5　三维空间多尺度解析方法在实验测量流场中的应用

有限长度的圆柱钝体会产生一个强烈的三维复杂尾流。圆柱钝体的长宽比（高度与直径的比值）对流动结构有很大影响，其尾流与无限长圆柱钝体的尾流不同，存在圆柱钝体自由端的影响及圆柱和壁面的连接。这种形式的钝体在工程领域有许多重要应用，例如减小海洋结构、热交换器、结构振动、汽车等的阻力和噪声。许多关于有限长度圆柱钝体瞬态流场和平均流场的研究已经完成。这些复杂的瞬态涡旋包括从圆柱钝体两侧起源的卡门涡街、马蹄涡和基涡（在圆柱和壁面连接处）、从自由端产生的一对沿流向的反涡旋。然而，这些瞬态涡旋取决于圆柱钝体的长宽比。在长宽比较小（小于 3）的圆柱钝体中，交替涡旋消失，而尖端涡旋、马蹄涡和基涡仍然存在。此外，基于粒子图像测速测量的自由端面尖端涡旋和圆柱钝体两侧产生的平均涡旋，推断出在长宽比较小的圆柱钝体后侧存在一个拱形涡旋。Zhu 等人首次使用体积粒子图像测速（tomographic PIV，Tomo－PIV）测量了长宽比为 2 的壁挂圆柱钝体周围的三维流动结构，并发现瞬态和平均三维 M 形拱形涡旋。Liakos和 Malamataris 基于直接数值模拟研究了雷诺数为 0.1～325 的短圆柱钝体的三维流动拓扑结构和演变。

尽管已经对有限长度圆柱钝体尾流的流动结构进行许多研究，但关于通过控制流动结构减小短圆柱钝体的阻力和涡激振动的研究较少，其在提高热流系统效率的工程应用中具有广泛意义，例如用于汽车、飞机和水下车辆的控制面，散热片，建筑物，等等。Rinoshika 等人通过在短圆柱钝体的后表面到自由端表面钻一个后倾孔控制流动结构，发现从后表面孔产生的吸入流因自由端表面与后表面的压力差而有效地抑制了后分离，并提高了圆柱钝体表面涡脱落的主频。此外，在短圆柱钝体的前表面到后表面钻一个水平孔以产生喷射流，减少了尾流中的涡旋，使后分离区减小，并降低了尾流中的湍流强度。然而，前倾孔从前表面到自由端表面的钻孔在尾流中产生了高雷诺应力和高湍动能区。控制流动的一个重要目的是抑制尾流中的涡旋或后循环区。这些流动控制方法对短圆柱钝体来说是实用的，因为它们不需要额外的能量或显著改变模型的形状。然而，倾斜孔的流动如何影响短圆柱钝体后的三维流动结构尚不明确。同时，自从利用统计方法将一维实验湍流数据分解为多个尺度，正交小波变换作为一种重要的多尺度工具广泛应用于分析各种湍流结构，但关于三维正交小波变换在三维实验湍流数据上的应用鲜有提及。

为了阐明带有后倾孔的壁挂短圆柱钝体周围的三维流动结构，并与标准短圆柱钝体的尾流比较，我们使用 Tomo－PIV 在循环水槽中测量瞬态三维速度场；讨论并比较三维速度矢量场、涡量场和 Q 准则，以及拱形涡旋和尖端涡旋的特性。然后，使用三维正交小波多分辨率技术分析不同尺度的三维流动结构和能量流动结构。

3.5.1 实验装置与方法

在一个循环水槽中进行实验，实验段的尺寸为 3000mm（长度）×600mm（宽度）×700mm（高度）。如图 3－25（a）所示，在平板上安装一个高度为 70mm、直径为 70mm 的短圆柱钝体。此实验中的钝体阻塞比

$$\Psi=S_m/S_t=0.012$$

式中，S_m 为钝体的流向截面面积；S_t 为实验段的横截面面积。

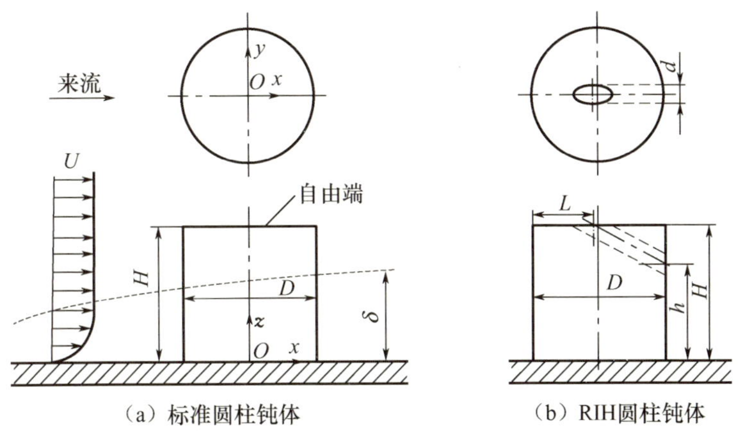

图 3－25　实验装置

为了控制复杂的三维流动结构，在短圆柱钝体的后侧表面到自由端表面钻一个直径为 10mm（$d/D=0.14$）的后倾孔，如图 3－25（b）所示。为了评估后倾孔倾斜度的影响，使用三种孔高度（20mm、35mm 和 50mm）的 RIH 模型，对应的 h/D 分别为 0.29、0.5 和 0.71，在后侧表面分别表示为 RIH20、RIH35 和 RIH50。自由端表面上的孔中心距离圆柱前缘 30mm。

将短圆柱钝体模型安装在循环水槽入口处 1200mm 处的底部中心轴线上。流向、跨流向和法向分别由 x 轴、y 轴和 z 轴表示。坐标系的原点设在圆柱钝体底部表面中心。为了评估孔径对尾流结构的影响并确定最佳孔径，通过二维粒子图像测速测量三种 RIH 圆柱钝体（孔径分别为 8mm、10mm 和 12mm，d/D 分别为 0.11、0.14 和 0.17）在自由流速为 0.16m/s 时的尾流结构，对应的雷诺数为 10320。基于对称平面时间平均速度场的比较，孔径为 10mm

(d/D=0.14)的 RIH 圆柱钝体尾流具有最短的后分离区。下面讨论孔径为 10mm 的 RIH 圆柱钝体。

为了考虑雷诺数对短圆柱钝体尾流的影响，我们在自由流速分别为 0.11m/s、0.16m/s 和 0.21m/s 时，通过二维粒子图像测速测量标准圆柱钝体和 RIH20 圆柱钝体在 xy 平面的速度分布，对应雷诺数分别为 7100、10320 和 13550。从图 3-26 可以看出，在 z/D=0.8 以后的下游位置，速度几乎不受雷诺数的影响。

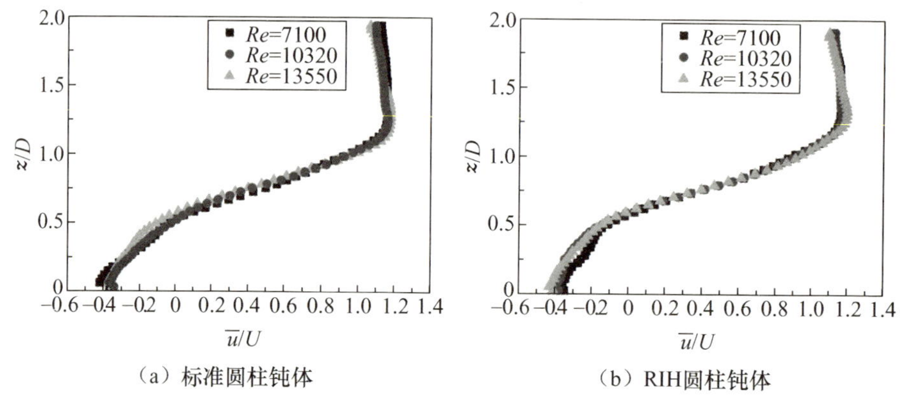

(a) 标准圆柱钝体　　(b) RIH圆柱钝体

图 3-26　标准圆柱钝体与圆柱钝体不同雷诺数下的平均流向速度对比

总体来说，雷诺数对圆柱钝体尾流结构的主要影响是由圆柱钝体侧壁的分离流引起的。然而，在短圆柱钝体尾流中，由于自由端表面的强下洗流和平板的上洗流占主导地位，因此几乎没有发现雷诺数对短圆柱钝体尾流结构的显著影响。

随后，在自由流速为 0.162m/s 时进行 Tomo-PIV 实验，对应的雷诺数为 10720。图 3-27 所示为 Tomo-PIV 测量的实验装置。Tomo-PIV 测量使用的示踪粒子的平均直径为 10μm，由双头 Nd：YAG 激光器（脉冲能量为 500mJ，波长为 532nm）照明，脉冲分离时间为 3ms，产生了自由流区域中约 0.48mm（8 像素）的平均位移。光学透镜和反射镜设计用于生成厚度为 80mm 的激光光片，以照亮圆柱钝体后的示踪粒子。激光光片平行于实验段底部。四台高分辨率（6600 像素×4400 像素，12 位）的双曝光电荷耦合检测器（charge coupled detector，CCD）照相机（IMPERX SM－CCDB29M2）同时记录测量区域。图 3－27 显示了照相机之间约 47°的视角。激光器和照相机由同步器控制，采样频率为 0.25Hz，即每台照相机每 4s 记录一对数字图像。对于每个圆柱钝体尾流，每台照相机捕获 400 对数字图像（采集时间为 1600s）。

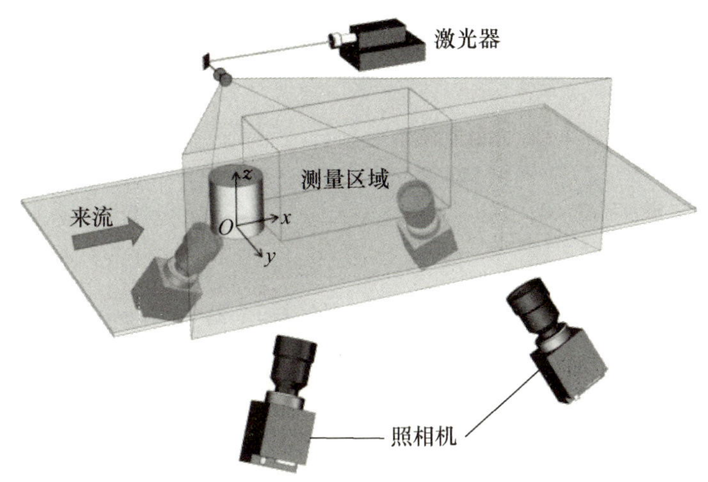

图 3－27　Tomo－PIV 测量的实验装置

测量体积的坐标为［－115，130］、［－70，70］、［0，100］，数字成像分辨率为 0.075 毫米/像素，因此其对应的物理域为 245mm×140mm×100mm。本书使用 Tomo－PIV 测量获得速度和涡量的平均及瞬态三维分布。基于标准 Tomo－PIV 算法和原理，通过无散度平滑算法进行三维矢量场的后处理。在一个询问窗口内大约可以找到 6 个粒子，这对进行稳健的互相关分析是可行的。三维矢量计算是通过带有变形询问窗口的多通道相关分析完成的。在最后一次通道中，询问窗口大小为 32 像素×32 像素×32 像素，重叠率为 50%，从而在 $0.63\leqslant x/D\leqslant 4.06$、$-0.96\leqslant y/D\leqslant 0.96$、$0.04\leqslant z/D\leqslant 1.37$ 内形成 101×57×40 的三维速度矢量场，空间分辨率为 2.4mm（$0.034D$），矢量间距为 2.4mm（$0.034D$）。可以使用 3×3×3 高斯平滑滤波器对得到的矢量图进行空间平滑。本书的时间平均 Tomo－PIV 结果基于 400 幅三维矢量图。

平均流场的不确定性通过 $\varepsilon_u=\sigma_u/\sqrt{N_s}$ 评估，其中 ε_u 为平均流场不确定

性，ε_u=0.0045；σ_u 为归一化标准差；N_s 为不相关样本的数量。为了更清晰地提取三维流动结构，我们使用高斯平滑方法去除无量纲涡量及其他体积数据场中的残余噪声和小结构。

为了估计边界层的特征，使用激光多普勒测速计测量平板上的平均流向速度和湍流强度。表 3-1 所示为圆柱钝体位置处平板边界层的属性。边界层的性质由边界层厚度 δ、位移厚度 δ^*、动量厚度 θ、对应于动量厚度的雷诺数 Re_θ 和形状因子 H 表示。

表 3-1　圆柱钝体位置处平板边界层的属性

属性	值
自由流速度 U/(m/s)	0.16
雷诺数 Re	10720
边界层厚度 δ/mm	24.6
δ/D	0.35
位移厚度 δ^* /mm	3.53
动量厚度 θ/mm	2.61
形状因子 H	1.35
对应于动量厚度的雷诺数 Re_θ	400

图 3-28 所示为平板边界层内圆柱中心位置处的平均流向速度和湍流强度（无圆柱钝体），图中的值由自由流速度 U 归一化，所有数据都是在没有圆柱钝体的情况下获得的。在圆柱钝体的位置，边界层厚度 δ=24.6mm，使得边界层厚度与孔径的比 $\delta/D\approx0.35$。当 $\delta/D\approx1.02$ 时，边界层厚度对有限长度圆柱钝体尾流流动特性有重要影响，其中基涡诱导了显著的上洗流，而边界层的厚度使得上洗流更强；还观察到边界层厚度对短圆柱钝体尾流的影响较弱。Hearst 等人研究了湍流强度对浸没在湍流边界层中的立方体尾流的影响，发现立方体上游面的平均驻点和尾流中的再附着点与湍流强度无关。短圆柱钝体尾流流动特性可能也与湍流强度无关。

为了揭示倾斜孔流如何影响短圆柱钝体后侧的三维多尺度流动结构，采

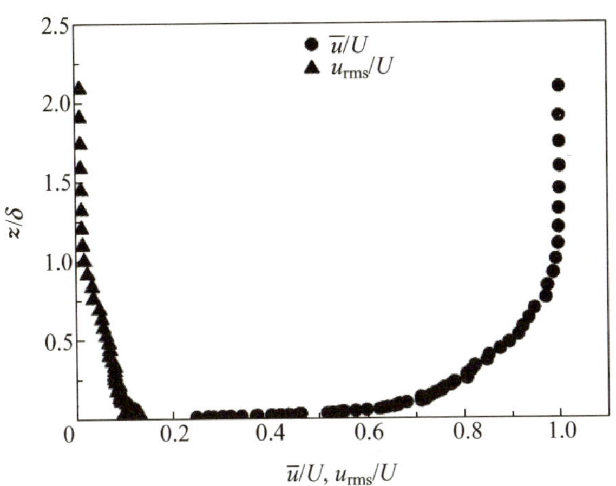

图 3-28 平板边界层内圆柱中心位置的平均流向速度和湍流强度（无圆柱钝体）

用三维正交小波变换分析由 Tomo-PIV 测量获得的瞬态三维速度矢量场。如前所述，正交小波变换产生的小波系数相互独立正交，分解得到的不同尺度的小波分量以不同的空间尺度为特征，可通过应用反变换重构原始数据。

3.5.2 时间平均三维流动结构

研究表明，在短圆柱钝体尾流中，自由端表面的压力低于后表面侧的压力，这种压力差驱使流体从大的后部再循环区域通过后端倾斜孔（RIH）向上流动到自由端表面的小再循环区域。因此，RIH 在后表面产生吸流，在自由端表面产生喷流。$h=50$mm（$0.71D$）的 RIH 圆柱钝体尾流在标准圆柱钝体和其他 RIH 圆柱钝体中表现出最小的后部再循环区域。因为 $h=50$mm 的 RIH 位于大后部分离泡的平均中心高度，后表面孔的吸流直接作用于中心再循环区域，所以平板上的再附着点更靠近圆柱钝体。

图 3-29 所示为$\overline{u}/U=0$ 的时间平均三维等值面。$\overline{u}/U=0$ 的等值面（由 400 个瞬态流场平均得到）显示了三维后部再循环区域。在 $y/D=0$ 附近，标准圆柱钝体尾流中顶部等值面（$\overline{u}/U=0$）的凹陷清晰可辨。这种凹陷是由自由端表面的下洗流形成的。再循环区域沿主流方向逐渐收缩，受涡旋的相互作用，在$x/D\approx1.6$ 处的下游位置结束。图 3-29（b）至图 3-29（d）中的

$\bar{u}/U=0$ 等值面显示了 RIH 圆柱钝体的三维后部再循环区域。在 RIH20 圆柱钝体和 RIH35 圆柱钝体尾流中，$y/D=0$ 平面附近也可以清晰地识别出顶部凹陷的等值面，自由端表面的下洗流形成了这种凹陷。分离现象沿着主流方向逐渐收缩，并在 $x/D\approx1.7$ 处的下游位置因圆柱钝体侧面和自由端产生的涡旋相互作用而结束。受孔的影响，RIH 圆柱钝体尾流的分离凹陷比标准圆柱钝体尾流的低。由于孔的倾斜度和位置更高，因此 RIH50 圆柱钝体尾流在流向的分离区长度大于 RIH20 圆柱钝体尾流和 RIH35 圆柱钝体尾流。

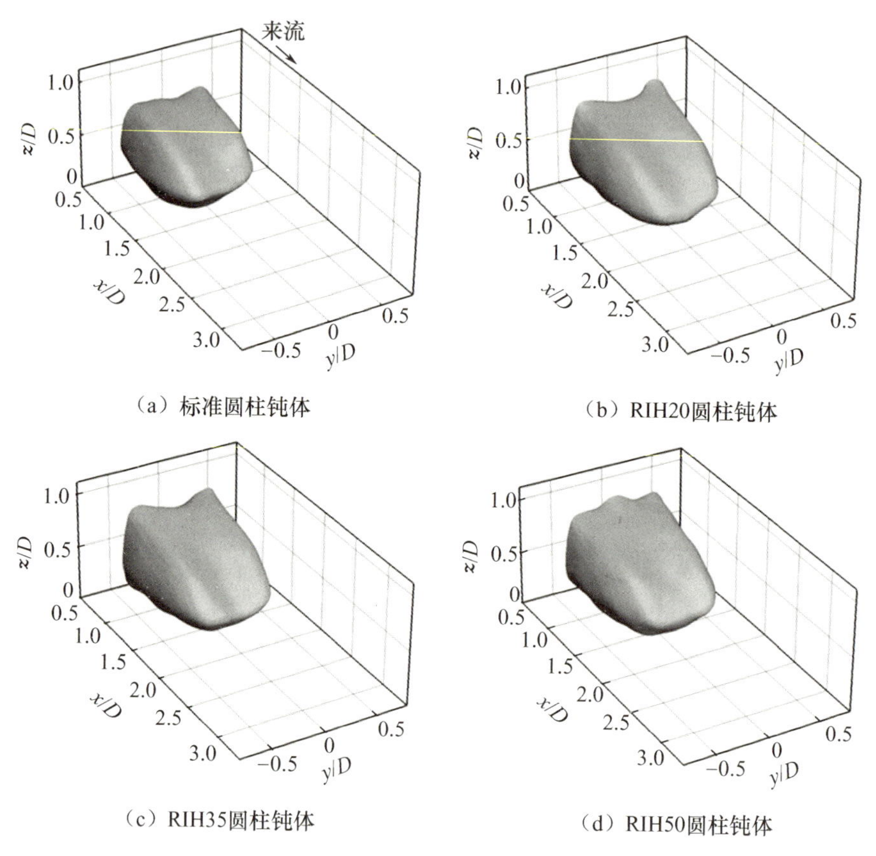

图 3-29 $\bar{u}/U=0$ 的时间平均三维等值面

众所周知，一对起源于自由端边缘的梢涡对有限长度圆柱钝体尾流至关重要。为了比较标准圆柱钝体和 RIH 圆柱钝体的梢涡，图 3-30 展示了短圆柱钝体后部的时间平均流向涡量 $\bar{\omega}_x D/U=0.45$ 的三维等值面。三维等值面以红色和绿色显示，分别表示正涡量和负涡量。基于 Tomo-PIV 测量数据，在短圆柱钝体尾流中明显存在一对起源于自由端表面的流向涡旋，这与 Zhu 等人的研究结果一致。这些涡旋是偶极子类型，并且受下洗流的影响而向下游延伸至地平面。在 $x/D=0.5$ 附近，RIH 圆柱钝体尾流的涡旋高度高于标准圆柱钝体尾流，这主要受孔中的吸力和吹气流的影响。

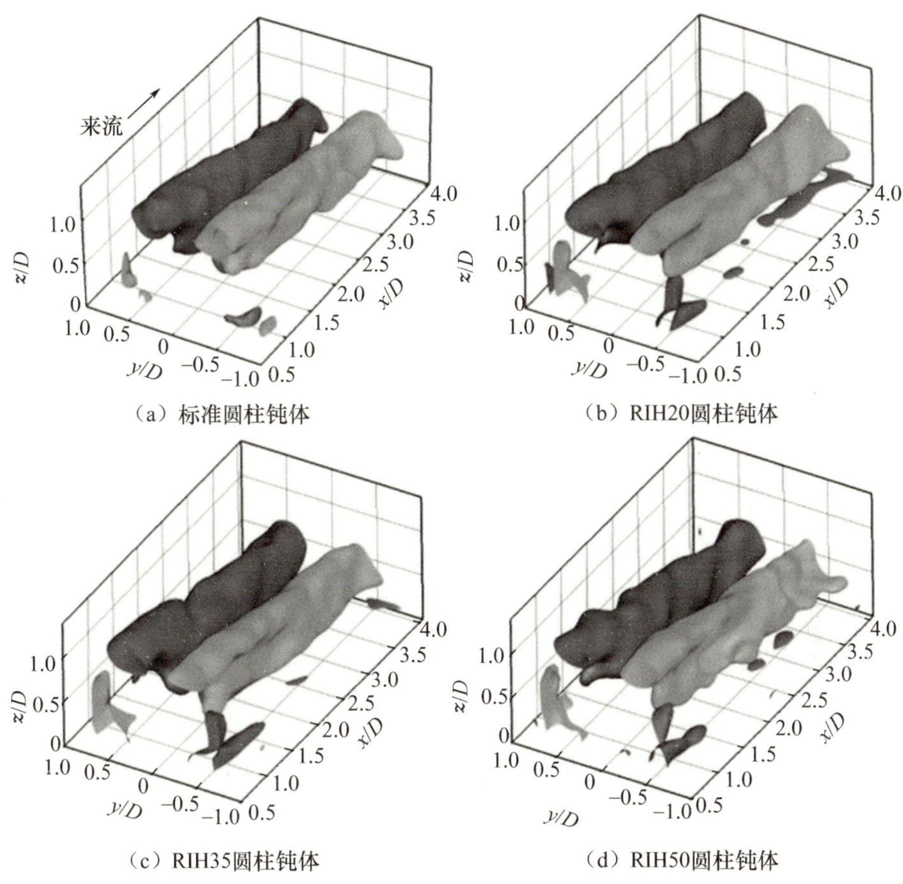

图 3-30　短圆柱钝体后部的时间平均流向涡量 $\bar{\omega}_x D/U=0.45$ 的三维等值面

图 3-31 所示为在 $x/D=0.7$ 时的 yz 平面的时间平均速度矢量与时间平均流向涡量 $\bar{\omega}_x D/U$ 的等值线。其展示了后视平面中三维速度和涡度场的分布，可以清晰地观察到由自由端产生的一对梢涡。在圆柱钝体上表面附近，

两个梢涡之间存在明显的上洗流和下洗流，这是形成拱涡的重要原因。受上表面孔吹气流的影响，RIH 圆柱钝体的梢涡的涡量和高度略高于标准圆柱钝体；同时，两个梢涡的距离增大。由于 RIH50 圆柱钝体上表面孔有强吹气流，因此其两个梢涡略弱于 RIH20 圆柱钝体和 RIH35 圆柱钝体。在 RIH 圆柱钝体，尤其是 RIH20 圆柱钝体中，靠近圆柱钝体侧壁处出现了更强的垂直条纹，表明后侧孔的吸力流使得垂直条纹增加。此外，在两个梢涡之间还观察到由孔吹气流产生的两个小涡。在下游，受下洗流的影响，两个梢涡变得分散并逐渐接近地平面。

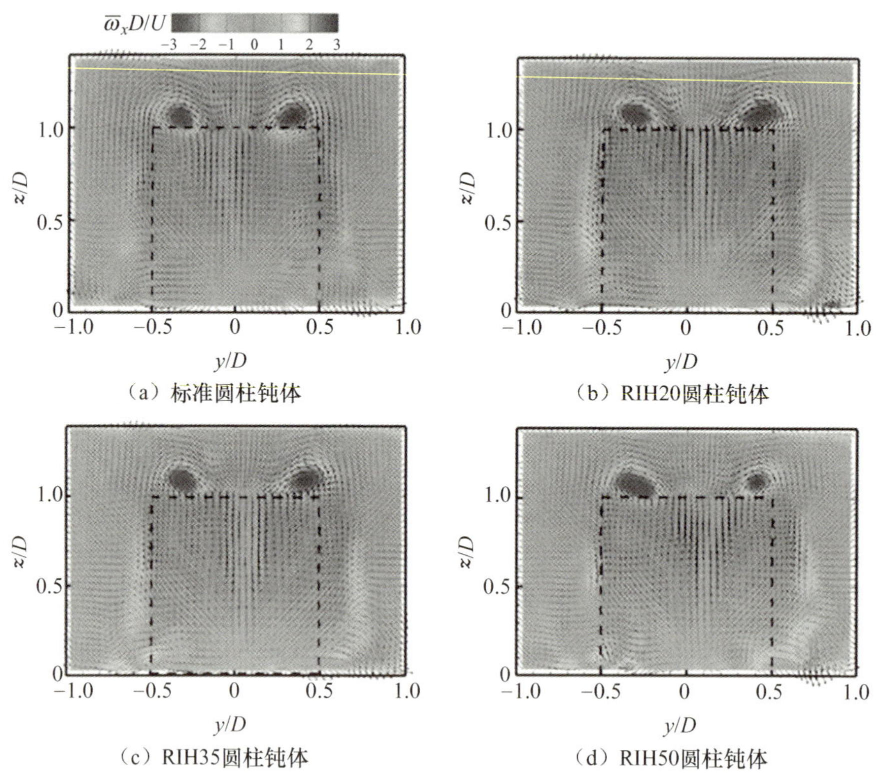

（a）标准圆柱钝体　（b）RIH20圆柱钝体　（c）RIH35圆柱钝体　（d）RIH50圆柱钝体

图 3-31　在 $x/D=0.7$ 时的 yz 平面的时间平均速度矢量与时间平均流向涡量 $\overline{\omega}_x D/U$ 的等值线

本书采用 Q 准则对流场涡旋进行可视化，可通过以下公式计算得出。

$$Q=(\|\Omega\|^2-\|S\|^2)/2 \tag{3-31}$$

式中，Ω 为角速度张量；S 为应变率张量；$\|\cdot\|$ 表示欧几里得范数。

Q 准则可通过相对于应变率的过量旋转识别涡旋，本书通过 U/D^2 进行归一化处理。

为了提取标准圆柱钝体和 RIH 圆柱钝体后的拱涡，图 3－32 展示了 $Q/(U/D^2)=0.7$ 的时间平均三维等值面，该等值面根据流向涡量 $\bar{\omega}_x D/U$ 着色。拱涡在标准圆柱钝体和 RIH 圆柱钝体后的地平面上呈现出 W 形头部，而非倒 U 形头部或 M 形头部。在 W 形拱结构中，水平部分两侧附近有两个明显的凹部，这是由自由端和梢涡的向下流动造成的。在拱涡的底部还有两个像一对基涡一样的凹部。W 形拱结构水平部分的中心凸部是由圆柱钝体后大流量分离产生的强上洗效应引起的。由于两个梢涡的距离较大，因此它们对头部中心部分的影响较弱，尽管它们在拱形头部两侧具有强涡量。如图 3－32（b）至图 3－32（d）所示，在 RIH 圆柱钝体中，由于孔产生吸力和吹气流，因此 W 形拱结构较弱。受孔吸力流的影响，RIH 圆柱钝体尾流的拱宽大于标准圆柱钝体尾流。对于 RIH50 圆柱钝体，受孔的位置和倾斜角度的影响，拱涡顶部两侧高涡度的范围小于标准圆柱钝体和其他两个 RIH 圆柱钝体。受出流的影响，RIH 圆柱钝体尾流的拱涡高度大于标准圆柱钝体尾流，且拱涡的中心更高。RIH 圆柱钝体尾流的拱涡倾斜角度减小，拱涡头部呈现山峰形状。

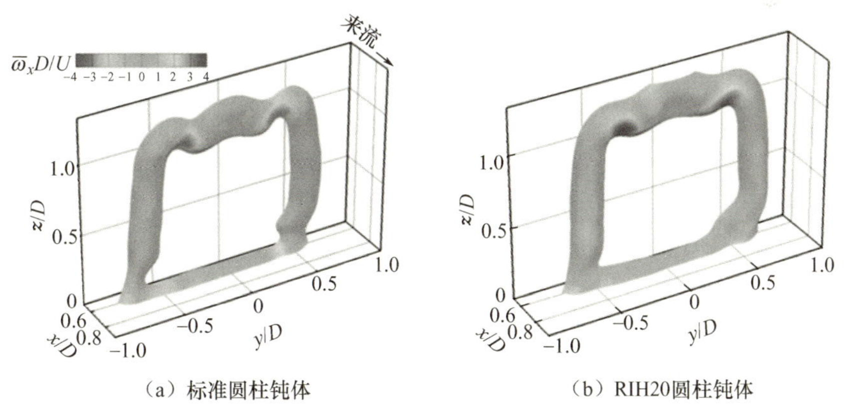

（a）标准圆柱钝体　　（b）RIH20圆柱钝体

图 3－32　$Q/(U/D)^2=0.7$ 的时间平均三维等值面

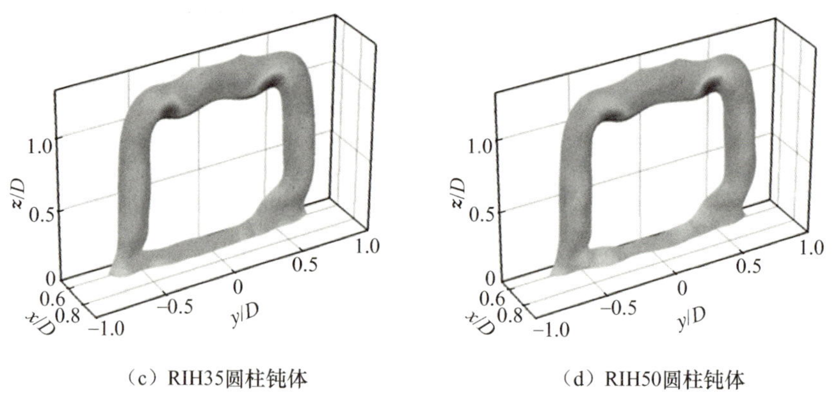

（c）RIH35圆柱钝体　　（d）RIH50圆柱钝体

图 3-32　$Q/(U/D)^2=0.7$ 的时间平均三维等值面（续）

图 3-33 所示为 $Q/(U/D)^2=0.7$ 的时间平均三维等值面。在更下游的位

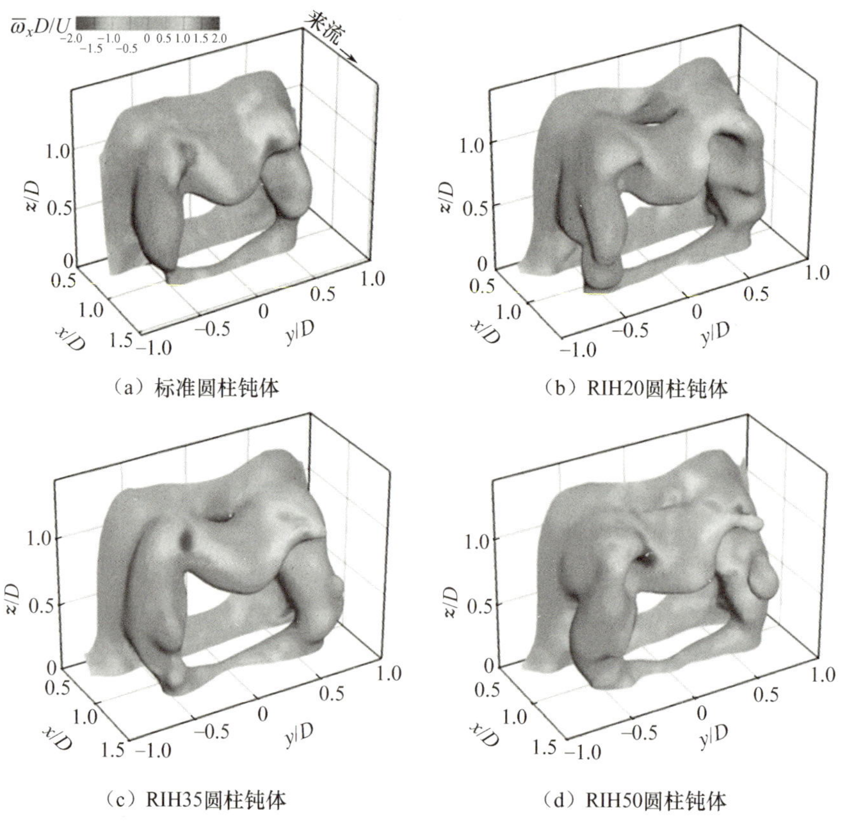

（a）标准圆柱钝体　　（b）RIH20圆柱钝体

（c）RIH35圆柱钝体　　（d）RIH50圆柱钝体

图 3-33　$Q/(U/D)^2=0.7$ 的时间平均三维等值面

置，受下洗流的影响，拱涡的形状从 W 形变为 M 形。在 W 形和 M 形之间，在 RIH 圆柱钝体尾流中观察到等值面顶部存在一个间隙。孔的高度越小，间隙越大，M 形越清晰。因为 RIH20 圆柱钝体内孔较长，出流速度较低，所以产生的下洗流弱于其他 RIH 圆柱钝体。

图 3－34（a）所示为标准圆柱钝体周围的平均涡旋，包括梢涡、马蹄涡、基涡、拱涡、尾涡及其位置。尽管这些涡旋已在前面的研究中提出，但基于断层三维粒子图像测速测量，首次观察和提出 W 形拱涡的三维结构。特别是在前面的平面粒子图像测速测量中无法观察到侧壁垂直脱落涡、自由端水平脱落涡和形成 W 形拱涡的梢涡之间的相互作用。在 RIH 圆柱钝体尾流［图 3－34（b）］中观察到一个较弱的 W 形拱涡，但受顶面孔出流的影响，拱涡的中心更高。随着孔的位置升高，受孔出流的影响，下洗流更弱；受吸力流的影响，上洗流更强。

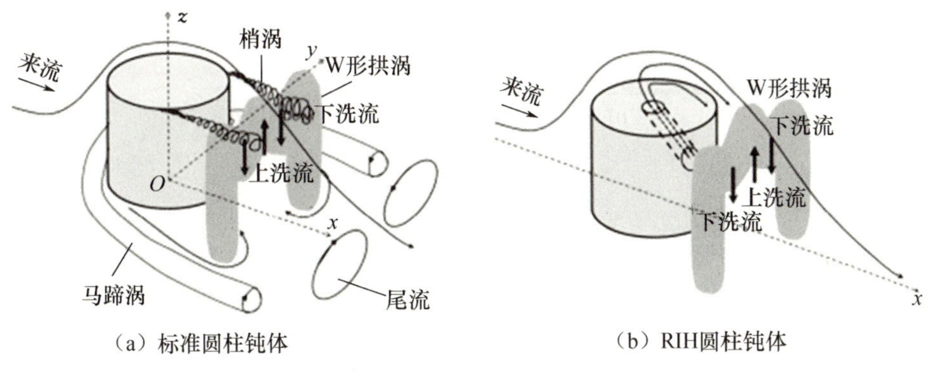

（a）标准圆柱钝体　　（b）RIH圆柱钝体

图 3－34　围绕短圆柱钝体的时间平均三维流场

3.5.2　瞬态三维流动结构

图 3－35 所示为圆柱钝体周围的流向涡量 $\omega_x D/U$ 着色的 $Q_1/(U/D)^2=1.0$ 的瞬态三维等值面，可以清晰地观察到不同尺度的三维涡旋。如图 3－35 中标记为 1 的瞬态 W 形拱涡与图 3－32 中的时间平均流场非常相似。自由端产生顶部流动分离和尾缘的梢涡，这些梢涡诱导形成一个 W 形拱涡。W 形拱涡水平部分的凸部是由圆柱钝体后部的大范围流动分离产生的上洗流导致的。

水平部分的两个凹部是由向下的流动和梢涡引起的。因此，梢涡和自由端流动分离导致形成 W 形拱涡的肩部和头部。可以说，拱涡由两个垂直脱落涡（侧壁）和一个水平脱落涡（自由端）组成，它们通过两个梢涡和下洗流相连。

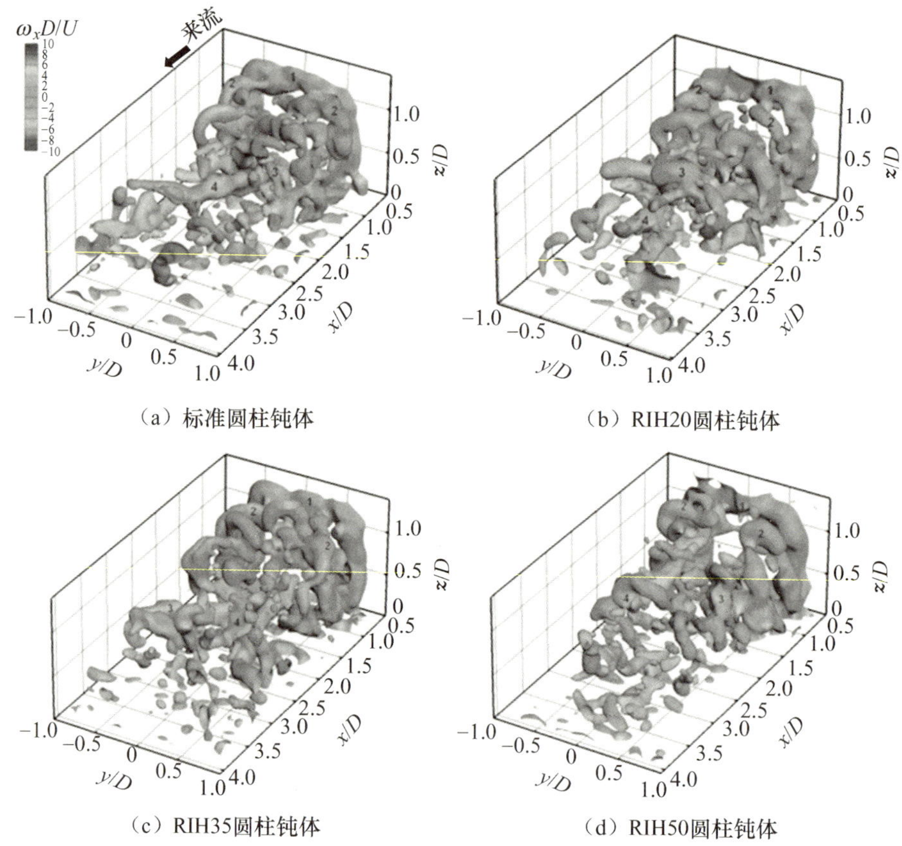

（a）标准圆柱钝体

（b）RIH20圆柱钝体

（c）RIH35圆柱钝体

（d）RIH50圆柱钝体

图 3－35　圆柱钝体周围的流向涡量 $\omega_x D/U$ 着色的 $Q_1/(U/D)^2=1.0$ 的瞬态三维等值面

对于纵横比为 1 的圆柱钝体，自由端的高度降低或两个从自由边缘端产生的梢涡之间的距离增大，如图 3－35（a）所示，导致两个梢涡之间产生强烈的上洗流，并形成 W 形拱涡。对于纵横比为 2 的圆柱钝体，两个梢涡靠近或自由端的高度增大，减弱了上洗流，并形成 M 形拱涡。因此，拱涡的头部形状取决于圆柱的纵横比。图 3－35 还清楚地表明，W 形拱涡在下游迅速分解成多个碎片。例如，标记为 2 的几个涡旋结构可能是图 3－35（a）中拱涡的碎片。随着雷诺数的增大，表面中心可能会产生强烈的下洗流，从而导致拱涡迅速分解，并形成一个更明显的 W 形拱涡。受下洗流、上洗流及其他涡旋结构相互作用的影响，在图中的瞬态流场中明显存在 Zhu 等人发现的大规模流向涡（标记为 3 和 4）。在 RIH 圆柱钝体尾流中，由于孔产生的吸力和出流可能控制尾流结构，因此 W 形拱涡的头部变得稍微更强。孔的流动还增大了拱涡水平部分的两个凹部。与标准圆柱钝体相比，RIH 圆柱钝体中的拱涡高度更大，并且受出流的影响，拱涡和大规模涡分解得更慢。

3.5.3　基于空间多尺度解析的三维流动结构

本征正交分解可以根据模态能量分布提取主导流动结构，但无法根据尺度分解。为了揭示 RIH 圆柱钝体后部的三维多尺度流动结构，我们应用了三维小波多分辨率方法。该方法基于 20 阶的 Daubechies 小波基，分析采用 Tomo－PIV 测量的瞬态三维速度矢量场。正交小波多分辨率方法据根据特征尺度或中心尺度将三维速度数分解为 3 个速度小波分量，分别代表大尺度结构、中尺度结构和小尺度结构。基于 Tomo－PIV 测量结果，大尺度结构的中心尺度为 38.4mm（$a/D=0.55$），中尺度结构的中心尺度为 19.2mm（$a/D\approx0.27$），小尺度结构的中心尺度为 7.2mm（$a/D=0.1$）。

图 3－36 所示为圆柱钝体周围的流向涡量 $\omega_x D/U$ 着色的 $Q_1/(U/D)^2=1.0$ 的瞬态三维等值面。对于标准圆柱钝体尾流和 RIH 圆柱钝体尾流，都可以清晰地观察到一个大尺度拱涡，该涡对应于图 3－35 中标记为 2 的涡结构；同时提取了两个具有正、负旋转方向的大尺度流向涡，它们与图 3－35 中标记为 3 和 4 的瞬态流场结构匹配。这两个流向涡穿过拱涡的中心并向下游发展，主导下游的流场结构。与标准圆柱钝体尾流相比，RIH 圆柱钝体尾流的大尺度结构（W 形拱涡）变得强烈并逐渐在下游解体。大尺度流向涡的高度（标记为 3 和 4）与 RIH 圆柱钝体尾流的孔高度成正比，即圆柱钝体尾流的流向涡可能受控于孔的高度。

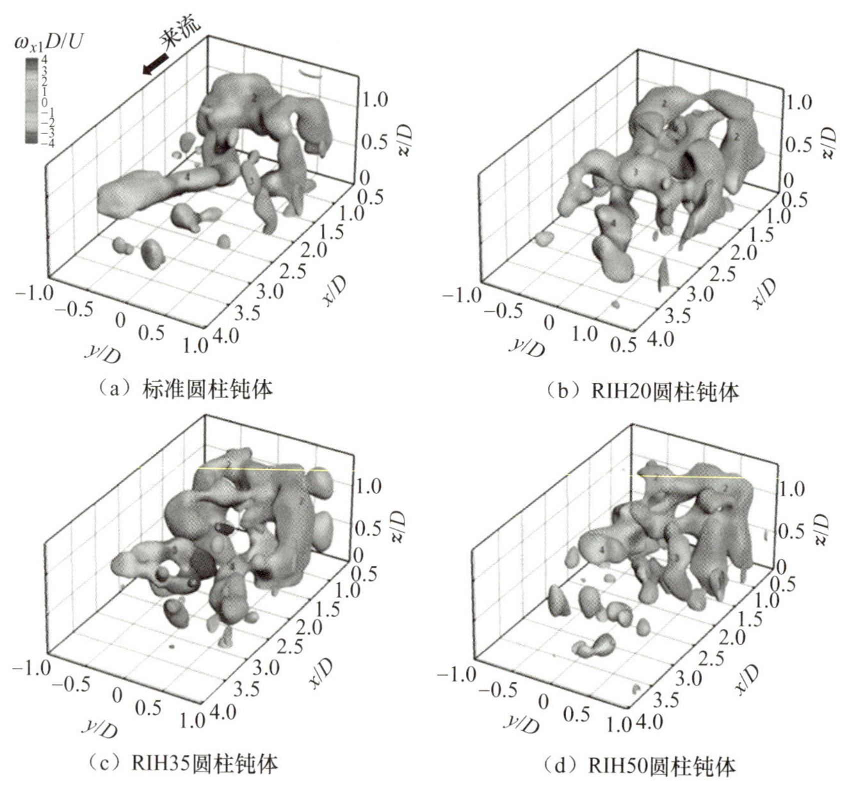

（a）标准圆柱钝体　（b）RIH20圆柱钝体

（c）RIH35圆柱钝体　（d）RIH50圆柱钝体

图 3－36　圆柱钝体周围的流向涡量 $\omega_x D/U$ 着色的 $Q_1/(U/D)^2=1.0$ 的瞬态三维等值面

图 3－37 所示为圆柱钝体周围的流向涡量 $\omega_x D/U$ 着色的 $Q_2/(U/D)^2=0.5$ 的瞬态三维等值面。与标准圆柱钝体尾流相比，在 RIH 圆柱钝体尾流中观察到更多的中尺度结构，并且在气缸的尾流中出现清晰的 W 形拱涡结构。中尺度流向涡和尾涡在 RIH20 圆柱钝体和 RIH35 圆柱钝体中更加明显，表明中尺度结构主导了尾流流场。随着孔高度的增大，拱涡的高度增大，表明涡的高度受孔的倾斜角度的影响。

图 3－38 所示为圆柱钝体周围的流向涡量 $\omega_x D/U$ 着色的 $Q_3/(U/D)^2=0.4$ 的瞬态三维等值面。受孔吹流的影响，RIH 圆柱钝体的拱涡破碎速度比标准圆柱钝体的低。然而，RIH 圆柱钝体之间的差异较小。

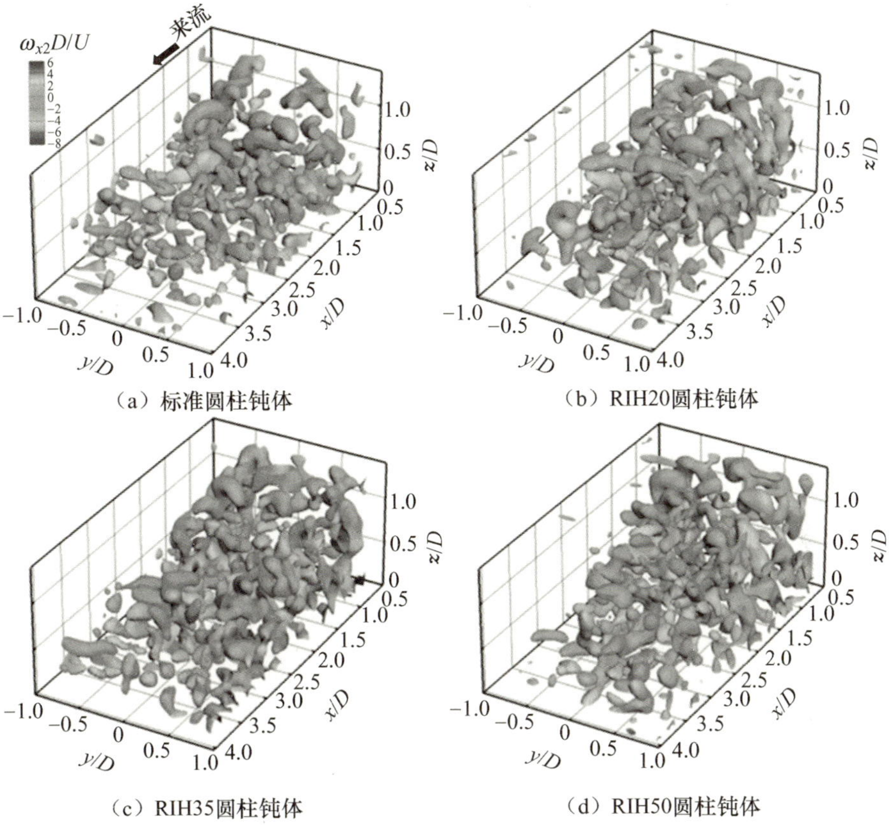

（a）标准圆柱钝体　　（b）RIH20圆柱钝体

（c）RIH35圆柱钝体　　（d）RIH50圆柱钝体

图 3-37　圆柱钝体周围的流向涡量 $\omega_x D/U$ 着色的 $Q_2/(U/D)^2=0.5$ 的瞬态三维等值面

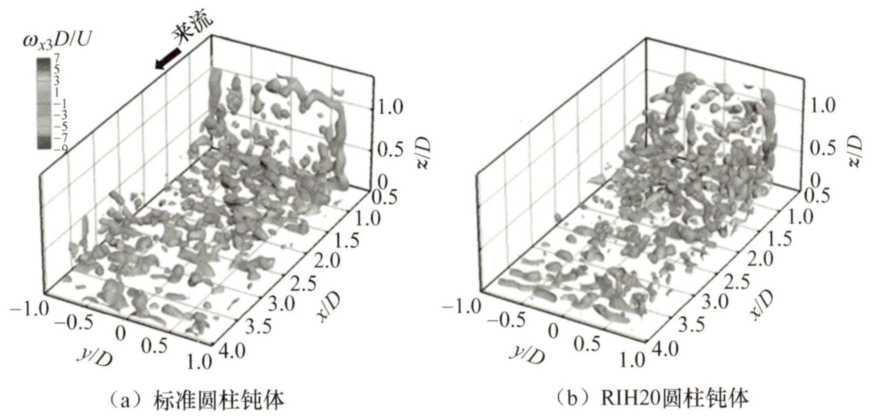

（a）标准圆柱钝体　　（b）RIH20圆柱钝体

图 3-38　圆柱钝体周围的流向涡量 $\omega_x D/U$ 着色的 $Q_3/(U/D)^2=0.4$ 的瞬态三维等值面

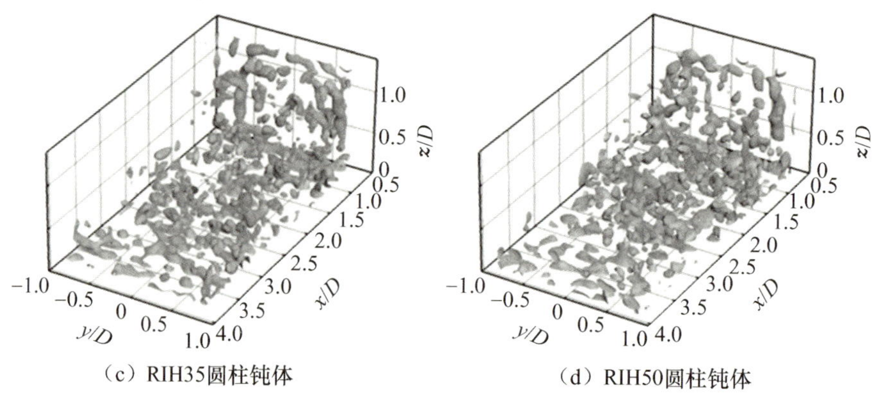

（c）RIH35圆柱钝体　　（d）RIH50圆柱钝体

图 3-38　圆柱钝体周围的流向涡量 $\omega_x D/U$ 着色的 $Q_3/(U/D)^2=0.4$ 的瞬态三维等值面(续)

为了揭示时间平均的多尺度尾流结构，我们对通过三维正交小波多分辨率技术获得的 Tomo-PIV 数据的时间序列瞬态大尺度速度场和中尺度速度场进行时间平均。图 3-39 和图 3-40 比较了标准圆柱钝体尾流和 RIH 圆柱钝体尾流的时间平均大尺度结构及中尺度结构等值面，这些等值面根据时间平均的流向涡量 $\omega_{xi}D/U$ 着色。其中，$i=1$ 和 $i=2$ 分别代表小波分量 1 和小波分量 2。

如图 3-39 所示，可以清楚地观察到大尺度拱涡在短圆柱钝体后部的三维形态。通过时间平均流向涡量等值线观察到，一对涡旋围绕拱涡的水平面附近的两个凸起区域流动，形成明显的 W 形结构。RIH 圆柱钝体尾流的涡旋尺度比标准圆柱钝体尾流的大，即 RIH 圆柱钝体尾流存在更强的大尺度结构。

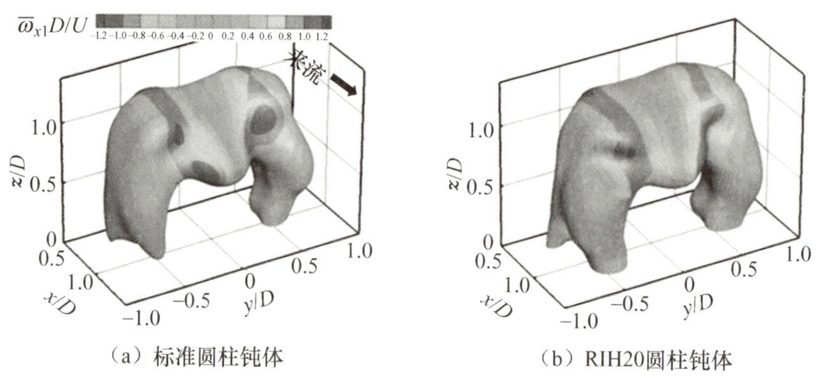

（a）标准圆柱钝体　　（b）RIH20圆柱钝体

图 3-39　圆柱钝体周围的时间平均流向涡量 $\overline{\omega}_x D/U$ 着色的 $Q_1/(U/D)^2=0.7$ 的稳态三维等值面

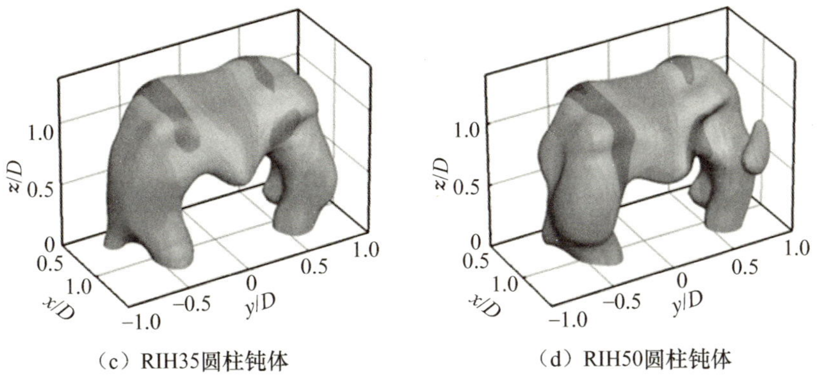

（c）RIH35圆柱钝体　　（d）RIH50圆柱钝体

图 3 - 39　圆柱钝体周围的时间平均流向涡量 $\bar{\omega}_x D/U$ 着色的 $Q_1/(U/D)^2=0.7$ 的稳态三维等值面（续）

图 3 - 40 显示，标准圆柱钝体和 RIH 圆柱钝体后部的地平面上形成了 W

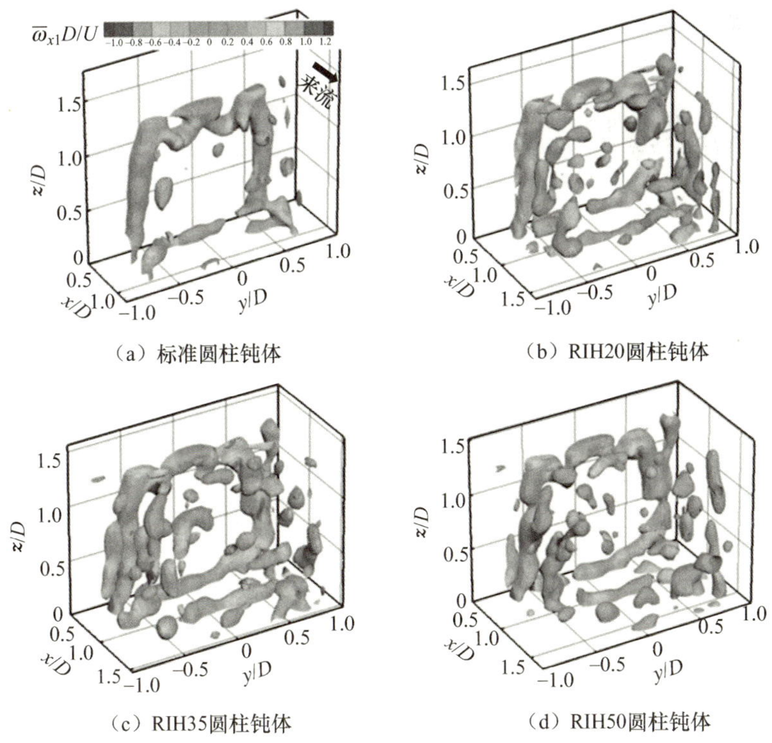

（a）标准圆柱钝体　　（b）RIH20圆柱钝体

（c）RIH35圆柱钝体　　（d）RIH50圆柱钝体

图 3 - 40　圆柱钝体周围的时间平均流向涡量 $\bar{\omega}_x D/U$ 着色的 $Q_2/(U/D)^2=0.15$ 的稳态三维等值面

形拱涡，这些强力的拱涡对应时间平均测量流场中的涡旋结构。除拱头的涡旋对外，另一对涡旋出现在 W 形结构的中心凸起部分，这与上升气流和 W 形拱涡产生的流动相关。

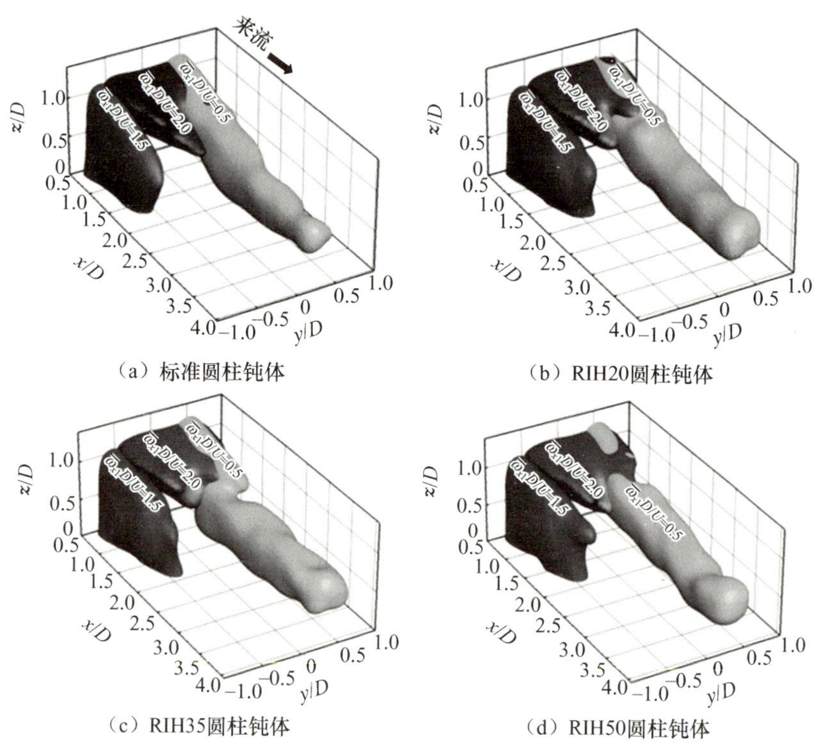

图 3-41 圆柱钝体周围的时间平均大尺度结构（第 1 级）涡度分量 $\bar{\omega}_{x1}D/U=0.5$、$\bar{\omega}_{y1}D/U=2.0$ 和 $\bar{\omega}_{z1}D/U=1.5$ 的稳态三维等值面

为了比较标准圆柱钝体尾流和 RIH 圆柱钝体尾流中的大尺度涡量分量，图 3-41展示了时间平均大尺度结构（第 1 级）涡量分量 $\bar{\omega}_{x1}D/U=0.5$、$\bar{\omega}_{y1}D/U=2.0$ 和 $\bar{\omega}_{z1}D/U=1.5$ 的等值面。尽管在大尺度流向涡度分量（$\bar{\omega}_{x1}D/U$）的等值面上没有发现明显差异，但标准圆柱钝体尾流的 $\bar{\omega}_{x1}D/U$ 最大值略小于 RIH 圆柱钝体尾流，表明后倾孔对梢涡的影响较弱。然而，在 RIH50 圆柱钝体尾流中观察到最大的大尺度横向涡量分量（$\bar{\omega}_{y1}D/U$）等值面（$\bar{\omega}_{y1}D/U$ 最大值为 4.2）；RIH35 圆柱钝体尾流和 RIH20 圆柱钝体尾流的等值面（$\bar{\omega}_{y1}D/U$ 最大值都为 4.0）也略大于标准圆柱钝体尾流的等值面（$\bar{\omega}_{y1}D/U$

最大值为 3.7)，表明从顶部附近孔流出的气流产生了更强的下洗流。同时，标准圆柱钝体尾流的 $\bar{\omega}_{z1}D/U$ 等值面（$\bar{\omega}_{z1}D/U$ 最大值为 4.24)，表示从圆柱钝体侧壁脱落的涡，其大于 RIH 圆柱钝体尾流的等值面（RIH20 圆柱、RIH35 圆柱和 RIH50 圆柱的 $\bar{\omega}_{z1}D/U$ 最大值分别为 3.79、3.95 和 3.67)，说明从后侧孔吸入的气流降低了涡脱落的强度。

以上结果表明，在标准圆柱钝体尾流中，大尺度结构的涡量分量表现为 $\omega_{x1}<\omega_{y1}<\omega_{z1}$。然而，后倾孔增大了大尺度结构的 ω_{y1}（增强了从圆柱钝体端面流出的下洗流)，且 RIH50 圆柱钝体尾流表现出最大的涡量分量；同时，后倾孔减小了大尺度结构的 ω_{z1}，且 RIH50 圆柱钝体尾流表现出最小的涡量分量。

3.5.4　小结

为了解倾斜孔流如何影响标准圆柱钝体后部的三维多尺度流动结构，首先使用 Tomo-PIV 测量三维速度矢量场。然后采用三维小波变换对这些三维速度矢量场进行瞬态和统计分析，主要结果总结如下。

(1) 在短标准圆柱钝体和 RIH 圆柱钝体后部均发现三维 W 形拱涡。RIH 圆柱钝体尾流中的拱涡和中心涡的高度高于标准圆柱钝体尾流。RIH 圆柱钝体尾流的瞬态大尺度结构比标准圆柱钝体尾流分解慢。大尺度流向涡的高度与 RIH 圆柱钝体的孔高度成正比。

(2) 在 RIH 圆柱钝体尾流中观察到更多瞬态中尺度结构（第 2 级）及明显的 W 形拱涡，这些结构主导了 RIH 圆柱钝体尾流的流场。RIH 圆柱钝体尾流的瞬态小尺度涡旋比标准圆柱钝体尾流分解慢，且不同 RIH 圆柱钝体尾流之间的差异很小。

(3) 时间平均的大尺度结构（第 1 级）呈现出 M 形拱涡，且 RIH 圆柱钝体尾流表现出更强的大尺度结构。从 RIH 圆柱钝体尾流的时间平均中尺度结构（第 2 级）中提取出强烈的 W 形涡头拱结构。尖端涡同时存在于大尺度结构和中尺度结构中。

(4) 对大尺度结构（第 1 级）涡量分量的分析表明，后倾孔增强了从圆柱钝体端面流出的下洗流，并降低了涡旋脱落的强度（ω_{z1})。

第4章 多尺度解析方法在气固两相流中的应用

气固两相流是许多工业过程中的重要流动现象，如固体颗粒的管道气力输送，高风速下的气力输送会导致高能耗、管道磨损和颗粒降解。为了避免出现这些问题，尽可能在低风速下进行气力输送。但这种操作方式会导致气固两相流流动不稳定，容易堵塞输送管道。因此，气力输送系统的优化设计准则是在最低风速下实现固体颗粒的稳定连续输送。而要实现该目标，必须揭示气固两相流动的机理，特别是在低空气速度下的固体颗粒动力学。受复杂的颗粒运动和相间相互作用的影响，气力输送表现为一个不稳定的动态系统。同时，由于颗粒运动在压降中起重要作用，因此深入了解颗粒动态行为非常重要。除气固两相流的重要应用外，解释复杂的流动现象并为数值模拟提供固体颗粒行为的信息也是一个很有意义的理论问题。本书采用时间多尺度解析方法研究低空气速度下充分发展和加速状态下固体颗粒的多尺度动力学，为气固两相流的流动结构提供重要的基本信息。

4.1 气固两相流颗粒多尺度动力学分析

在工业过程中，气力输送广泛应用于颗粒材料的运输。考虑实际应用，采用不同的输送方式，如稀相输送和密相输送。稀相输送通常在高输送速度下进行，从而导致高压降、管道侵蚀和颗粒降解。密相输送时，低输送速度往往会导致流动不稳定，从而引起输送管道堵塞和振动。因此，设计气力输送系统的关键准则是在不发生堵塞的前提下，尽可能降低输送速度以最小化压降。为了实现该目标，深入研究气力输送系统中的颗粒动力学，尤其是较低输送速度的颗粒动力学。

在以往关于气固两相流的实验研究中，通常使用激光多普勒测速计或粒子图像测速测量气体或固体颗粒波动速度场。Morsi 等人使用激光多普勒测速计研究了单管附近气固两相流的颗粒动力学。随后开发出一种扩展激光多普勒测速计，用于测量稀相气力输送系统中整个管道截面上的颗粒波动速度和颗粒数量分布。Juray 等人应用激光多普勒测速计研究了稀相循环流化床入口区域的气固混合情况。然而，这些研究主要集中于稀相悬浮管道流充分发展区域中颗粒与湍流的相互作用。为了测量相对密集两相流中的颗粒波动速度场，应用粒子图像测速研究颗粒沉降和料斗中的颗粒分布。Yan 和 Rinoshika 应用粒子图像测速测量了气固两相流中颗粒的时间平均速度和浓度。然而，人们对密相中从充分发展到加速阶段的固体颗粒动力学关注较少。

在过去几十年里，小波分析广泛应用于研究各种物理现象。Li 在分散悬浮旋流和沙丘流中应用小波多分辨率及互相关分析，在不同尺度上提取和分析了压力波动。Ren 等人通过检查动态信号的小波谱函数，分析了流化床中的动态行为。他们将信号分解为微观尺度（颗粒大小）、中观尺度（团簇大小）和宏观尺度（单元大小）三个分量。Nguyen 等人开发了一种通过连续小波变换的局部小波能量系数图来客观区分两相流模式的方法；并应用正交小波分析研究了两相流中的壁面压力一时间信号。Takei 等人使用三维正交小波多分辨率技术提取了计算机体层扫描捕获的密相流中颗粒的浓度分布，并将具有特定频率级别的颗粒的时间和空间分布可视化。然而，从多尺度角度来看，人们对充分发展和加速阶段中颗粒波动速度场的关注较少，而其可为气固两相气力输送系统中的颗粒动力学提供更详细的信息。

本书旨在基于连续小波变换和一维正交小波多分辨率技术，揭示充分发展和加速阶段的多尺度颗粒动力学。首先，通过连续小波变换研究轴向颗粒波动速度的时间-频率特性；其次，根据颗粒波动速度的中心频率，将其分解为不同的小波级别；最后，从不同小波级别的波动速度出发，分析颗粒波动能量、两点相关性和概率分布。

4.1.1 实验装置

图 4-1 所示为正压气力输送实验装置。水平测试管道由透明树脂材料制成，内径 D_{in}=(80±5) mm，长度为（5±0.02）m。空气在进入测试管道之前流过一条长度为 10m 的管道。进料仓的固体颗粒被鼓风机产生的气流携带。在测试管道的末端，固体颗粒通过分离器分离。固体质量流量和气流速率分别通过称重传感器（图中未标）和孔板流量计测量。将压力传感器安装在测试管道的入口处和出口处，用于检测压力损失，精度为±0.02%。采样时，使用模数转换器和计算机放大压力信号，其采样频率为 500kHz。

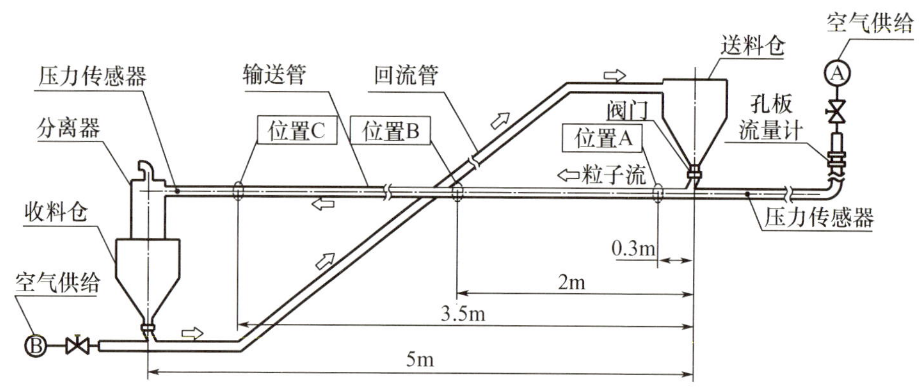

图 4-1　正压气力输送实验装置

本实验以体积等效直径 d_p = 3.3mm、长宽比为 2.06、固体密度为 952kg/m^3 的聚乙烯非球形颗粒（图 4-2）为输送物料，颗粒的终端速度为 8.6m/s，空气速度 U_a=9～16m/s，固体质量流量 G_s=0.4kg/s。在 95%的置信水平下，空气速度、固体质量流量和表压的统计不确定度分别为 3.86%、±1.4%和±1.43%。

图 4-3 所示为粒子图像测速示意。高强度连续光源产生厚度为 5mm 的激光光片，用于照亮测试管道中心轴平面上的运动颗粒。一台高速照相机以 1000f/s 的帧率捕捉 2000 张连续的数字图像，每张数字图像的分辨率都为 1024 像素×768 像素。在如下三个位置进行粒子图像测速测量：x=0.3m

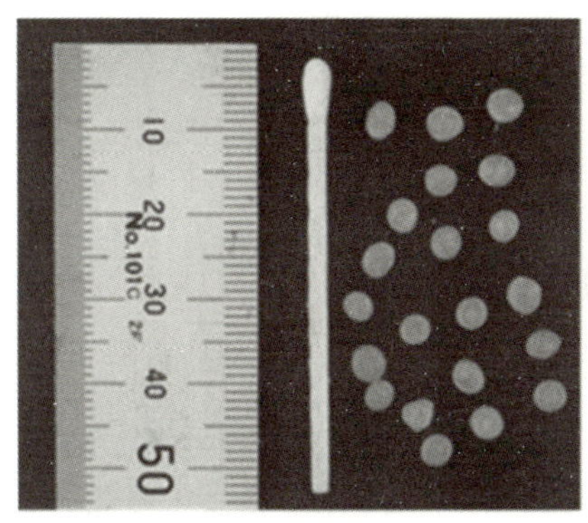
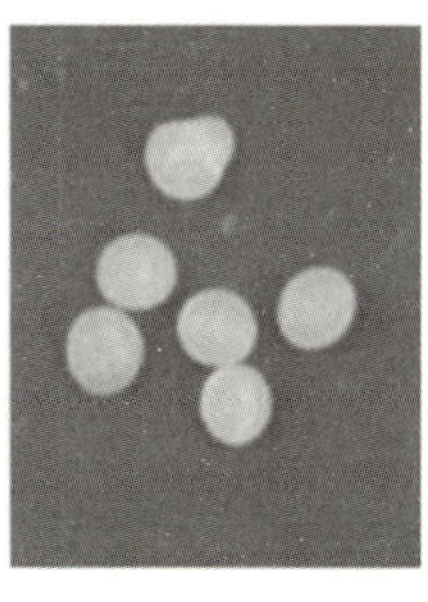

图 4-2　输送物料

($x/D_{in}=4$，位置 A)、2m ($x/D_{in}=25$，位置 B) 和 3.5m ($x/D_{in}=44$，位置 C)，其中 x 为颗粒入口的水平距离。

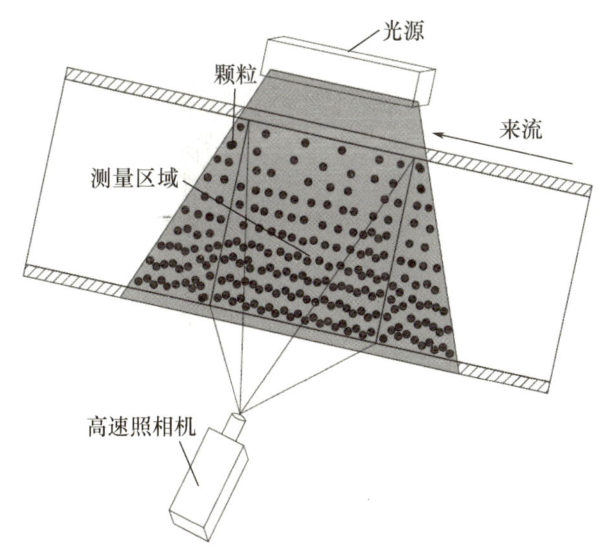

图 4-3　粒子图像测速示意

由于输送颗粒的尺寸较大，因此颗粒流的测量区域被划分为多个询问区域。每个询问区域都足够大，包含多个颗粒并作为一个群体，从而使测量可靠。在本实验中，尺寸为 80mm×111mm 的测量区域被划分为 450 (18×25) 个询问区域。像素尺寸约为 0.11 毫米/像素，颗粒波动速度向量的空间分辨率约为 4.4mm。每个询问区域的速度都是通过在已知时间间隔内对两个连续颗粒图像进行基于快速傅里叶变换的互相关计算得出的。每个询问区域或颗粒组的速度都定义为局部颗粒波动速度，其中有一个轴向分量 u_p（x 方向）和一个垂直分量 v_p（y 方向）。在 95%的置信水平下，测量颗粒波动速度的统计不确定性估计为 3.86%。

为识别上述三个位置的流动状态，我们研究沿 $y/D_{in}=0.5$ 和 $y/D_{in}=0.75$ 的时间平均轴向颗粒波动速度的变化。沿管道方向的截面平均轴向颗粒波动速度的变化如图 4-4 所示。可以看出，从 $x/D_{in}=4$ 到 $x/D_{in}=25$，U_p/U_a 值迅速增大，而从 $x/D_{in}=25$ 到 $x/D_{in}=44$，其值几乎无变化，可能表明$x/D_{in}=4$ 和 $x/D_{in}=25$ 处属于加速区，而 $x/D_{in}=44$ 处属于充分发展区。

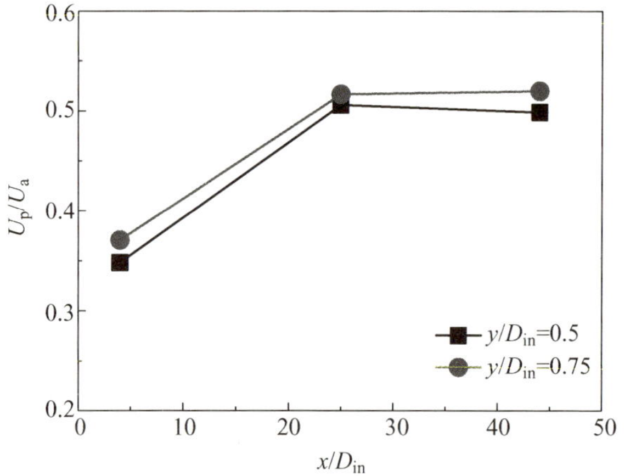

U_p—时均轴向颗粒波动速度；U_a—空气速度。

图 4-4 沿管道方向的截面平均轴向颗粒速度的变化

气固两相流的高速数字图像可用于测量颗粒浓度的分布。图 4-5 所示为颗粒浓度测量区域。该测量区域被设置在一个中心矩形内，在 $x/D_{in}=25$ 和 $x/D_{in}=44$ 处被分成 10 个区域，从管道底部到顶部的高度为 Δy。首先通过 SigmaScan Pro 5 软件在测量区域测量，然后通过式（4-1）定义每个测量区域的颗粒浓度和颗粒体积分数。

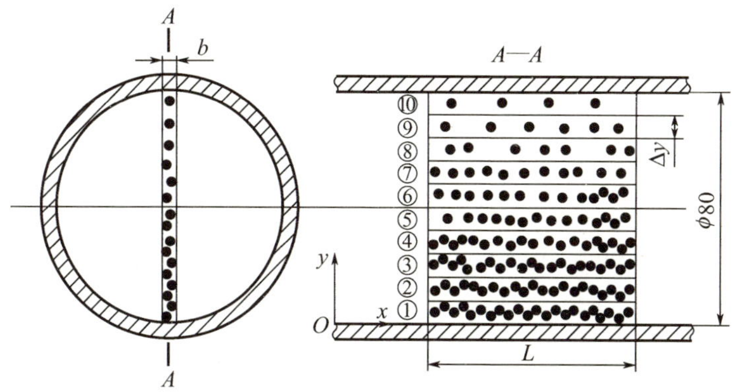

b—激光光片厚度；L—测量区域长度。

图 4-5　颗粒浓度测量区域

$$\begin{cases} \rho_{pi}=\dfrac{m_p}{\Delta yLb}N_i \\ c_{pi}=\dfrac{V_p}{\Delta yLb}N_i \end{cases} \tag{4-1}$$

式中，m_p 和 V_p 分别为颗粒质量和颗粒体积；N_i 为测量区域 i 中的颗粒数；Δy 为从管道底部到顶部的高度；L 为测量区域长度；b 为激光光片厚度。

$$\begin{cases} \rho_{p0}=\dfrac{m_p}{DLb}\sum\limits_{i=1}^{10}N_i \\ c_{p0}=\dfrac{V_p}{DLb}\sum\limits_{i=1}^{10}N_i \end{cases} \tag{4-2}$$

归一化局部颗粒浓度$\dfrac{\rho_{pi}}{\rho_{p0}}$和颗粒体积分数$\dfrac{c_{pi}}{c_{p0}}$在测量区域 i 中由下式给出。

$$\frac{\rho_{pi}}{\rho_{p0}}=\frac{1}{\dfrac{\Delta y}{D}}\frac{N_i}{\sum\limits_{i=1}^{10}N_i}=10\frac{N_i}{\sum\limits_{i=1}^{10}N_i}=\frac{c_{pi}}{c_{p0}} \tag{4-3}$$

很明显，$\dfrac{\rho_{pi}}{\rho_{p0}}$或$\dfrac{c_{pi}}{c_{p0}}$与测量区域长度 L 和激光光片厚度 b 无关。下面采用归一化的局部颗粒浓度$\dfrac{\rho_{pi}}{\rho_{p0}}$评估颗粒分布。

4.1.2 压降、时间平均颗粒浓度和速度

在本书中，气力输送的压降 Δp 是在测试管道的入口与出口之间测量的。图 4-6 所示为压降 Δp 与空气速度 U_a 的关系图。可以看出，随着空气速度的增大，压降先减小，达到最小压降后增大。本书将最小压降下的空气速度称为最小压降（minimum pressure drop，MPD）速度。最小压降速度是可用于稳定输送颗粒且颗粒不会沉降在管道底部的最低空气速度，对应于最低能量损失，它是气力输送系统设计中的一个重要因素。Herbreteau 和 Bouard 将最小压力损失的空气速度定义为最小输送速度或跃移速度，并将颗粒模式描述为沿管道底部的移动床。该流动模式是介于稳定流与非稳定流之间的瞬态。Fokeer 等人根据目视和测量结果将跃移速度描述为颗粒开始从气相中分离并沿管道底部滑动或滚动的表观空气速度。如图 4-6 所示，最小压降速度出现在 $U_a \approx 14.1$m/s 处，颗粒流型表现为沿管道底部移动的颗粒床或段塞，稀释的颗粒悬浮液在其上流动，通常称为颗粒条带流。如果空气速度降低到稳定条带密相流的最小压降速度以下就会形成非稳定沙丘，其特点是压力波动加剧、压降增大。如图 4-6 所示，这种情况的边界是最左边的点，在 $U_a \approx 12.98$m/s 处。空气速度继续降低会导致流动不稳定，颗粒床固定（压力信号

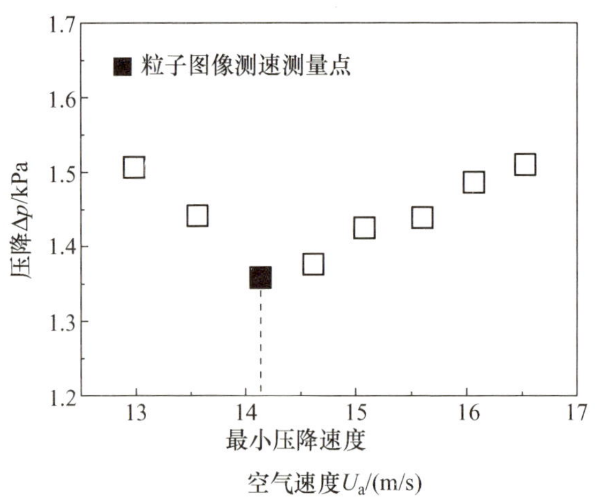

图 4-6 压降与空气速度的关系图

随时间增大），这是该设备的输送边界。空气速度进一步降低会导致流动非常不稳定，并有堵塞的危险。为了研究最小压降下的颗粒动力学，我们使用高速粒子图像测速在加速区（位置 A，$x/D_{in}=4$；位置 B，$x/D_{in}=25$）和充分发展区（位置 C，$x/D_{in}=44$）以 $U_a=14.13\text{m/s}$ 的速度测量颗粒波动速度场。

图 4－7 所示为在最小压降速度下三个位置的颗粒照片。可以看出，颗粒悬浮在管道近顶部，并沿着管道近底部滑动。在加速区［图 4－7（a）和图 4－7（b）］，颗粒沉积物出现在管道底部，其上有一些颗粒悬浮。在充分发展区［图 4－7（c）］，颗粒沉积物减少，流动模式表现为颗粒悬浮，且管道近顶部的颗粒浓度较高。这些观察结果可能表明，本书中的颗粒流动出现在稀相与密相之间的相对密集流动模式中。

（a）$x/D_{in}=4$　（b）$x/D_{in}=25$　（c）$x/D_{in}=44$

图 4－7　在最小压降速度下三个位置的颗粒照片

为了提供关于颗粒分布的定量信息，我们通过处理高速粒子图像测速图像分别测量 $x/D_{in}=4$、$x/D_{in}=25$ 和 $x/D_{in}=44$ 处的时间平均颗粒浓度。三个位置处的归一化时间平均颗粒浓度如图 4－8 所示。可以观察到，管道近底部的颗粒浓度高于近顶部的颗粒浓度，说明颗粒沿着管道底部滑动并形成颗粒串流。在加速区（$x/D_{in}=4$ 和 $x/D_{in}=25$），管道近底部的颗粒浓度高于充分发展区，但在管道顶部变得较低，这与图 4－7 所示的颗粒照片相符。颗粒浓度变化表明，颗粒从加速区到充分发展区被加速并悬浮起来。

图 4－9 所示为三个位置处时间平均轴向颗粒波动速度分量 $\bar{u}_p/U_a$ 与 y/D_{in} 的归一化曲线。时间平均轴向颗粒波动速度 $\bar{u}_p$ 的统计不确定度在 95%

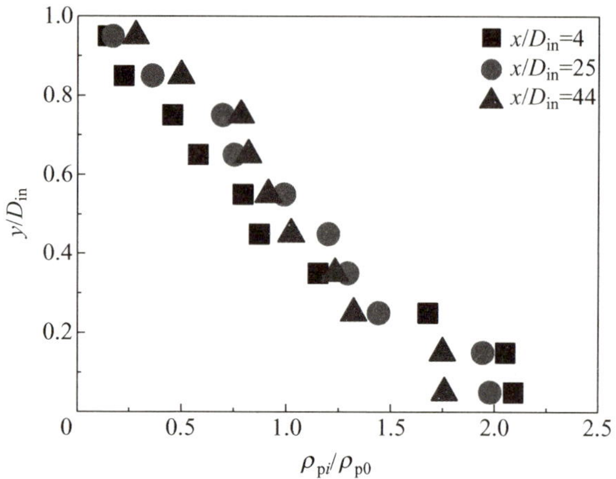

图 4-8 三个位置处的归一化时间平均颗粒浓度分布

的置信水平下为±4.3%。很明显，管道顶部附近的颗粒波动速度高于管道底部附近的颗粒波动速度。因为在最小压降速度下，颗粒流模式呈现滑动线束，且管道底部附近的颗粒浓度较高。在管道顶部，$x/D_{in}=25$ 处的$\bar{u}_p/U_a$ 高于 $x/D_{in}=44$ 处的$\bar{u}_p/U_a$，但由于颗粒浓度较高，因此其值在管道底部附近降低。此外，$x/D_{in}=4$ 处的时间平均轴向颗粒波动速度低于 $x/D_{in}=25$ 处和 $x/D_{in}=44$ 处，从而证实了 $x/D_{in}=4$ 处的颗粒处于初始加速阶段。

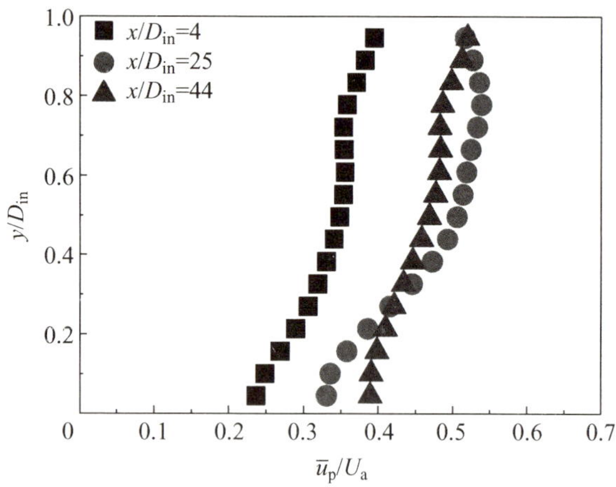

图 4-9 三个位置处时间平均轴向颗粒波动速度分量$\bar{u}_p/U_a$ 与 y/D_{in}的归一化曲线

4.1.3　颗粒脉动速度的时间频率特征

连续小波变换因能够同时揭示能量事件的时间信息和频谱信息而广泛应用于分析时间序列信号。为了揭示颗粒波动速度的时间-频率特性，我们采用以墨西哥帽为母函数的连续小波变换分析 $x/D_{in}=4$、$x/D_{in}=25$ 和 $x/D_{in}=44$ 处（$y/D_{in}=0.25$ 和 $y/D_{in}=0.75$）的颗粒波动速度。连续小波变换的结果以图谱形式呈现，其中小波系数的轮廓图与时间轴和频率轴对应。在 $x/D_{in}=4$、$x/D_{in}=25$ 和 $x/D_{in}=44$ 处两个垂直位置的时间-频率分布如图 4 - 10 所示，纵坐标表示频率 f，彩虹色对应小波系数的值，其中红色表示最高浓度，蓝色表示最低浓度。在时间-频率平面下方绘制了轴向颗粒波动速度随时间 t 的变化曲线。

在管道近底部（图 4 - 10 左侧三幅图）观察到，随着颗粒从 $x/D_{in}=4$ 流动到 $x/D_{in}=44$，轴向颗粒波动速度的交替峰值对应的频率逐渐降低。因为颗粒在加速区没有得到充分加速，所有加速的颗粒使颗粒与壁面碰撞和空气湍流的强度增大，进而产生更高频率成分的颗粒波动速度。在充分发展区[图 4 - 10（e）]观察到，在频率约为 5Hz 处出现一系列明显的正、负峰值，表明在管道近底部轴向颗粒波动速度的低频成分占主导地位，且在充分发展区存在大规模颗粒流动，这是由颗粒滑动串流和管道近底部高颗粒浓度引起的。

在管道近顶部（图 4 - 10 右侧三幅图）观察到，从 $x/D_{in}=4$ 到 $x/D_{in}=44$ 交替峰值对应的频率逐渐降低，但高于管道近底部的频率。由于管道近顶部存在颗粒悬浮流，因此颗粒波动速度的高频成分增加。此外，在高频范围（30～50Hz）观察到一些明显的条纹，这些条纹可能与颗粒碰撞过程有关，即颗粒波动能量从大尺度颗粒运动转移到小尺度颗粒运动。在 $x/D_{in}=44$ 处，高频范围内的条纹远少于 $x/D_{in}=4$ 处和 $x/D_{in}=25$ 处，表明在充分发展区大尺度颗粒运动占主导地位，小尺度颗粒运动受到抑制，这可能与气力输送中的低压降有关。综上所述，无论是管道近底部还是管道近顶部，轴向颗粒波动速度的主导频率从加速区到充分发展区都逐渐降低，且小尺度颗粒运动倾向于从加速区转移到充分发展区的大尺度颗粒运动。

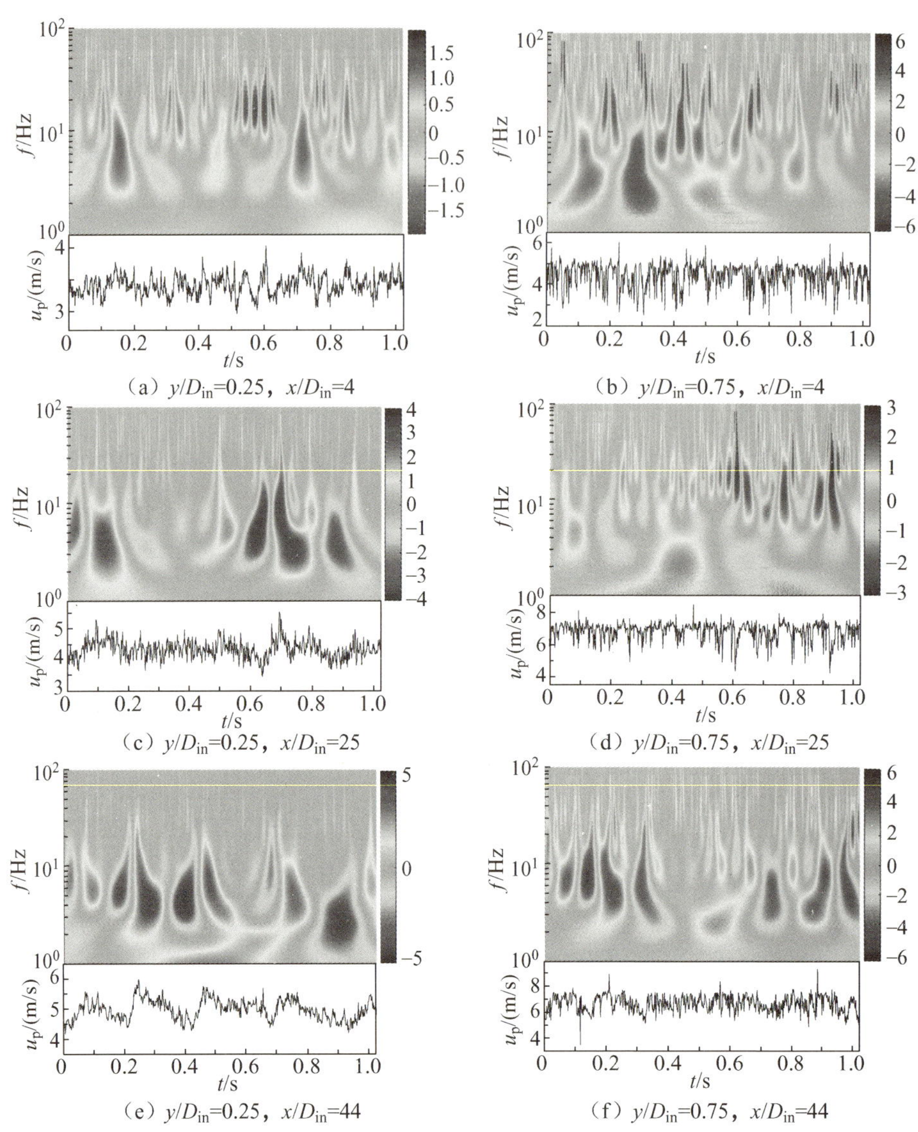

(a) y/D_{in}=0.25，x/D_{in}=4 (b) y/D_{in}=0.75，x/D_{in}=4
(c) y/D_{in}=0.25，x/D_{in}=25 (d) y/D_{in}=0.75，x/D_{in}=25
(e) y/D_{in}=0.25，x/D_{in}=44 (f) y/D_{in}=0.75，x/D_{in}=44

图 4-10 在 x/D_{in}=4、x/D_{in}=25 和 x/D_{in}=44 处两个垂直位置的时间-频率分布

4.1.4 均方颗粒波动速度的正交小波分解

颗粒波动速度的二阶统计量用于评估轴向颗粒波动能量。在 95%的置信水平下测得的颗粒波动速度均方的统计不确定性约为±4.56%。图 4-11 所

示为在 $x/D_{in}=4$、$x/D_{in}=25$ 和 $x/D_{in}=44$ 处归一化的轴向颗粒波动能量分布。在 $x/D_{in}=4$ 和 $x/D_{in}=44$ 处可以看出，随着 y/D_{in} 单调增大，轴向颗粒波动能量最大值出现在管道近顶部。在 $x/D_{in}=25$ 处，轴向颗粒波动能量首先随着 y/D_{in} 增大，当 $y/D_{in}\approx0.72$ 时达到峰值，然后在管道近顶部减小。这种峰值的出现可能是由于管道近顶部颗粒浓度较低，空气湍流对颗粒波动影响较大。在三种情况下，在管道近顶部都观察到较大的颗粒波动能量，意味着颗粒波动强度较高与悬浮流中的颗粒浓度较低有关。此外，在管道近顶部，在 $x/D_{in}=4$ 处的轴向颗粒波动能量远大于另两种情况。

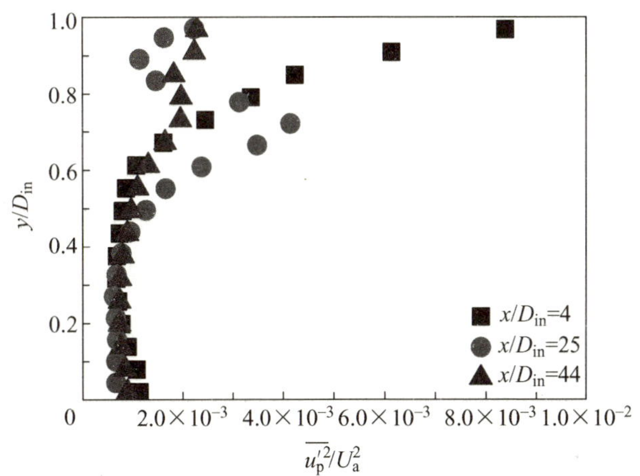

图 4-11　在 $x/D_{in}=4$、$x/D_{in}=25$ 和 $x/D_{in}=44$ 处归一化的轴向颗粒波动能量分布

根据前面章节对正交小波变换的讲解，可以将颗粒波动速度简单地表示为由频率带宽表征的所有小波层级的线性组合。为了评估不同频率下的颗粒波动能量，下面使用一维正交小波分解将颗粒波动速度分解为 7 个小波分量。为了补充时间频率分析并揭示小波分量的频谱特性，在 $x/D_{in}=44$、$y/D_{in}=0.25$ 处对颗粒波动速度及其小波分量进行快速傅里叶变换，其功率谱如图 4-12（a）所示。可以看出，颗粒波动速度的最显著峰值出现在 $f\approx5$Hz 处，与前面的时间-频率分析结果一致。在高频范围（$f>200$Hz），功率谱的值小得多，因为测得的颗粒群速度包括气体波动速度及颗粒与颗粒和颗粒与壁面碰撞的平均效应，这与颗粒追踪结果不同，后者展现出速度的高频分量。

高频范围的频谱特性可能意味着，在本书中 1000f/s 的帧率足以覆盖颗粒波动速度的频率范围。图 4-12（b）所示为从小波分量 1 到小波分量 7 的功率谱。可以看出，每个小波分量都有一个明显的峰值，且随着小波级别的增加，峰值逐渐减小。显然，7 个小波分量功率谱的总和是对原始测量数据谱的重建。

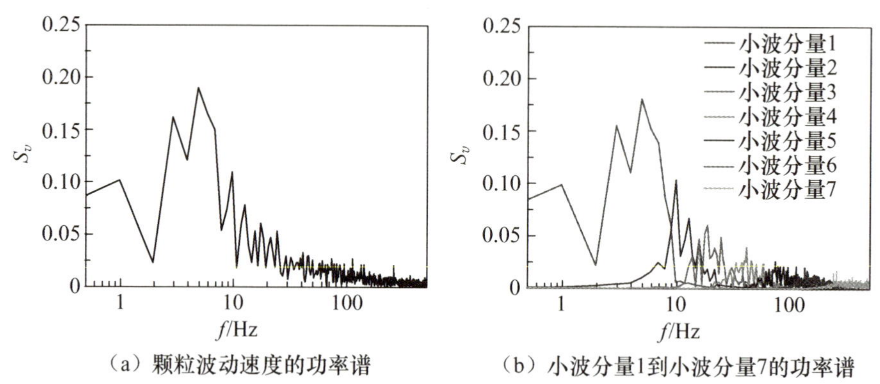

（a）颗粒波动速度的功率谱　（b）小波分量1到小波分量7的功率谱

图 4-12　在 $x/D_{\text{in}}=44$、$y/D_{\text{in}}=0.25$ 处测得的颗粒波动速度及其小波分量的功率谱

基于快速傅里叶变换结果，表 4-1 总结了 7 小波分量对应的中心频率。可以通过下式计算某个测量点 7 个小波分量的波动能量。

$$\overline{u'^2_{\text{p}i}}=\frac{1}{n}\sum_{j=1}^{n}u'^2_{\text{p}i},\overline{v'^2_{\text{p}i}}=\frac{1}{n}\sum_{j=1}^{n}v'^2_{\text{p}i}\tag{4-4}$$

式中，$u'_{\text{p}i}$和$v'_{\text{p}i}$分别为第 i 个小波级别的轴向颗粒波动速度和垂直颗粒波动速度；n 为时间序列总数。

表 4-1　7 个小波分量对应的中心频率

小波级别	1	2	3	4	5	6	7
中心频率/Hz	5	10	20	40	80	160	280

为了研究小波基的影响，下面使用 4 阶、8 阶、12 阶、16 阶和 20 阶的正交 Daubechies 小波基分解颗粒波动速度，并计算小波分量的时间平均颗粒波动速度的平方$\overline{u'^2_{\text{p}i}}$。

图 4-13 所示为在 $y/D_{\text{in}}\approx0.5$ 处不同小波基对分解结果的影响。除 4 阶的低频范围（1 级和 2 级）外，不同小波基的结果吻合良好。这种差异源于低

阶小波基在频率空间中的定位较差。

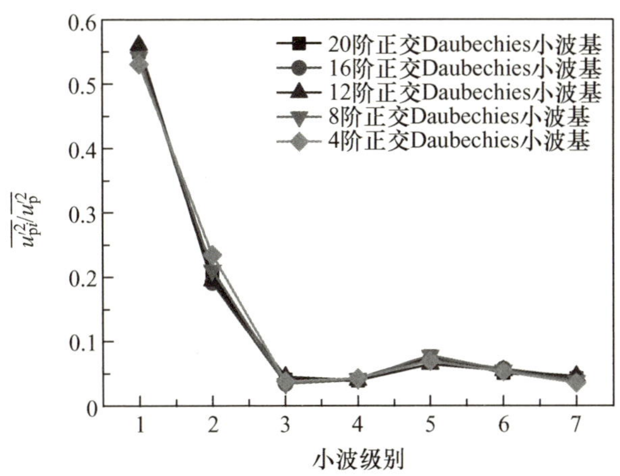

图 4-13　在 $y/D_{in}\approx0.5$ 处不同小波基对分解结果的影响

从图 4-13 可以得出结论，在本书中，当小波基的阶数高于 8 时，小波多分辨率分析结果基本与小波基的选择无关。因此，本书使用 16 阶正交 Daubechies小波基。

为了提供能量分布的整体信息，通过测量区域内的动能积分计算每个小波级别的累积波动能量，然后通过每个小波级别所含能量的总和对相对能量进行归一化。图 4-14 所示为在 $x/D_{in}=4$、$x/D_{in}=25$ 和 $x/D_{in}=44$ 处不同小波分量的相对能量分布。其中 y 轴代表相对能量，x 轴代表小波级别。可以看出，在 $x/D_{in}=4$、$x/D_{in}=25$ 和 $x/D_{in}=44$ 处，最大的相对能量分别出现在小波分量 4、小波分量 3 和小波分量 1，对应的值分别为 0.21、0.25 和 0.27。表明从加速区到充分发展区，上部颗粒波动的中心频率逐渐降低，大尺度颗粒运动的支配作用增强。此外，在高频范围（小波分量 4 到小波分量 7）内，充分发展区的相对能量低于加速区的相对能量，进一步证实了充分发展区中的小尺度颗粒运动受到抑制，这与输送能量损失的减少有关。

图 4-15 所示为在 $x/D_{in}=4$、$x/D_{in}=25$ 和 $x/D_{in}=44$ 处不同小波分量的 $\overline{u'^{2}_{pi}}/\overline{u'^{2}_{p}}$ 分布。在 $x/D_{in}=25$ 处［图 4-15（b）］，小波分量 2 在 $y/D_{in}=0.1$ 附近对轴向颗粒波动能量的贡献最大，约占 48.5%，表明在高颗粒浓度的滑

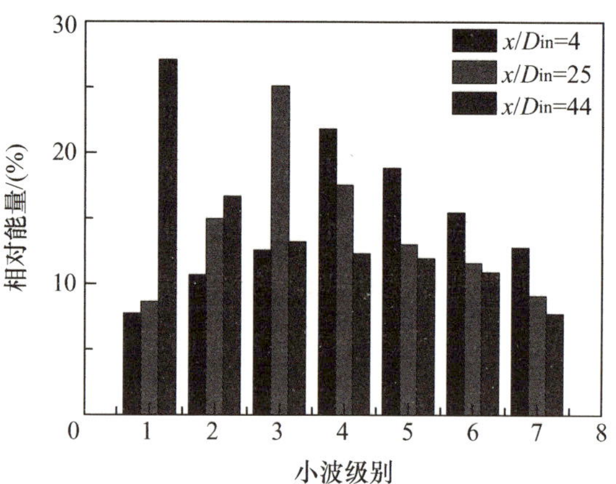

图 4-14 在 $x/D_{in}=4$、$x/D_{in}=25$ 和 $x/D_{in}=44$ 处不同小波分量的相对能量分布

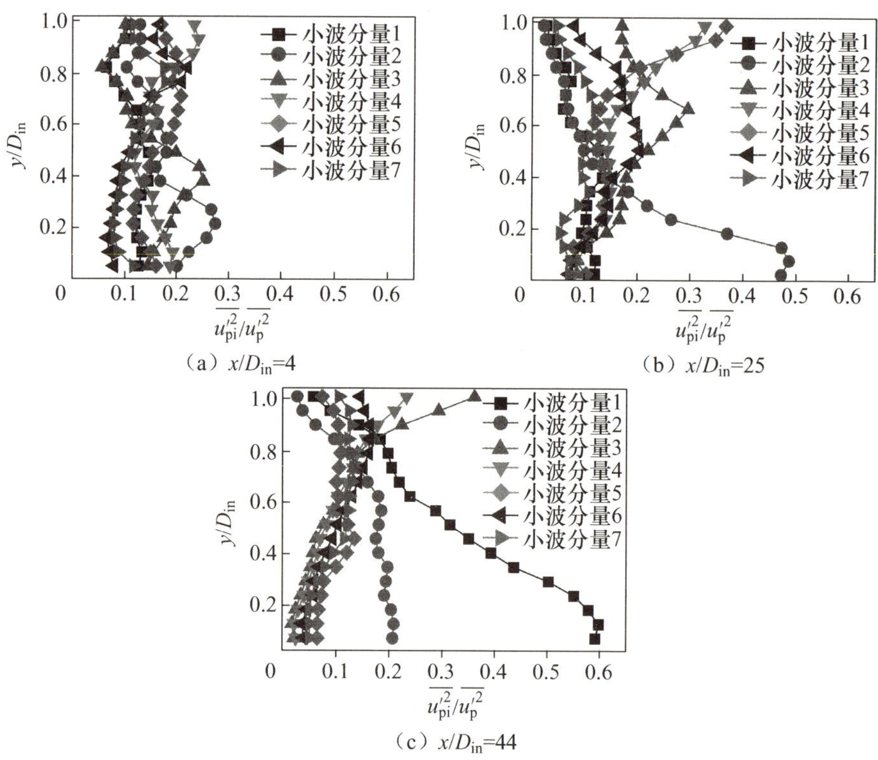

图 4-15 在 $x/D_{in}=4$、$x/D_{in}=25$ 和 $x/D_{in}=44$ 处不同小波分量的 $\overline{u'^2_{pi}}/\overline{u'^2_p}$ 分布

移串流中，轴向颗粒波动能量主要来自较低频率的小波分量。在 $y/D_{in}=0.65$ 附近，小波分量 3 对轴向颗粒波动能量的贡献最大，约占 30%。在管道近顶部，对轴向颗粒波动能量随着 y/D_{in} 增大，小波分量 4 和小波分量 5 在 $y/D_{in}=0.95$ 附近对轴向颗粒波动能量的贡献约为 70%。以上观察结果表明，随着 y/D_{in} 的增大，支配颗粒波动的中心频率增大。当颗粒到达充分发展区（$x/D_{in}=44$）[图 4-15（c）] 时，在管道近底部小波分量 1 对轴向颗粒波动能量的贡献最大，约占 60%，表明在充分发展区底部形成了大尺度颗粒流，其特征是颗粒波动强度较高、频率较低。此外，小波分量 2 也对轴向颗粒波动能量有显著贡献，在 $y/D_{in}=0.1$ 附近约占 22%。小波分量 1 和小波分量 2 的能量集中，可能导致低压降和低输送速度。在管道近顶部，小波分量 3 和小波分量 4 在 $y/D_{in}=0.95$ 附近对轴向颗粒波动能量的贡献最大，约占 60%，小于加速区 [图 4-15（a）] 的贡献，表明在管道顶部附近的悬浮流区较高频率的小波分量对轴向颗粒波动能量的贡献相当，并且随着颗粒沿管道加速，因受颗粒加速过程中小尺度颗粒运动的抑制而贡献减小。

4.1.5　颗粒波动速度的自相关分析

图 4-16 所示为在 $x/D_{in}=25$ 和 $x/D_{in}=44$ 处测得的颗粒波动速度向上的自相关系数。在 $x/D_{in}=44$ 处，$y/D_{in}=0.24$ 和 $y/D_{in}=0.52$ 的自相关系数 Ru_p 在时滞 $\tau=0.38$s 附近出现明显峰值，表明在管道完全稳定状态下，管道底部滑动串流（高浓度区）存在准周期性移动的颗粒群或移动的沙丘。在 $x/D_{in}=44$ 处，$x/D_{in}=25$ 和 $y/D_{in}=0.74$ 的 Ru_p 随 τ 的增大而快速减小，表明管道顶部和加速区存在非周期性颗粒流动。

为了分析高浓度区各频率颗粒波动速度的自相关性，利用管道底部附近颗粒波动速度 u_{pi} 的每个小波分量计算小波分量的自相关系数 Ru_{pi}。图 4-17 所示为在 $x/D_{in}=25$ 的 $y/D_{in}=0.22$ 处和 $x/D_{in}=44$ 的 $y/D_{in}=0.24$ 处 3～50Hz 小波分量的自相关系数。Ru_{pi} 的相对高频分量（高于 100Hz）下降速度更高但并未显示。

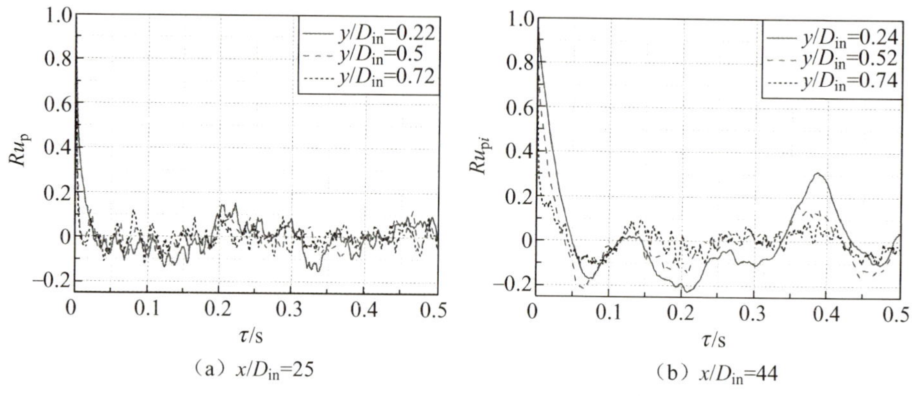

（a）x/D_{in}=25　　（b）x/D_{in}=44

τ—时滞；Ru_p—自相关系数。

图 4 - 16　在 $x/D_{im}=25$ 和 $x/D_{in}=44$ 处测得的颗粒波动速度向上的自相关系数

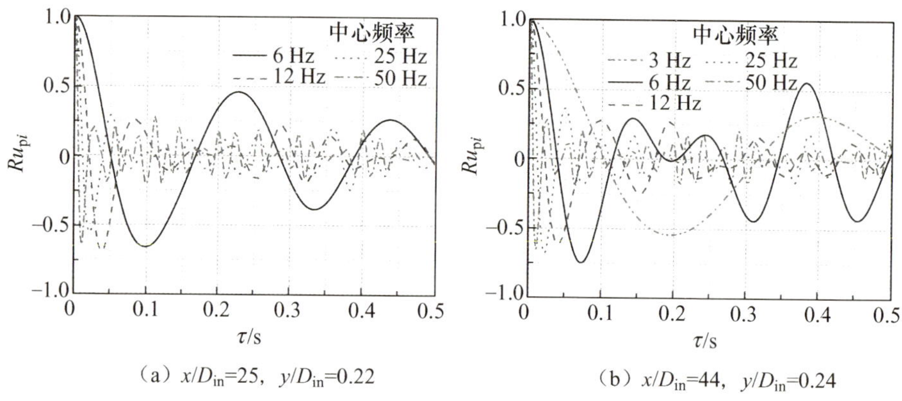

（a）x/D_{in}=25，y/D_{in}=0.22　　（b）x/D_{in}=44，y/D_{in}=0.24

图 4 - 17　在 $x/D_{in}=25$ 的 $y/D_{in}=0.22$ 处和 $x/D_{in}=44$ 的 $y/D_{in}=0.24$ 处 3～50Hz 小波分量的自相关系数

4.1.6　小波分量的空间相关

为了评估不同小波分量下两个测量点之间轴向颗粒波动速度的空间结构，计算第 i 个小波分量的两点相关系数。

$$Ru_{p0i}u_{pi}=\frac{\overline{u'_{p0i}u'_{pi}}}{(\overline{u'^2_{p0i}}\ \overline{u'^2_{pi}})^{1/2}} \tag{4-5}$$

式中，u_{p0i} 为在参考点 $y/D_{in}=0.5$ 处的参考轴向颗粒波动速度，下角标 i 对应

第 i 个小波分量。

图 4－18 所示为在 $x/D_{in}=4$、$x/D_{in}=25$ 和 $x/D_{in}=44$ 处测得的轴向颗粒波动速度的空间相关系数。对于三种情况，在参考点处空间相关系数为 1，其值随着远离参考信号而减小。在管道近顶部的空间相关系数衰减速度比管道近底部高，表明悬浮流中的空间相关性较小。此外，观察到随着颗粒从加速区加速并悬浮到充分发展区，空间相关系数逐渐增大。在管道近底部展现出比 $x/D_{in}=4$ 处、$x/D_{in}=25$ 处高的空间相关系数，表明在充分发展区，颗粒运动在管道近底部形成高颗粒浓度的滑动条带，具有更大的空间相关性。

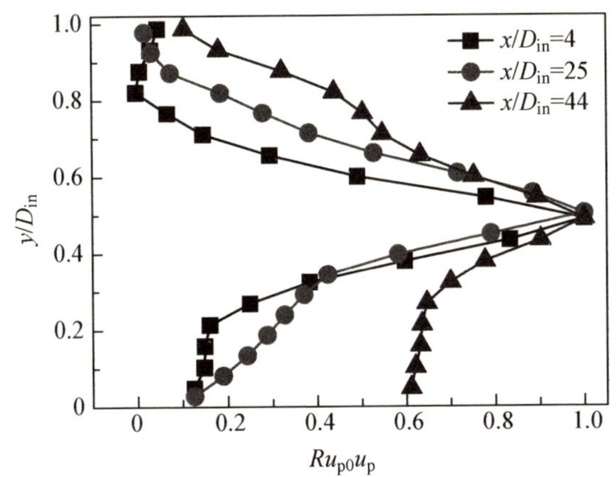

图 4－18　在 $x/D_{in}=4$、$x/D_{in}=25$ 和 $x/D_{in}=44$ 处测得的轴向颗粒波动速度的空间相关系数

图 4－19 所示为在 $x/D_{in}=4$、$x/D_{in}=25$ 和 $x/D_{in}=44$ 处不同小波分量的空间相关系数。可以看出，空间相关系数在管道近顶部和高频范围的小波分量（小波分量 4 到小波分量 7）迅速衰减，表明空间相关性较小。在低频范围的小波分量（小波分量 1 到小波分量 3），空间相关系数在管道底部较大，表明与具有较低中心频率的小波分量相关的空间相关性较大，这是由管道近底部的颗粒滑动条带或高颗粒浓度流导致的。在加速区［图 4－19（a）和图 4－19（b）］，小波分量 2 在管道近底部展现出最大的空间相关性；在充分发展区［图 4－19（c）］，最大的空间相关性来自小波分量 1。此外，充分发展区的中低频小波分量的空间相关性大于加速区的空间相关性。在管道近顶部，

低频小波分量也显示出较大的空间相关性。以上观察结果表明，在充分发展区形成的大规模颗粒流在其对应的主导频率下具有更大的空间相关性。

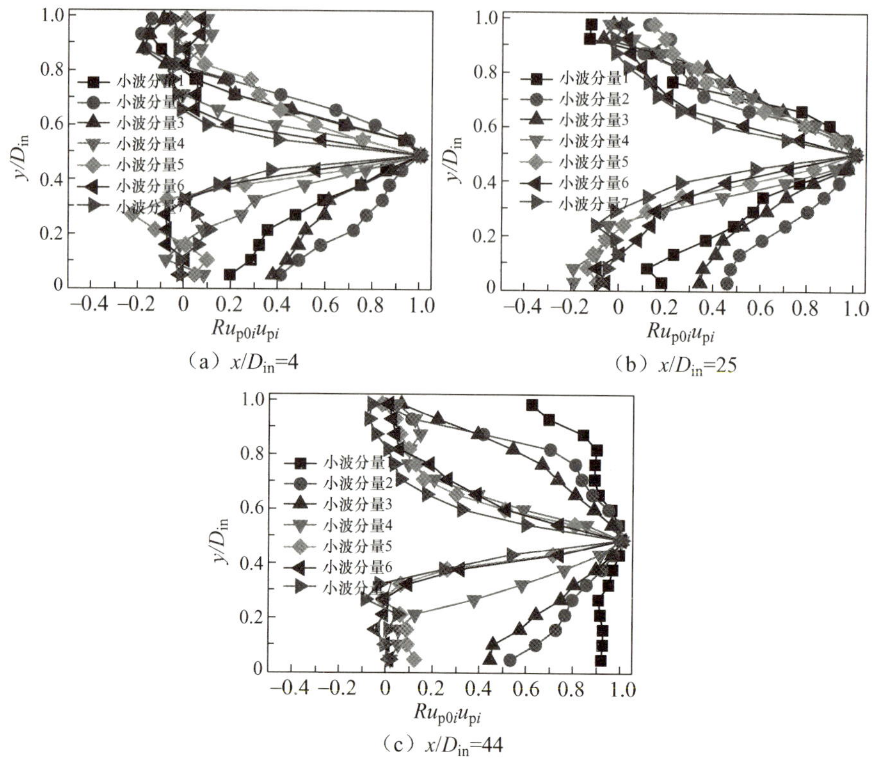

图 4-19 在 $x/D_{in}=4$、$x/D_{in}=25$ 和 $x/D_{in}=44$ 处不同小波分量的空间相关系数

4.1.7 不同小波分量的概率分布特征

为了研究颗粒运动的相对可能性特征，使用颗粒波动速度及其对应的小波分量计算偏度因子和峰度因子。偏度因子 S 和峰度因子 K 的定义分别如下。

$$S=\overline{u'^{3}_{pi}}/(\overline{u'^{2}_{pi}})^{3/2} \tag{4-6}$$

$$K=\overline{u'^{4}_{pi}}/(\overline{u'^{2}_{pi}})^{2}-3 \tag{4-7}$$

当波动分量遵循高斯分布时，偏度因子和峰度因子的值都为零。

图 4-20 和图 4-21 所示分别为在 $x/D_{in}=4$、$x/D_{in}=25$ 和 $x/D_{in}=44$ 处

的偏度因子和峰度因子分布曲线。在管道近顶部，三个位置的偏度因子和峰度因子都表现出明显的非零分布，表明颗粒波动速度在悬浮流中不遵循高斯分布。此外，从加速区到充分发展区偏差减小。这可能是由于在加速过程中颗粒与壁面碰撞抑制了小尺度颗粒运动。在管道近底部，偏度因子和峰度因子逐渐接近零，意味着在加速区和充分发展区的最小压降速度下，颗粒波动速度遵循高斯分布，这是颗粒滑动条带流的一个主要特征。

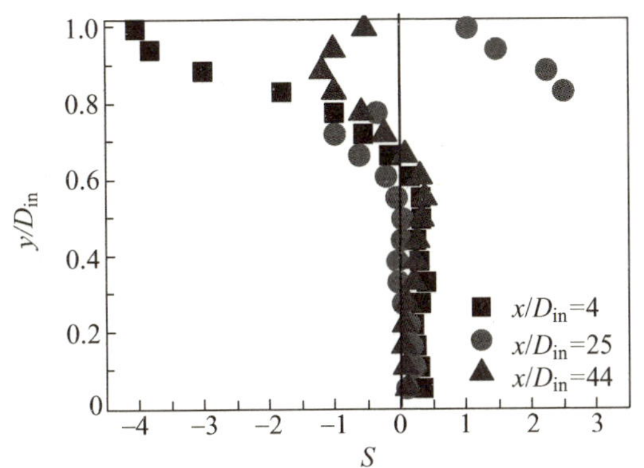

图 4-20　在 $x/D_{in}=4$、$x/D_{in}=25$ 和 $x/D_{in}=44$ 处的偏度因子分布曲线

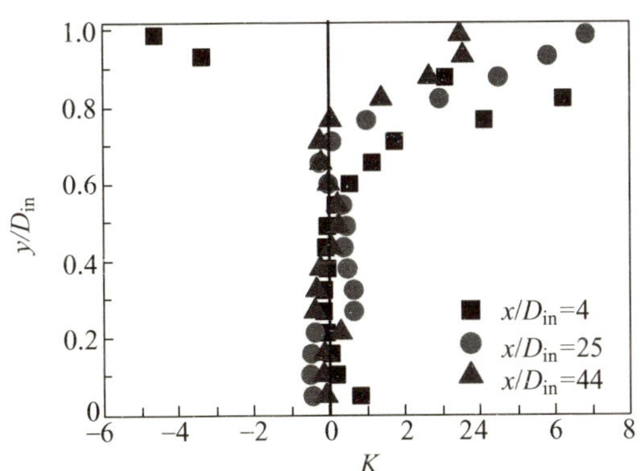

图 4-21　在 $x/D_{in}=4$、$x/D_{in}=25$ 和 $x/D_{in}=44$ 处的峰度因子分布曲线

图 4-22 和图 4-23 所示分别为在 $x/D_{in}=4$、$x/D_{in}=25$ 和 $x/D_{in}=44$ 处管道底部附近和顶部附近不同小波分量的偏度因子及峰度因子。如图 4-22 所示，在所有情况下，从高频范围的小波分量都观察到偏度因子非零，而在

低频范围的小波分量的偏度因子接近零，表明高斯分布的偏差与小波分量的中心频率有关。此外，$y/D_{in}\approx0.25$ 处［图 4－22（a）］偏度因子的曲线比 $y/D_{in}\approx0.8$处［图 4－22（b）］接近零，与之前的观察结果一致。至于峰度因子，如图 4－23 所示，随着小波级别的增大，峰度因子逐渐偏离零，表明随着小波级别中心频率的增大，其偏离高斯分布的现象更明显。当小波级别大于 4 时，其偏离零的现象更显著。说明较大的小波级别可能与小尺度颗粒运动相关，使得颗粒波动速度不规则。

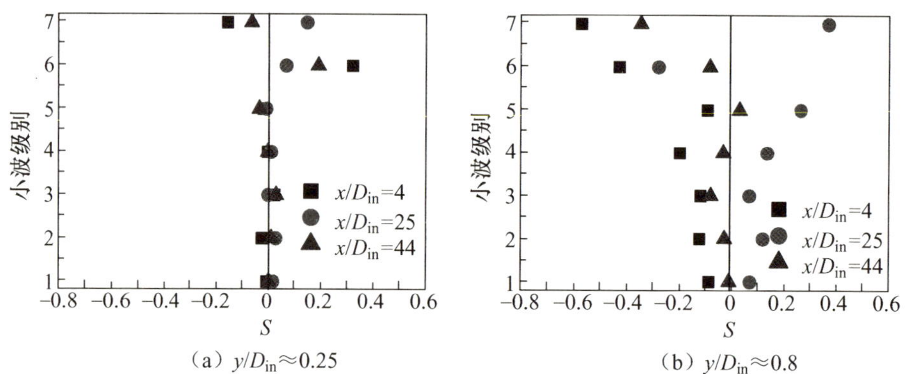

图 4－22　在 $x/D_{in}=4$、$y/D_{in}=25$ 和 $y/D_{in}=44$ 处管道底部附近和顶部附近不同小波分量的偏度因子

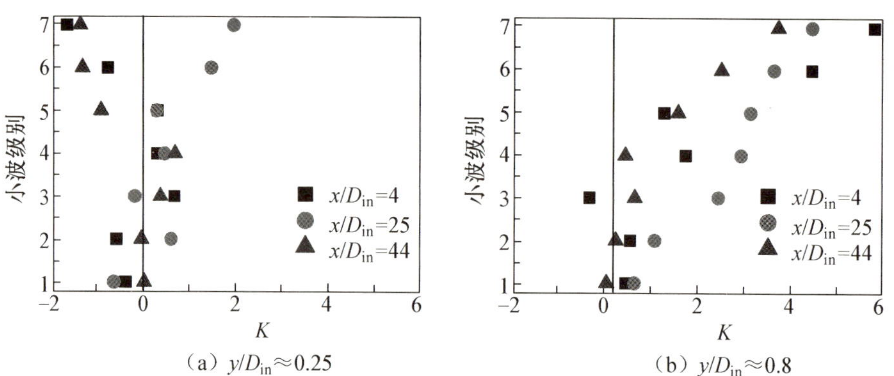

图 4－23　在 $x/D_{in}=4$、$y/D_{in}=25$ 和 $y/D_{in}=44$ 处管道底部附近和顶部附近不同小波分量的峰度因子

4.1.8　小结

利用高速颗粒图像测速测量了水平气力输送中加速区和充分发展区在最小压降速度下的颗粒波动速度。利用连续小波变换和正交小波多分辨技术，从波动能量、自相关、空间相关和概率分布等方面分析了颗粒波动速度的多尺度特征，主要结果总结如下。

（1）轴向颗粒波动速度的主导频率从加速区到充分发展区逐渐降低。小尺度颗粒运动受到抑制，并倾向于从加速区转移到充分发展区的大尺度颗粒运动。大尺度颗粒流的形成被认为与较低的压降有关。

（2）在管道近底部，轴向颗粒波动能量主要来自较低频率的小波分量，这是颗粒滑动条带流的特征。在管道近顶部，悬浮流区较高频率的小波分量对轴向颗粒波动能量有较大贡献，并且随着颗粒沿管道的加速而减小。在充分发展区下部，小波分量 1 主导颗粒波动能量，表明大尺度颗粒流以较高的波动强度和较低的颗粒运动频率为特征。

（3）由管道近底部的颗粒滑动条带或高颗粒浓度流产生的低频小波分量表现出较大的空间相关性，并且随着颗粒的加速而增大。在充分发展区，最大的空间相关性来自中心频率为 5Hz 的小波分量 1。

（4）偏度因子和峰度因子的分布表明，在悬浮流中颗粒波动速度不遵循高斯分布。然而，在管道近底部偏度因子和峰度因子逐渐接近零，意味着在加速区和充分发展区的最小压降速度下颗粒波动速度遵循高斯分布。

（5）不同小波分量的偏度因子和峰度因子表明，高斯分布的偏差与小波分量的中心频率有关，并且随着中心频率的增大，其偏离高斯分布的现象更明显。较大的小波级别可以与小尺度颗粒运动关联，从而导致颗粒波动速度不规则。

4.2　来流自激励下的颗粒多尺度动力学分析

作为一个重要的标准，气力输送设计时应该尽可能保持压降和输送空气速度低。为了达到该目的，一些节能技术应运而生。在以往对气力输送系统改进的研究中，旋流是一种流行的技术，用于降低功耗。许多装置（如辅助旋流管、旋流器、螺旋管和喷射式颗粒进料器）可以产生旋流。研究表明，旋流气力输送的总压降和输送空气速度小于常规气力输送的值。Fokeer 等人通过使用三叶螺旋管发现，旋流有利于提高颗粒分散性并防止管道堵塞。Dong 和 Rinoshika 应用旋转旋流器优化颗粒输送，结果功耗降低。Zhou 等人研究了气力输送系统中的三种旋流管，结果表明内部螺旋旋流发生器适合稳定输送过程，随着旋流强度的增大，颗粒分散性增强。

此外，在颗粒入口前安装气流发生器而产生强烈振荡空气流的气力输送被提出。在高频空气速度的影响下，软鳍片产生的压降、功耗和最低输送空气速度在低输送空气速度范围内降低。为了提高软鳍片的振动效率，人们开发了非均匀长度的软鳍片，以进一步降低压降和输送空气速度。研究表明，气流组织对气力输送的性能有显著影响。由于气流也对颗粒动力学有较大影响，因此确定由颗粒运动引起的附加损失非常重要。

受复杂的颗粒运动和相间相互作用，气力输送表现为一个不稳定的动态系统。由于颗粒运动对压降起重要作用，因此深入了解颗粒动态行为非常重要。许多分析方法（如本征正交分解、小波分析）和数学工具被用于分析两相流。Zheng 和 Rinoshika 从能量观点出发，将本征正交分解应用于气固两相流的波动速度场。发现颗粒运动主要受前两个本征正交分解模态控制，当颗粒通过充分发展区时这种控制作用增强。使用小波谱函数分析宏观尺度、中观尺度和微观尺度下的流化床动态行为，基于连续小波变换系数图，Nguyen 等人提出了基于小波技术区分颗粒流动模式。关注颗粒动力学，正交小波分解用于将颗粒波动速度分解成不同尺度，以便对气力输送进行定量分析，从多尺度角度提供新的见解。然而，对由软鳍引起的振荡空气流导致的多尺度颗粒动力学研究很少，尤其缺乏对非均匀软鳍片下的颗粒动力学行为研究。

本书专注于研究带有均匀软鳍片和非均匀软鳍片的水平气力输送的多尺度颗粒动力学。通过压降、最小压降速度、空气速度和颗粒浓度检验软鳍片的影响。使用颗粒图像测速测量颗粒波动速度场，并使用正交小波分解将其分解成不同尺度。在功率谱密度函数、颗粒波动能量和空间相关性方面，详细比较无鳍片和使用鳍片的情况。

4.2.1　实验装置与测量过程

图 4－24 所示为气力输送实验装置，输送管道长度为 5m，直径 $D=80$mm。为了便于颗粒图像测速测量，输送管道由透明树脂材料制成。固体颗粒从颗粒入口处落下，在水平输送管道内通过空气输送。在输送管道的末端，颗粒被分离器收集。分别用孔板流量计和称重传感器测量空气流量及固体质量流量。压降由输送管道进出口之间的压力传感器确定。本实验使用直径为 2.3mm、终端速度为 7.5m/s、密度为 978kg/m^3 的圆柱形聚乙烯颗粒作为测试材料。在固体质量流量恒定为 0.47kg/s 的情况下进行实验，同时空气速度 $U_a=12\sim16$m/s。在 95％的置信水平下，空气速度、压降和固体质量流量的统计不确定度分别估计为 3.86％、1.43％和 1.4％。

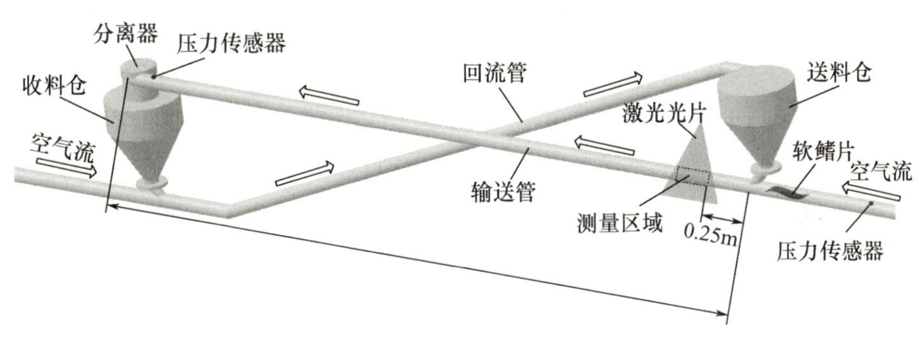

图 4－24　气力输送实验装置

如图 4－25（a）所示，横跨管道的水平中心平面安装四片软鳍片。在输送管道前端，软鳍片通过金属棒固定在颗粒入口前。软鳍片的末端允许自由振荡。当空气流经输送管道时，软鳍片上下振荡，对颗粒动力学产生很大影响。在本实验中采用两种软鳍片，分别称为均匀软鳍片［图 4－25（b）］和非均匀软鳍片，以促进气流湍流。均匀鳍片由四片相同的软鳍片组成，每片软鳍片的长度都为 300mm，宽度都为 20mm，厚度都为 0.2mm。如图 4－25（c）所示，两片长度为 300mm 的主要软鳍片位于非均匀软鳍片中间。在靠近壁面的侧边使用两片辅助软鳍片，其长度 $L<300$mm，它们可以减小主要软鳍片与辅助软鳍片之间的干扰。根据近壁辅助软鳍片的长度，本实验使用三种软鳍片，分别称为 Fin 180、Fin 260 和 Fin 300，其质量分别为 0.57g、0.82g 和 0.95g。

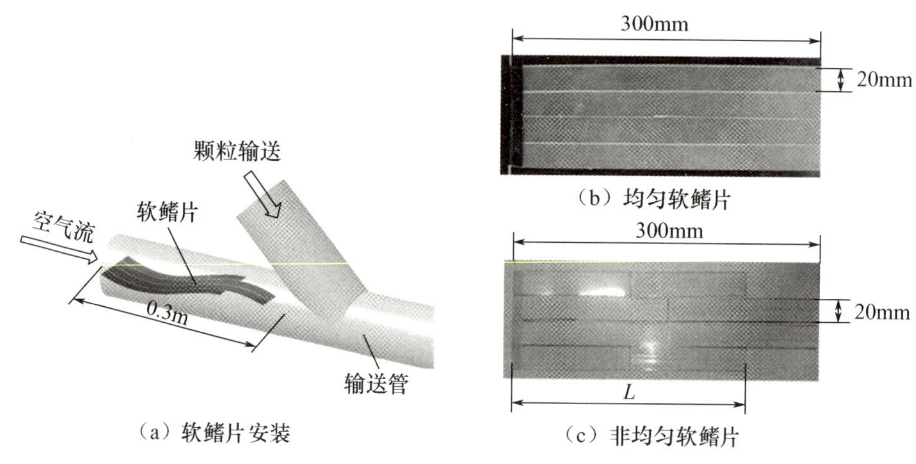

图 4-25 软鳍片结构示意

如图 4-24 所示，在距离颗粒入口 0.3m 的位置（$x/D_{in}=4$，x 代表与颗粒入口的距离）进行颗粒图像测速测量，根据前面的研究，此处属于加速区。输送管道中心垂直平面上的颗粒流被一个厚度为 5mm 的激光光片照亮。使用分辨率为 1024 像素×768 像素的高速照相机连续捕获数字图像，帧率为 1000f/s。由于颗粒尺寸较大，因此将 121mm×80mm 的测量区域划分为 486（27×18）个查询区域，以确保每个查询区域包含几个颗粒作为一组。使用基于快速傅里叶变换的互相关方法，使用颗粒图像测速软件获得瞬态颗粒波动速度场。测量的颗粒波动速度在 95% 的置信水平下的统计不确定性约为 3.42%。

4.2.2 压降和平均颗粒浓度分布

在本书中，压降 Δp 包括由软鳍片引起的压力损失，定义为输送管道进出口之间的压力差。对应于最低压降的空气速度称为最小压降速度，这是设计气力输送系统的一个关键因素。

图 4-26 所示为在恒定固体质量流量为 0.47kg/s 的情况下，使用无鳍片、非均匀软鳍片（Fin 180、Fin 260）和均匀软鳍片（Fin 300）的压降与空气速度的关系。随着空气速度的增大，每种情况的压降先下降，在达到最小值后上升。对于无鳍片、Fin 180、Fin 260 和 Fin 300 的情况，最小压降速度分别出现在 14.22m/s、13.08m/s、12.86m/s 和 13.27m/s 处。与无鳍片的情况相比，均匀软鳍片显着降低了最小压降速度；而使用非均匀软鳍片尤其是 Fin 260可以降低最小压降速度。在低空气速度范围（U_a<13.54m/s），每种使用鳍片情况的压降都低于无鳍片情况；而当空气速度进入高空气速度范围(U_a>13.72m/s)时，压降更高。对于使用鳍片的情况，较高的压降与空气速度较高时鳍片振荡引起的较高附加压力损失相关。然而，使用鳍片时的最小压降速度和压降在低空气速度范围下低于无鳍片情况。最小压降速度和压降降低主要受由鳍片引起的气流湍流的影响，有助于设计节能型气力输送系统。在使用鳍片的情况中，Fin 260 表现出最低的压降和最小压降速度。

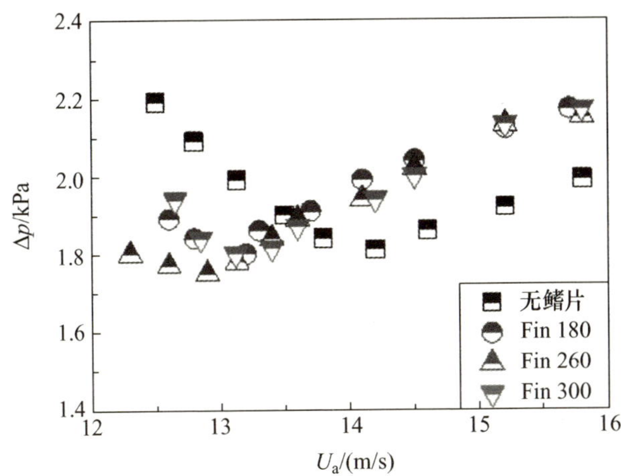

图 4-26　使用无鳍片、非均匀软鳍片（Fin 180、Fin 260）和均匀软鳍片（Fin 300）的压降与空气速度的关系

为了解鳍片振荡对颗粒分布的影响，分析从高速颗粒图像测速获得的归一化时间平均颗粒浓度分布，如图 4-27 所示。其中四种情况的共同特征是

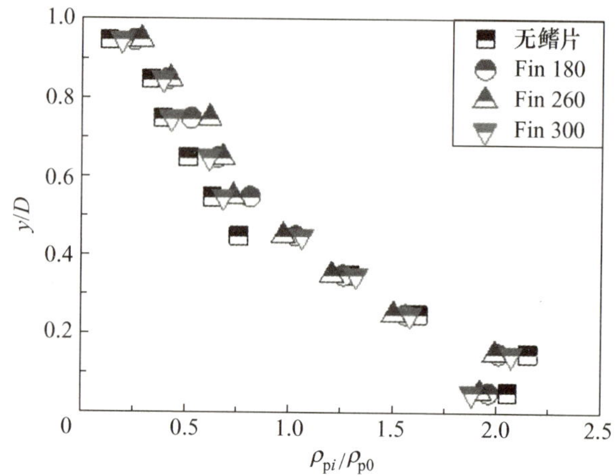

图 4-27 无鳍片与使用鳍片的归一化时间平均颗粒浓度分布

管道底部附近的颗粒浓度高于管道顶部附近的颗粒浓度。尽管使用鳍片时的空气速度较低，但管道顶部附近的颗粒浓度高于无鳍片情况，表明鳍片振荡激发了气流并产生了垂直方向的空气速度分量，使得颗粒更容易悬浮。使用非均匀软鳍片（Fin 180 或 Fin 260）时，在管道上半部分的颗粒浓度高于使用均匀软鳍片（Fin 300）时，表明使用非均匀软鳍片会产生更强的气流湍流，有助于在加速区悬浮和分散颗粒。因此，即使在低空气速度下也可以减少管道底部附近的颗粒沉积。

4.2.3 平均颗粒波动速度分布

图 4-28 所示为在 $x/D=4$ 加速区的归一化时间平均轴向颗粒波动速度轮廓。每种情况的时间平均轴向颗粒波动速度都随着 y/D 增大，这归因于管道底部附近较高的颗粒浓度和管道顶部较低的颗粒浓度。专注于轴向颗粒波动速度分布，发现每种情况都表示时间平均轴向颗粒波动速度随着颗粒通过测量区域增大，表明加速区中颗粒运动的特征。与无鳍片情况［图 4-28（a）］相比，使用鳍片［图 4-28（b）至图 4-28（d）］在整个测量区域显示出较大的时间平均轴向颗粒速度，并且这些趋势在管道顶部附近更加明显，表明使用鳍片可以促进颗粒加速过程。在使用鳍片的情况中，使用非均匀软鳍片

Fin 260在管道顶部附近显示出最高的时间平均轴向颗粒波动速度。此外，使用均匀软鳍片 Fin 300 情况的时间平均轴向颗粒波动速度低于使用非均匀软鳍片(Fin 180 和 Fin 260)的情况。这些观察结果为非均匀软鳍片进一步降低最小压降速度提供了证据。

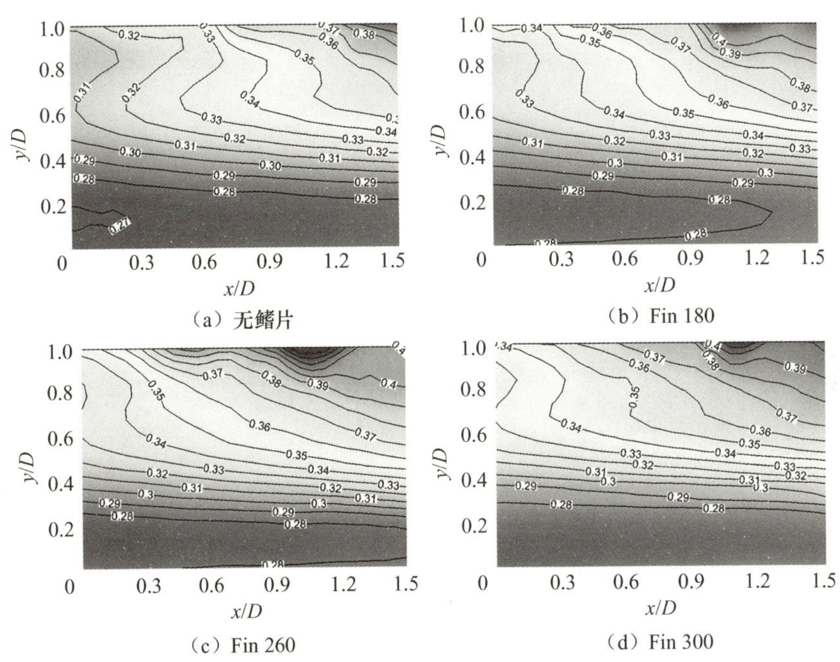

(a) 无鳍片　(b) Fin 180

(c) Fin 260　(d) Fin 300

图 4-28　在 $x/D=4$ 加速区的归一化时间平均轴向颗粒波动速度轮廓

图 4-29 所示为在 $x/D_{in}=4$ 加速区的归一化时间平均垂向颗粒波动速度轮廓。在所有情况下，管道底部附近和管道顶部附近的颗粒分别向上和向下向管道中心移动，表明加速区中颗粒的悬浮和分散。以使用非均匀软鳍片 Fin 180 [图 4-29 (b)] 为例，管道底部附近的时间平均垂直颗粒波动速度幅度高于无鳍片情况 [图 4-29 (a)]，因此颗粒表现出更强的向上移动趋势，从而颗粒浓度较低。相反，管道顶部附近的时间平均垂直颗粒波动速度幅度低于无鳍片情况。垂向颗粒波动速度的降低进一步证实了鳍片振动的效果，使颗粒稳定悬浮，从而减少颗粒与壁面碰撞。对于使用非均匀软鳍片 Fin 260 情况 [图 4-29 (c)]，这些趋势更加明显。总的来说，可以推断颗粒波动速度分布变化是使用鳍片降低压降和最小压降速度的重要原因。

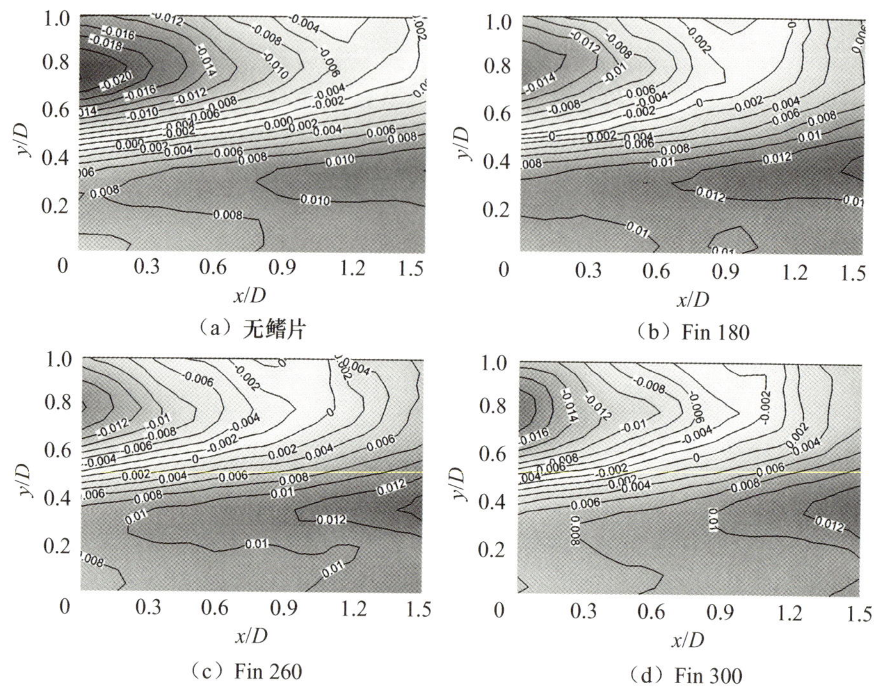

图 4-29 在 $x/D=4$ 加速区的归一化时间平均垂向颗粒波动速度轮廓

4.2.4 颗粒波动能量

为了研究由鳍片产生的振荡流的影响，使用测量的颗粒波动速度均方根 $\overline{u'^2_p}$ 和 $\overline{v'^2_p}$ 分别评估轴向和垂向的颗粒波动能量。在 95％的置信水平下，$\overline{u'^2_p}$ 和 $\overline{v'^2_p}$ 的统计不确定性分别约为±3.76％和±4.38％。

图 4-30 所示为归一化的轴向颗粒波动能量分布。在管道下半部分（$y/D<0.5$），由于颗粒浓度高，因此无鳍片和使用鳍片会得到几乎相等的值。在管道上半部分（$y/D>0.6$），随着 y/D 增大，所有情况的最大值都出现在管道顶部附近。最大值的出现与管道顶部附近较低的颗粒浓度有关，管道顶部附近的空气湍流显著影响颗粒波动。专注于使用非均匀软鳍片的情况（Fin 180 和 Fin 260），其在管道顶部附近高于无鳍片和使用均匀软鳍片（Fin 300）的情况，表明非均匀软鳍片的振荡产生了额外的空气湍流，从而导致更高的轴

向颗粒波动能量。

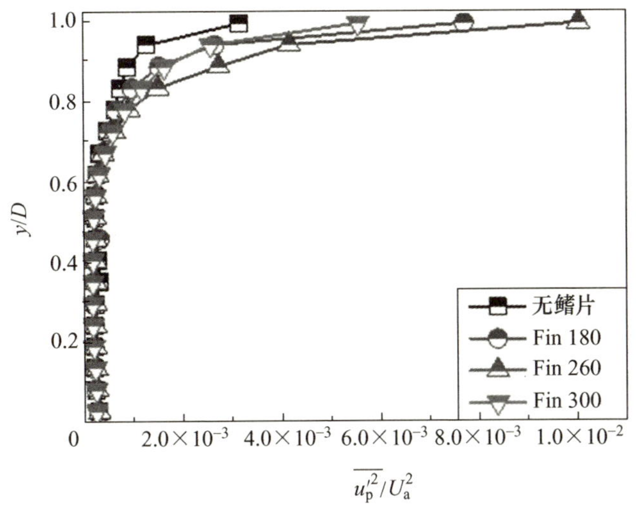

图 4-30　归一化的轴向颗粒波动能量分布

图 4-31 所示为归一化的垂向颗粒波动能量分布。可以看出，其值首先随着 y/D 的增大而增大，在 $y/D\approx0.82$ 处达到最大值；然后在每种情况的管道顶部附近减小。不考虑使用的软鳍片类型，观察到使用鳍片情况的垂直颗

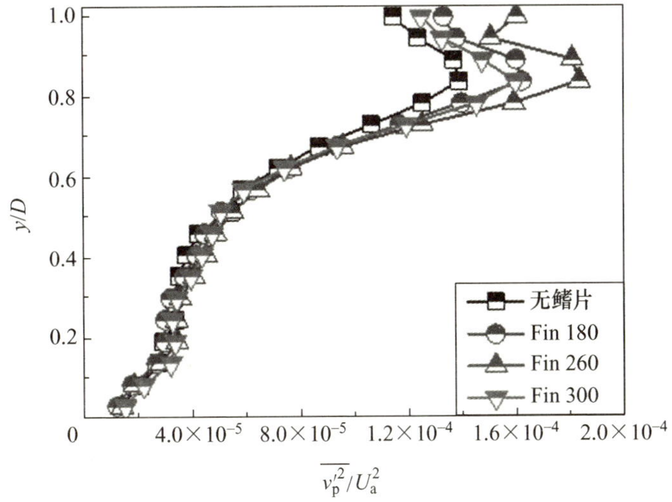

图 4-31　归一化的垂向颗粒波动能量分布

粒波动能量高于无鳍片情况。在管道顶部附近，使用非均匀软鳍片的情况（Fin 180 和 Fin 260）产生的垂向颗粒波动能量高于使用均匀软鳍片的情况（Fin 300），表明非均匀软鳍片的振动会导致更高的垂直颗粒波动能量，并促进颗粒悬浮。在 Fin 260 情况下产生的轴向和垂直颗粒波动能量最高，这可能是使用 Fin 260 显示最小压降的原因。

4.2.5 颗粒波动速度的频谱特征

为了研究无鳍片和使用鳍片情况下颗粒运动的频谱特征，对颗粒波动速度进行功率谱密度函数分析。函数 P 定义为

$$\int_{-\infty}^{\infty} P\mathrm{d}f = \phi$$

式中，ϕ 表示$\overline{u'^2_\mathrm{p}}$或$\overline{v'^2_\mathrm{p}}$；$f$ 为频率。功率谱密度由 ϕ 进行归一化。

图 4-32 所示为不使用鳍片和使用鳍片情况下两个位置的 u'_p 功率谱密度分布。在管道底部附近（$y/D=0.2$），如图 4-32（a）所示，分别在 10Hz、12Hz、16Hz 和 15Hz 附近观察到无鳍片、Fin 180、Fin 260 和 Fin 300 情况的峰值频率。与无鳍片情况相比，使用鳍片的峰值频率落在更高的频率范围，并且使用鳍片的功率谱密度峰值高于无鳍片情况，表明鳍片的振动改变了轴向颗粒波动速度的频谱特征。在 $y/D=0.8$ 处，如图 4-32（b）所示，观察到所有情况的显著峰值都出现在更高的频率范围，并且高频分量比管道底部

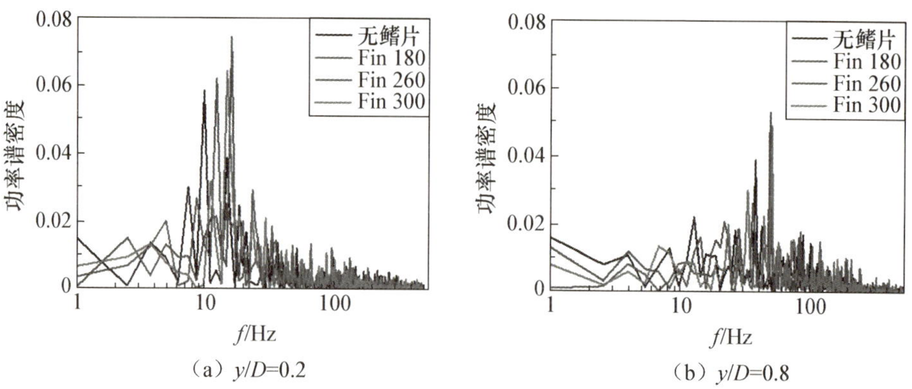

图 4-32 不使用鳍片和使用鳍片情况下两个位置的 u'_p 功率谱密度分布

附近的高频分量活跃，这与管道顶部附近悬浮颗粒流动模式相关，其导致低频分量衰减、高频分量增强。此外，使用鳍片的峰值频率高于无鳍片的，进一步证实了鳍片的振动效果。

管道底部附近 v'_p 的功率谱密度分布如图 4-33（a）所示，观察到峰值频率高于图 4-32（a）中的峰值频率，表明颗粒碰撞和颗粒与壁面碰撞对管道底部附近的垂向颗粒波动速度有影响。然而，难以区分无鳍片和使用鳍片情况，表明鳍片对管道底部附近的垂向颗粒运动影响不大。在管道顶部附近［图 4-33（b）］观察到所有情况的显著峰值都落在更高的频率范围，因为管道顶部附近的颗粒浓度较低，所以空气湍流对颗粒运动的影响更大。与无鳍片情况相比，使用鳍片情况的显著峰值频率更高，最高峰值来自 Fin 260 情况。

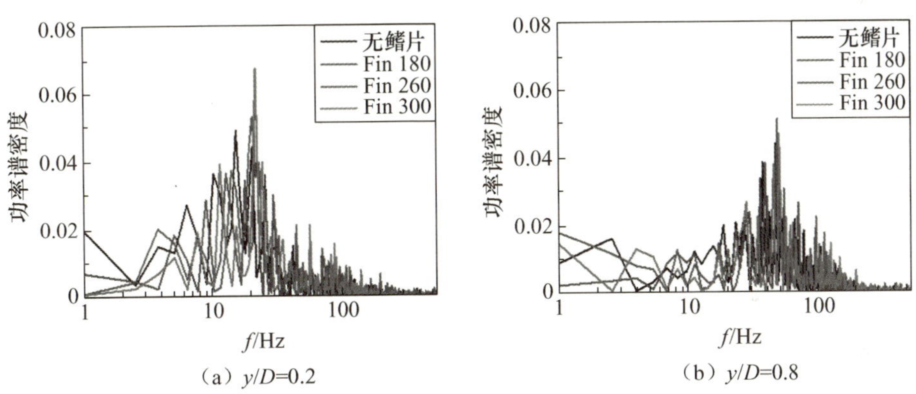

图 4-33　不使用鳍片和使用鳍片情况下两个位置的 v'_p 功率谱密度分布

4.2.6　小波分量的统计分析

测量的平均平方颗粒波动速度提供了颗粒波动能量的全局信息。为了更详细地评估颗粒波动能量，使用分解的小波分量计算不同频率的波动能量，公式如下。

$$\overline{u'^2_{pi}} = \frac{1}{n}\sum_{j=1}^{n} u'^2_{pi},\ \overline{v'^2_{pi}} = \frac{1}{n}\sum_{j=1}^{n} v'^2_{pi} \tag{4-8}$$

式中，u'_{pi} 和 v'_{pi} 分别表示第 i 个小波尺度上的轴向颗粒波动速度和垂向颗粒波动速度；n 为测量的颗粒波动速度场总数。

为了估计不同小波成分对测量的颗粒波动速度场的影响，首先在测量区域累积动能来计算每个小波成分的波动能量；然后对其进行归一化（由所有小波级别的动能之和进行归一化）。图 4-34 所示为不使用鳍片和使用鳍片情况下不同小波分量的相对能量分布。可以看出，在所有情况下最大相对能量都来自小波分量 4，表明使用鳍片不会影响最有能量的颗粒波动的中心频率，然而使用鳍片增强了小波分量 4 的主导地位，尤其是对于 Fin 260 情况。除小波分量 4 外，在小波分量 3 上也可以观察到类似趋势。以 Fin 260 为例，在小波分量 3 上相对能量从 14%增大到 22%，在小波分量 4 上相对能量从 21%增大到 35%。总的来说，总相对能量分布表明，使用鳍片后，波动能量在小波分量 3 和小波分量 4 上更加集中。特定小波分量上的能量集中可能表明，在鳍片引起的空气湍流的影响下，颗粒运动更加有序。

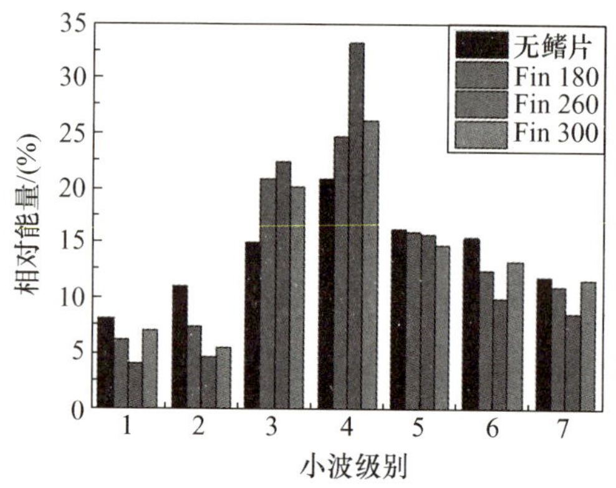

图 4-34　不使用鳍片和使用鳍片情况下不同小波分量的相对能量分布

如前面所述，颗粒波动速度的主导频率随着 y/D 的变化而变化。为了提供每个小波分量对测量的颗粒波动能量贡献的详细信息，分别绘制归一化的 $\overline{u'^2_{pi}}/\overline{u'^2_p}$ 和 $\overline{v'^2_{pi}}/\overline{v'^2_p}$ 与 y/D 的关系图。对于无鳍片情况，如图 4-35（a）所示，小波分量 2 对管道底部附近（$y/D<0.23$）的轴向颗粒波动能量贡献最大，表明在颗粒滑动流中，相对低频分量占主导地位。在管道顶部附近（$y/D>0.8$），观察到小波分量 3、小波分量 4 和小波分量 5 的 $\overline{u'^2_{pi}}/\overline{u'^2_p}$ 随着 y/D 的增大而增大，在 $y/D=0.98$ 处占轴向颗粒波动能量的 62%，表明在悬浮流区域主导轴向颗粒运动的中频频率增大。在使用鳍片的情况［图 4－35（b）至图 4－35（d）］下，在管道底部附近可以明显看出，与无鳍片情况相比小波分量 2 的主导地位减弱，小波分量 3 的主导地位增强。在使用鳍片的情况中，Fin 260 情况［图 4－35（c）］的小波分量 3 的贡献大于另两种情况，表明 Fin 260情况改变了靠近管道底部移动颗粒的波动强度和频谱特征。在管道顶部附近，在使用鳍片情况下小波分量 4 的$\overline{u'^2_{pi}}/\overline{u'^2_{p}}$高于无鳍片情况。

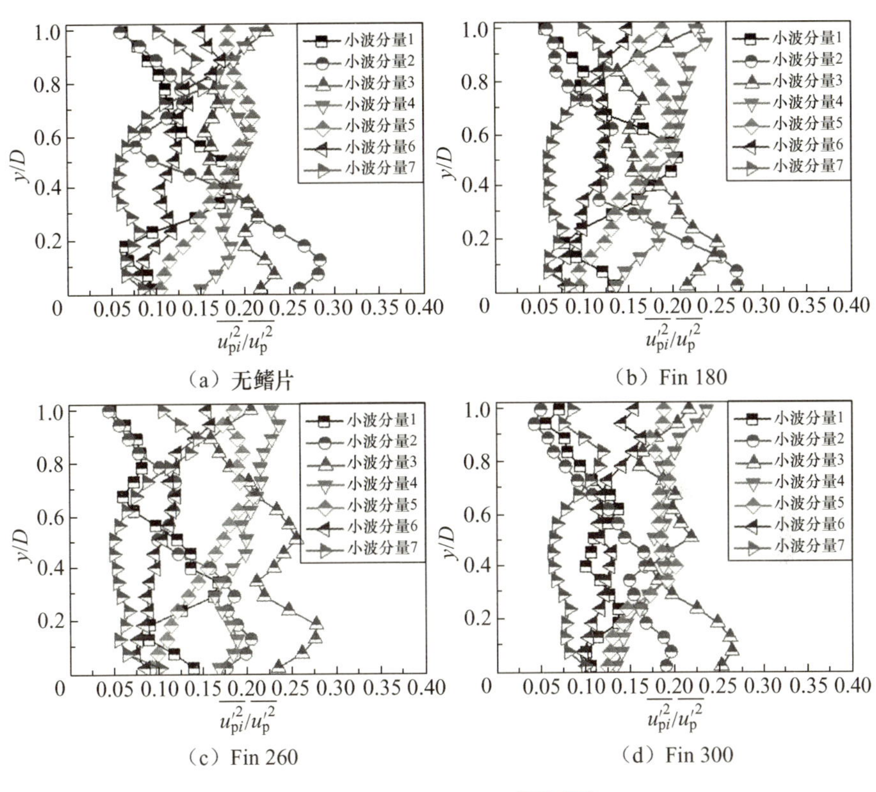

图 4－35　不同小波分量的$\overline{u'^2_{pi}}/\overline{u'^2_{p}}$分布

图 4－36 所示不同小波分量的$\overline{v'^2_{pi}}/\overline{v'^2_{p}}$分布。在管道底部附近，难以区分无鳍片与使用鳍片情况的差异。参考前面的垂向颗粒波动能量分布，可以推断出软鳍片对管道底部附近的垂向颗粒波动影响不大。在管道顶部附近，无鳍片与使用鳍片情况的显著差异来自小波分量 4，并且在 Fin 260 情况［图 4－36（c）］

下，在 $y/D\approx0.85$ 处贡献最大。尽管 Fin 180 情况［图 4－36（b）］使用了相同类型的非均匀软鳍片，但其对颗粒运动的影响与 Fin 260 情况相比不明显。因为 Fin 180 情况使用的软鳍片较短，所以难以产生足够强烈的湍流来影响颗粒动力学。

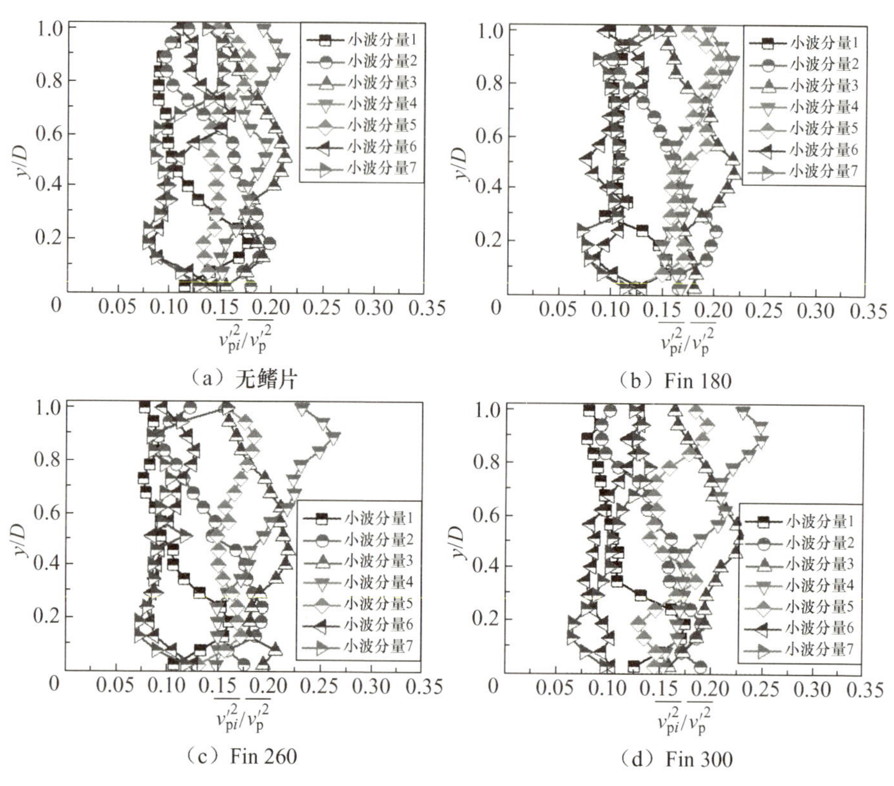

图 4－36　不同小波分量的 $\overline{v'^2_{pi}}/\overline{v'^2_p}$ 分布

为了评估不同小波分量下颗粒波动速度的空间相关性，将互相关函数应用于不同小波分量分解的小波成分。互相关系数的定义如下。

$$R^i_{uu}(y_0,r)=\frac{\overline{u'_{pi}(y_0)u'_{pi}(y_0,r)}}{\sqrt{\overline{[u'_{pi}(y_0)]^2}\ \overline{[u'_{pi}(y_0,r)]^2}}}$$

式中，u'_{pi} 为第 i 个小波尺度上的颗粒波动分量；y_0 为设置在 $y/D=0.5$ 的参考点；r 为测量点与参考点的距离。

图 4－37 所示为轴向颗粒波动速度的 R_{uu} 分布。对于所有情况，R_{uu} 在参考

点处等于 1，并且随着测量点远离参考位置而减小。在管道顶部附近（$y/D>0.5$），R_{uu} 的衰减速度比在管道底部附近（$y/D<0.5$）的衰减速度高，表明在颗粒悬浮流区域的空间相关性较小。对于使用鳍片的情况，R_{uu} 在管道的大部分区域都显示出比无鳍片情况大的值，并且在 Fin 260 情况下更加明显，为 Fin 260 情况产生的有效气流振荡提供了证据，并增大了颗粒运动的空间相关性。

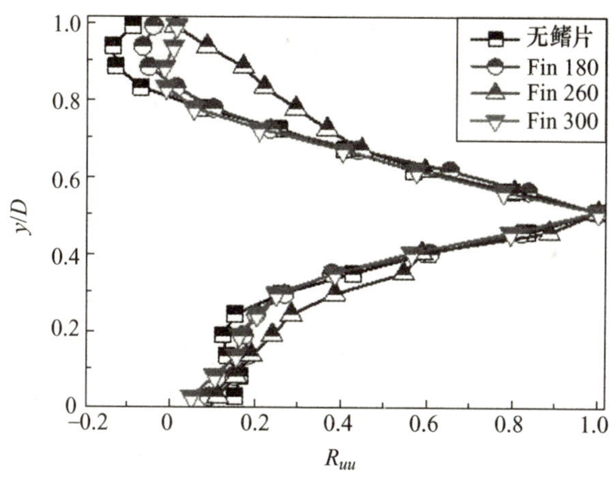

图 4-37　轴向颗粒波动速度的 R_{uu} 分布

图 4-38 所示为不同小波分量的 R_{uu}^{i} 分布。在管道顶部附近，具有较低中心频率的小波分量 1 和小波分量 2 在所有情况下都显示出负相关性，说明悬浮流区域中较小的空间相关性与轴向颗粒波动速度的相对低频成分有关，显然这些频率不是主导频率。在管道底部附近，在所有情况下小波分量 2 和小波分量 3 的 R_{uu}^{i} 比其他小波分量的值都大，表明较大的空间相关性归因于具有相对低频的小波分量，这是由管道底部附近的高颗粒浓度流动导致的。对于无鳍片情况［图 4-38（a）］和 Fin 180 情况［图 4-38（b）］，小波分量 2 在管道底部附近显示出最大的空间相关性。然而，对于 Fin 260 情况［图 4-38（c）］和 Fin 300 情况［图 4-38（d）］，在小波分量 3 处观察到最大的空间相关性。专注于 Fin 260 情况，小波分量 3 在管道底部附近比其他情况显示出更大的 R_{uu}^{i} 值，也可以从管道顶部附近的小波分量 4 观察到类似的结

果。结合图 4 - 37 中的 R_{uu} 分布，可以得出结论，小波分量的空间相关性与其对测量的轴向颗粒波动能量的贡献有关，贡献越大，空间相关性越大。

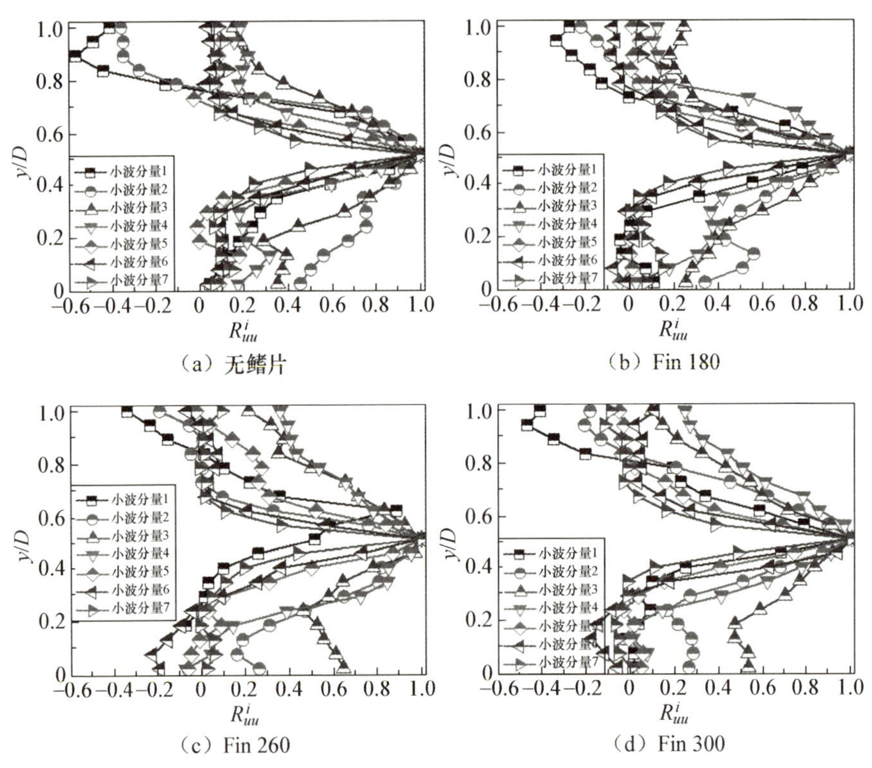

（a）无鳍片　（b）Fin 180

（c）Fin 260　（d）Fin 300

图 4 - 38　不同小波分量的 R^i_{uu} 分布

图 4 - 39 所示为垂直颗粒波动速度的 R_{vv} 分布。与图 4 - 37 中的 R_{uu} 分布相似，使用鳍片情况的 R_{vv} 在大部分管道区域显示出比无鳍片情况大的空间相关性。在四种情况中，Fin 260 情况在管道顶部附近显示的空间相关性最大，因为此时产生加强的垂向速度分量。

为了进一步研究 Fin 260 情况对空间相关性的影响，对 Fin 260 情况与无鳍片情况进行比较。如图 4 - 40 所示，两种情况的主要差异来自管道顶部附近小波分量 4 的 R^i_{vv}，表明振荡的非均匀软鳍片（Fin 260）调节了空气湍流，并促进了颗粒运动在特定频率范围的空间相关性。

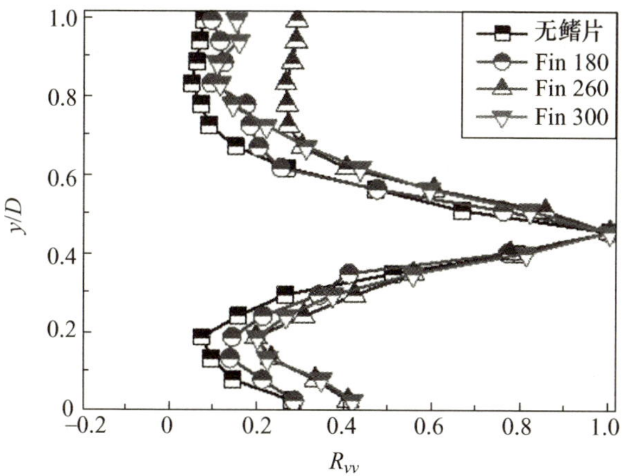

图 4-39　垂直颗粒波动速度的 R_{vv} 分布

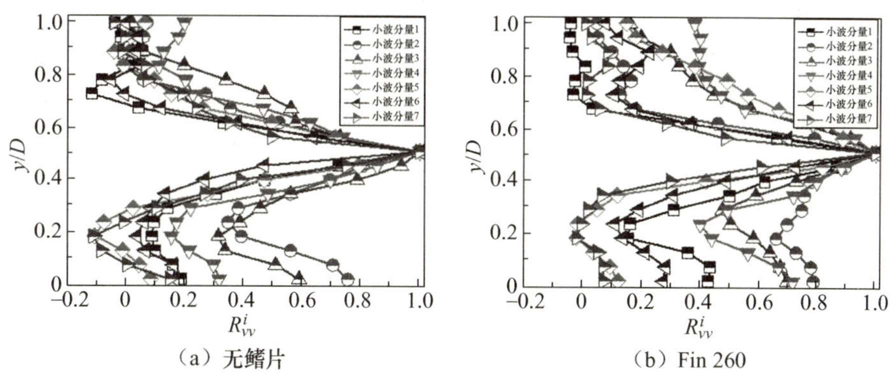

图 4-40　不同小波分量的 R^i_{vv} 分布

4.2.7　小结

为了研究具有非均匀软鳍片的水平气力输送系统中的多尺度颗粒动力学，应用一维正交小波分解将颗粒波动速度分解成不同尺度，并将其与传统的水平气力输送系统进行比较，主要结果总结如下。

（1）在低空气速度范围，使用非均匀软鳍片可以降低压降和最小压降速度。由于主要软鳍片与辅助软鳍片之间的干扰减弱，非均匀软鳍片产生了更有效的空气湍流，对加速区颗粒的悬浮和分散有益。

（2）时间平均颗粒波动速度分布为软鳍片产生的振荡空气流的影响提供了证据，使得颗粒稳定悬浮，从而减少颗粒与壁面的碰撞。在无鳍片和使用鳍片的情况中，发现 Fin 260 情况产生了最高的轴向颗粒波动能量和垂直颗粒波动能量，这可能是使用 Fin 260 显示最小压降的原因。

（3）小波分量的总相对能量分布表明，使用鳍片时，颗粒波动能量在小波分量 3 和小波分量 4 上更加集中，尤其是在 Fin 260 情况下。特定小波分量上的能量集中表明，在软鳍片诱导的空气湍流影响下，颗粒运动更加有序。

（4）在使用鳍片的情况中，Fin 260 在小波分量 3 的在管道底部附近比另两种情况的贡献大。在管道顶部附近，无鳍片情况与使用鳍片情况的显著区是小波分量 4 的小波成分，并且在 $y/D \approx 0.85$ 处观察到 Fin 260 的贡献最大，说明使用非均匀软鳍片（Fin 260）改变了运动颗粒的波动强度和频谱特征。

（5）小波分量的空间相关性与其对小波分量测量的颗粒波动能量的贡献有关。软鳍片可以调节空气湍流，并促进颗粒运动在特定频率范围的空间相关性。

第5章 多尺度解析方法拓展应用

为了准确描述流动结构变化和流动过程中的非定常特性，应用模态分解方法［如本征正交分解和动力学模态分解（dynamic mode decomposition，DMD)］提取和分析流场结构，以加深对复杂流动现象的理解。采用本征正交分解方法分别将流场在空间和时间上连续的物理量按照空间和时间分解，得到流场的本征正交分解模态和相应的时间系数，按照各阶模态能量排序，得到不同模态的结构特征和对流场的贡献。采用动力学模态分解方法分别按照空间和频率对时空耦合的流场分解，得到在时间上独立的、具有特定频率特征的模态，从而得到这些特定频率结构的时空演变过程。动力学模态分解通常用于分析大尺度的高能低阶流场结构，其高阶模态的频域分布范围较广，包含不同尺度的流动结构，不利于提取流动特征。采用多尺度解析方法提取流场中特定尺度范围的流动结构，能够弥补本征正交分解在流动结构分解中的不足。目前两种方法的详细比较尚未引起关注，并且很少有人研究结合多尺度解析方法与本征正交分解来分析湍流结构并比较两种方法的异同点。

5.1 时间多尺度解析方法与本征正交分解的比较

钝体绕流对工程应用有重要意义，其在能量、动量、热量和质量传递中起重要作用。钝体后部形成的尾流在时间和空间上都是随机的，结构复杂，存在多种尺度。圆柱钝体尾流的典型特征是准周期性流动，因为存在大尺度涡旋脱落行为，该行为与来流速度、圆柱钝体直径和雷诺数有关。尾流中振荡的大尺度结构通常在低频范围具有占主导地位的频谱成分。然而，除大尺度结构外，研究表明尾流的湍流结构还有其他结构，如二次涡旋、开尔文-亥姆霍兹涡旋和纵向肋状结构，这些结构也可能对尾流有重要意义。小尺度结构通常与平均流中存在的不稳定行为密切相关。为了详细描述尾流结构，识别能量最大的大尺度结构并阐明小尺度结构非常有必要。

在过去的几十年里，许多研究人员利用小波变换在时频平面识别涡旋和不稳定性，并分析了湍流尾流的频谱和时域（或空域）信息。Addison 等人采用小波变换分析开放通道尾流的局部特征和湍流统计，并在其研究中介绍了一些潜在应用，如钝体的涡旋脱落模式。Indrusiak 和 Moller 研究了圆柱钝体后部的瞬态湍流行为，并通过小波变换观察到在较小雷诺数下施特鲁哈尔数的强烈增大。Alam 和 Zhou 利用小波相关方法详细研究了两个串联圆柱钝体后部尾流的施特鲁哈尔数、力和流动结构，并首次在下游圆柱钝体后部检测到两种涡旋频率。另外，基于离散小波变换的小波多尺度解析技术常用于提取不同尺度的湍流结构及相干结构。Rinoshika 和 Zhou 采用一维小波多尺度解析技术分析圆柱钝体尾流，通过其特征或中心频率将湍流结构分解成多个小波分量。然而，为了进一步了解湍流尾流，可以对分解的小波分量（如脉动能量、湍流空间尺度和雷诺应力等参数）进行统计分析，以为研究湍流尾流的多尺度结构提供新的见解。

本征正交分解是常用的流场数据处理技术，用于从能量角度提取流场中的不同动态行为，并提取出相干结构。研究人员发现本征正交分解的前两个模态具有相似的能量水平，并与大尺度卡门涡街的对流有关。Delville 等人利用本征正交分解研究了平面混合层中的大尺度结构。Santa 等人利用本征正交分解研究了半圆柱钝体被动控制尾流的时空行为，并观察到施特鲁哈尔数、平均涡量与总能量存在联系。Durgesh 等人利用本征正交分解表示了近尾流行为，并重建了低阶近尾流速度。如前所述，小波分析也可以用于提取具有中心频率特征的大尺度结构。由于这两种方法具有不同的分类标准，因此提取的大尺度结构具有不同的物理解释。

Weier 等人利用本征正交分解和连续小波变换提取了电磁强制分离流动的

主导特征。Wang 等人对聚合物减阻流动的流动结构进行了本征正交分解和小波分析。然而，这两种方法的详细比较尚未引起关注，并且很少有研究结合小波变换与本征正交分解来分析湍流结构并比较两种方法的异同点。

为了揭示三棱柱钝体产生的湍流尾流，本书结合一维小波多尺度解析和本征正交分解来分解粒子图像测速测量获得的脉动速度矢量场，并将其分解成不同的小波分量和模态。下面将分析重建流场特征（如脉动能量、时间-频率分布、空间相关性和雷诺应力），并讨论本征正交分解和一维小波多尺度解析两种方法的差异。

5.1.1　实验装置

实验模型如图 5－1（a）所示，其为一个三棱柱钝体，长度 $L=50$mm。在钝体绕流的经典案例中提出了一个无限域，其阻塞比非常小，但在许多情况下阻塞比的影响非常重要。Davis 等人在不同的雷诺数和阻塞比下对长方体钝体周围的封闭流动进行了实验和数值研究，他们发现施特鲁哈尔数和阻力系数随着阻塞比的增大而增大，并且在较小雷诺数下这种影响更明显。对于阻塞比大于 6%的情况，West 和 Apelt 表明流场存在明显变形，使得校正方法不适用。本节讨论阻塞比为 25%的情况。

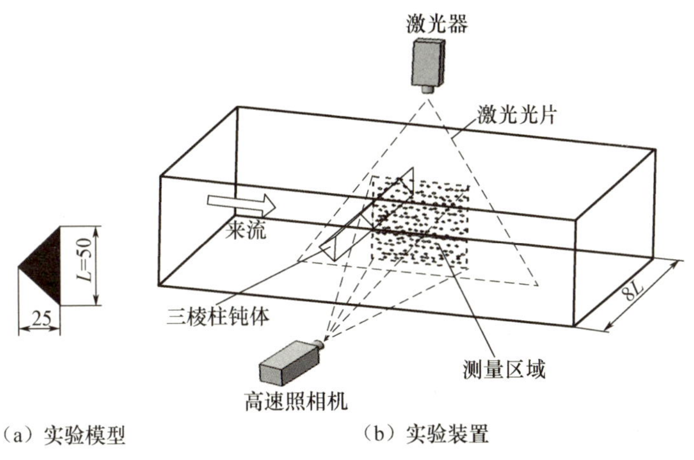

（a）实验模型　　（b）实验装置

图 5－1　实验模型与实验装置

在循环水槽中进行实验，实验段尺寸为 400mm（宽度）×200mm（高度）×1000mm（长度）。为了保证流动的均匀性，在循环水槽中放置一个沉降室、一个蜂窝、三个湍流阻尼筛和一个收缩器。如图 5-1（b）所示，在恒定自由流速度 $U_0=0.29$m/s 下进行粒子图像测速测量，该速度对应于 xy 平面的雷诺数为 14440。循环水槽的湍流强度小于自由流速度的 0.5%。

在循环水槽中使用直径为 63～75μm 的聚苯乙烯颗粒作为粒子图像测速示踪剂。采用高速照相机和厚度为 1mm 的激光光片捕获空间分辨率为 1024 像素×768 像素、帧率为 500f/s 的数字图像。测量区域尺寸约为 150mm（3L）×150mm（3L）的三棱柱后方。用粒子图像测速软件分析速度场。在连续粒子图像之间使用基于快速傅里叶变换的互相关技术生成瞬态速度矢量场。查询窗口尺寸为 16 像素×16 像素，重叠率为 50%，在整个测量区域提供 4096（64×64）个速度矢量，连续图像的时间间隔为 2ms。速度矢量场的统计不确定性在 95%的置信水平下约为 1.54%。为了确定时间平均的平均流动结构，本书测量 15000 个瞬态速度矢量场。

5.1.2 速度矢量场分解

在分解之前，选择连续瞬态速度矢量场计算脉动速度，通过减去平均速度场完成。计算公式如下。

$$v'(x_i,y_j,n)=v(x_i,y_j,n)-\overline{v(x_i,y_j)},i=1,\cdots,n_x;j=1,\cdots,n_y;n=1,\cdots,n_t$$

式中，v 为流向速度或垂直速度分量；x_i 和 y_j 表示局部空间位置；n 为时间序列总数。

根据脉动速度的自相关计算对时间和长度积分，其值分别为 0.124s 和 0.037m，使用小波变换和本征正交分解对计算得到的脉动速度进行分解。由于前面详细讲解了一维小波变换方法，因此下面仅介绍本征正交分解的实现过程。

本征正交分解是一种根据能量含量对给定数据集合进行模态分解的技术。Lumley 首次采用基于两点空间相关的经典本征正交分解识别相干结构。本征正交分解的主要目标是从能量角度寻找场实现的最优表示，包括寻找一个函数，使场分量 $u(x, t)$ 的投影在均方意义上最大化，可通过弗雷德霍姆积分方程表示。

$$\int R_{ij}(x,x')\phi_j^n(x')\mathrm{d}x' = \lambda_i \phi_i^n(x) \tag{5-1}$$

式中，x 为空间变量；$R(x,\ x')$ 为时间平均两点空间相关张量；ϕ_j 为本征函数；n 为模态；$\lambda_i\phi_i$ 为特征值。

$$R_{ij}(x,x') = \overline{u_i(x)u_j(x')} \tag{5-2}$$

式中，x 为空间变量；上划线表示时间平均。特征值问题有一个由经验特征函数（$n=1$，…，N_{mod}）组成的有限本征正交分解基集，其中 N_{mod} 表示本征正交分解模态总数。瞬态流场分量可通过以下方式投影到本征正交分解正交基上。

$$u_i(x,t) = \sum_{n=1}^{N_{\mathrm{mod}}} a_n(t)\phi_i^n \tag{5-3}$$

因为特征值问题的尺寸取决于测量场可用的空间点数，所以通常用式（5-3）分析具有明确定义的时间描述但空间分辨率有限的数据。粒子图像测速数据具有良好的空间分辨率和较差的时间分辨率。在这种情况下，通常使用 Sirovich 开发的快照方法，因为它将特征值问题的尺寸从空间点数减小到时间步数（快照数）。本书采用快照本征正交分解方法提取粒子图像测速测量的湍流结构，简要计算过程如下。

为了进行快照本征正交分解分析，将计算的脉动速度分量表示为单个矩阵 $\boldsymbol{U}$，其大小为 $2n_x n_y \times n_t$。

$$\boldsymbol{U} = [\boldsymbol{v}'(:,1)\quad \boldsymbol{v}'(:,2)\quad \cdots \quad \boldsymbol{v}'(:,n_t)] = \begin{pmatrix} U'(1,1) & U'(1,2) & \cdots & U'(1,n_t) \\ U'(2,1) & U'(2,2) & \cdots & U'(2,n_t) \\ \vdots & & & \\ U'(n_x n_y,1) & U'(n_x n_y,2) & \cdots & U'(n_x n_y,n_t) \\ V'(1,1) & V'(1,2) & \cdots & V'(1,n_t) \\ V'(2,1) & V'(2,2) & \cdots & V'(2,n_t) \\ \vdots & & & \\ V'(n_x n_y,1) & V'(n_x n_y,2) & \cdots & V'(n_x n_y,n_t) \end{pmatrix} \tag{5-4}$$

在矩阵 $\boldsymbol{U}$ 中，符号“:”表示将单个快照的瞬态脉动速度重新排列成列向量，每列的最前面 $n_x n_y$ 个元素都对应于瞬态流向脉动速度场，最后面 $n_x n_y$ 个元素都对应瞬态垂直脉动速度场。矩阵 $\boldsymbol{U}$ 的每个行向量均代表测量区域中对应点的流向或垂直脉动速度随时间变化的时间序列。

本征正交分解模态的计算需要求解协方差矩阵 $\boldsymbol{R}$ 的特征值问题。

$$\boldsymbol{R}=\boldsymbol{U}^{\mathrm{T}}\boldsymbol{U} \tag{5-5}$$

$$\boldsymbol{R}\boldsymbol{A}^i=\boldsymbol{\lambda}^i\boldsymbol{A}^i \tag{5-6}$$

显然，协方差矩阵 $\boldsymbol{R}$ 通过快照总数覆盖了近似的空间数据。式（5－6）的解由特征向量 $\boldsymbol{A}^i$ 及其对应的特征值 $\boldsymbol{\lambda}^i$ 组成。特征值代表每个本征正交分解模态的能量，特征向量按特征值降序排列（$\lambda_1 \geqslant \lambda_2 \geqslant \cdots \geqslant \lambda N_{\mathrm{mod}}$），用有序特征向量构建本征正交分解模态。

$$\boldsymbol{\phi}^i=\frac{\sum_{n=1}^{n_t}\boldsymbol{v}'(:,n)\boldsymbol{A}_n^i}{\left\|\sum_{n=1}^{n_t}\boldsymbol{v}'(:,n)\boldsymbol{A}_n^i\right\|},i=1,\cdots,n_t \tag{5-7}$$

第 i 个本征正交分解模态相关的相对脉动动能

$$\boldsymbol{E}^i=\frac{\boldsymbol{\lambda}^i}{\sum_{i=1}^{n_t}\boldsymbol{\lambda}^i},i=1,\cdots,n_t \tag{5-8}$$

将脉动速度分量投影到本征正交分解模态上，为其相应的本征正交分解模态提供与时间无关的模态系数

$$\boldsymbol{a}^n=\boldsymbol{\Phi}^T v'(:,n) \tag{5-9}$$

式中，矩阵 $\boldsymbol{\Phi}$ 由排列本征正交分解模态的列向量组成。本征正交分解模态提供了物理结构的空间信息，这些物理结构根据能量含量级联。然而，除非与本征正交分解系数结合来重建速度矢量场，否则不足以用模态进行定量分析。脉动速度分量可以重建为时间系数和本征正交分解模态的线性组合。

$$\boldsymbol{v}'(:,n)=\sum_{n=1}^{n_t}\boldsymbol{a}_i^n\boldsymbol{\phi}^i \tag{5-10}$$

类似于一维小波多尺度解析，通过下式重建瞬态流场。

$$\boldsymbol{v}(x_i,y_j,n)=\overline{\boldsymbol{v}(x_i,y_j)}+\underbrace{\boldsymbol{a}_1^n\boldsymbol{\phi}^1(x_i,y_j)}_{\text{模态}1}+\underbrace{\boldsymbol{a}_2^n\boldsymbol{\phi}^2(x_i,y_j)}_{\text{模态}2}+\cdots+$$

$$\underbrace{\boldsymbol{a}_i^n\boldsymbol{\phi}^i(x_i,y_j)}_{\text{模态}i}+\cdots+\underbrace{\boldsymbol{a}_{n_t}^n\boldsymbol{\phi}^{n_t}(x_i,y_j)}_{\text{模态}t} \tag{5-11}$$

5.1.3　时间平均流场和频谱分析

通过 15000 个瞬态速度矢量场得到时间平均流线、流向速度、垂直速度、雷诺应力和湍流动能的空间分布，其中一阶湍流统计和二阶湍流统计分别由 U_0 和 U_0^2 归一化。如图 5－2（a）所示，在三棱柱钝体后部可以清晰地识别两个反向流动区域，其特征为具有相反旋转方向且尺寸相似的涡旋对及三棱柱钝体中心线（$y/L=0$）上的停滞点。三棱柱钝体后部与停滞点的距离约为 $1.7L$。此外，在 $x/L=0.75$ 处观察到两个清晰的焦点，它们之间的垂直距离为 $0.7L$。时间平均流向速度轮廓似乎关于中心线对称，最小值出现在分离区中心附近，并逐渐增大到停滞点处的 0。图 5－2（b）所示为垂直速度轮廓，其呈反对称分布，表明尾流与主流之间存在卷吸，最大的卷吸来自三棱柱钝体两侧的剪切层发展区。

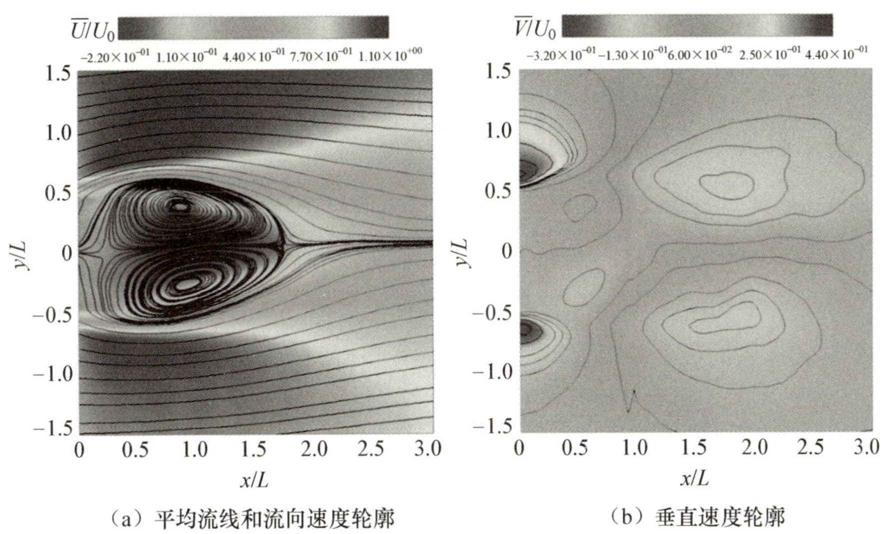

（a）平均流线和流向速度轮廓　　（b）垂直速度轮廓

图 5－2　时间平均流场

图 5－3 所示为流场二阶统计量。与图 5－2（b）类似，雷诺应力分布在中心线两侧的分离区末端显示出一对峰值，如图 5－3（a）所示。在剪切层与三棱柱钝体后部之间有一个雷诺应力明显较小的区域，表明近尾流区域的脉动速度较低。如图 5－3（b）所示，湍流动能沿着下游方向逐渐增大，直到在停滞点附近达到最大值，然后沿着下游方向逐渐减小，表明最高脉动速度出现在接近停滞点处。

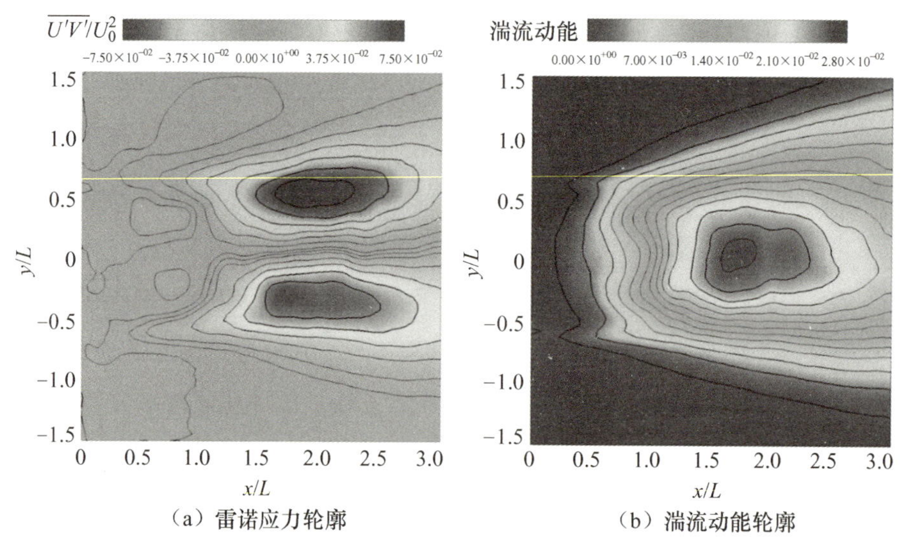

（a）雷诺应力轮廓　　（b）湍流动能轮廓

图 5－3　流场二阶统计量

速度分量的频谱特征提供了尾流区域流动振荡的全局频率信息，并且可以通过测量速度数据在多个选定位置的功率谱确定占主导地位的涡旋脱落频率。在两个位置（$x/L=0.8$ 和 $x/L=1.2$）计算垂直速度的快速傅里叶变换功率谱，并且绘制功率谱密度 S_v 与施特鲁哈尔数（$S_t=fL/U_0$）的关系图。可以看出，垂直两个位置的功率谱分布具有相似的倾向，对于所有选定的点，在 $S_t=0.21$ 附近出现明显的峰值，表明存在准周期性涡旋运动，即与涡旋脱落频率相关。$x/L=1.2$ 处的功率谱密度峰值［图 5－4（b）］大于 $x/L=0.8$ 处的功率谱密度峰值［图 5－4（a）］，表明在距分离区更远的下游位置脉动更大。此外，在 $S_t=0.46$ 处出现功率谱密度的第二个峰值，约是第一个峰值的两倍，表明存在较小的涡旋。

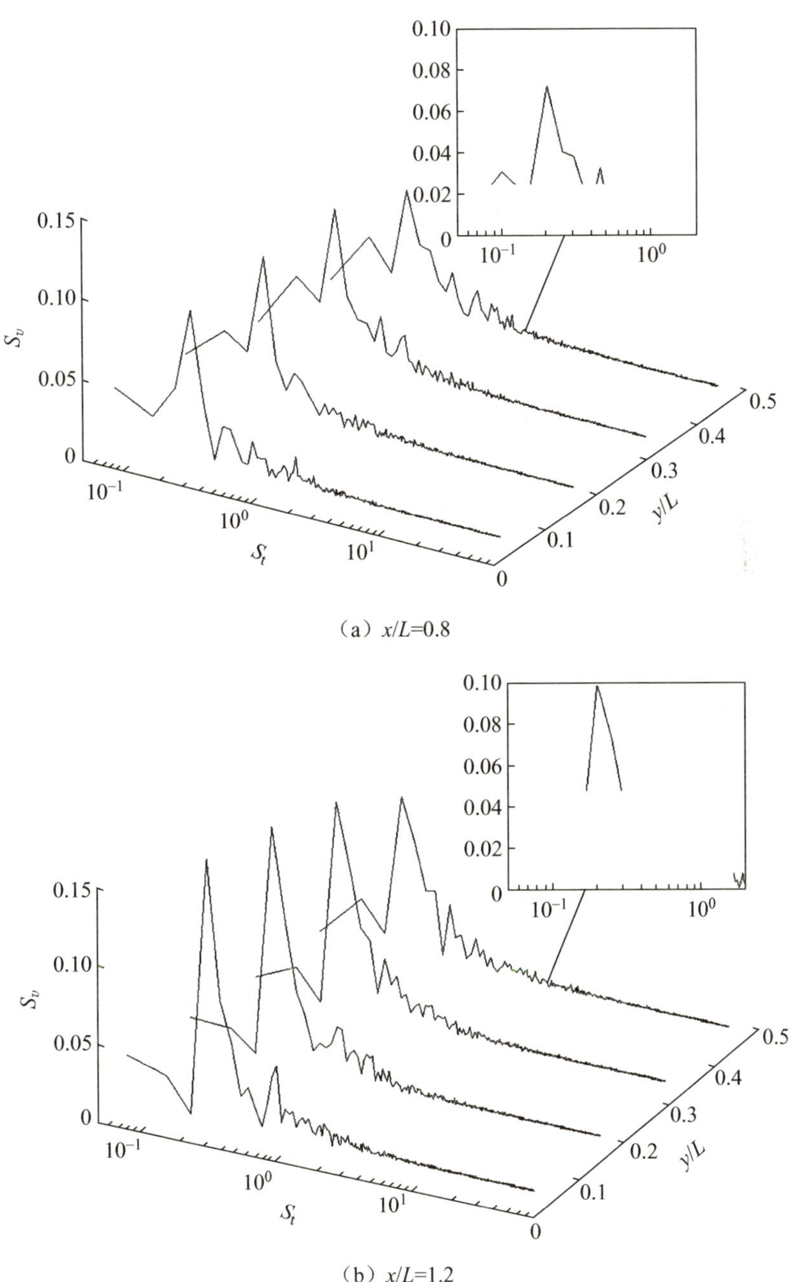

（a）x/L=0.8

（b）x/L=1.2

图 5-4 流场特征点的垂直速度频谱

5.1.4 小波分量和本征正交分解模态特征

在本征正交分解方法中，归一化特征值对应于每个模态对测量区域总能量的贡献。首先通过在整个测量区域对动能积分来计算每个小波分量的能量，然后通过每个小波分量的能量之和归一化相对能量。图 5-5 所示为小波分量与本征正交分解模态的能量分布。如图 5-5（a）所示，前 4 个小波分量的能量之和占总能量的 88%，其中小波分量 1 和小波分量 2 的贡献最大，分别占 32%和 45%，表明其与大尺度结构有关。图 5-5（b）所示为前 50 个本征正交分解模态（占总本征正交分解模态的 2.44%）的能量分布，其中前两个本征正交分解模态的能量最大，占总能量的 73%（分别贡献 41%和 32%）；第 3 个模态和第 4 个模态的能量分别迅速降低到 2.8%和 2.1%，其余模态的能量更小。能量集中在前两个模态表明涡旋脱落过程与前两个模态有关。

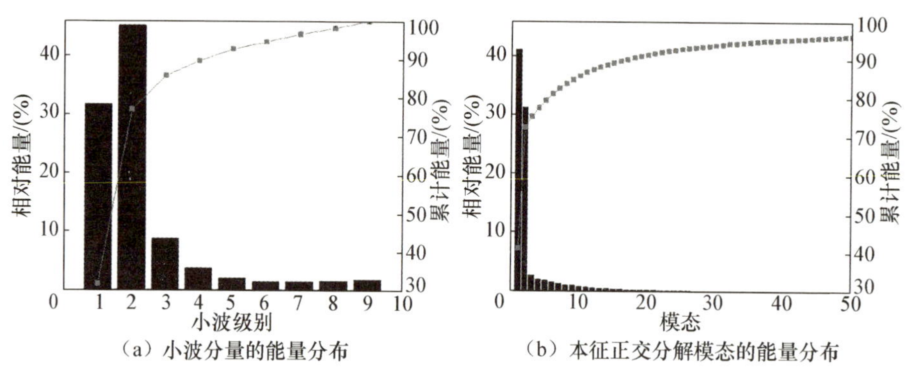

（a）小波分量的能量分布　（b）本征正交分解模态的能量分布

图 5-5　小波分量与本征正交分解模态的能量分布

从图 5-5 可以看出，前两个小波分量的能量分布与前两个本征正交分解模态具有相似的倾向，表明能够从中提取占主导地位的湍流结构。但是小波分量能够根据湍流结构的特征频率带宽呈现；而本征正交分解模态是根据每个模态包含的能量分类的，不同的分类标准可能导致小波分量和本征正交分解模态包含不同的动态特征。

由于连续小波变换能够揭示与能量事件相关的时域信息及频谱信息，因此广泛用于信号的时间序列。为了分析小波分量和本征正交分解模态的时间-

频率特性，下面使用以墨西哥帽函数为小波基的连续小波变换，其结果显示在时间-频率平面，其中横坐标是时间 t，纵坐标是施特鲁哈尔数的归一化频率；颜色映射已分配给小波系数，并且最高浓度显示为红色，最低浓度显示为蓝色。

图 5-6 所示为在 $x/L=1.2$、$y/L=0.48$ 处垂直波动速度的连续小波变换。可以发现，脉动速度在 $S_t=0.21$ 附近表现出准周期性振荡，具有交替的负峰和正峰。$S_t=0.21$ 附近的峰值对应大尺度涡旋的频率。此外，在 $S_t=0.5\sim2.5$ 区域也有一些峰值，可能代表较小的涡旋。

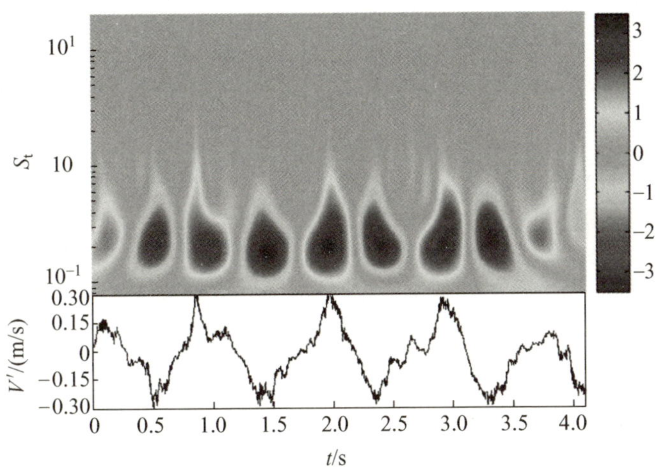

图 5-6　在 $x/L=1.2$、$y/L=0.48$ 处垂直波动速度的连续小波变换

如前所述，脉动速度分量可以表示为小波分量和本征正交分解模态的线性组合。众所周知，湍流表现为叠加在平均流上的多尺度级联现象。在小波变换和本征正交分解的重建过程中，能够提取可能反映在不同物理特性中真实流场的详细湍流结构。为了揭示可能存在的流动现象的频率行为，在 $x/L=1.2$、$y/L=0.48$ 处采用连续小波变换分析垂直速度的小波分量和本征正交分解模态，如图 5-7 所示。显然，小波分量 1 和小波分量 2 的系数具有比更高级别（小波分量 3 至小波分量 6）大的脉动幅度。图 5-7（b）清晰地显示出准周期性振荡，表明其具有涡旋脱落行为。随着小波级别的增大，主导频率增大，小波分量 1、小波分量 2、小波分量 3、小波分量 4、小波分量 5

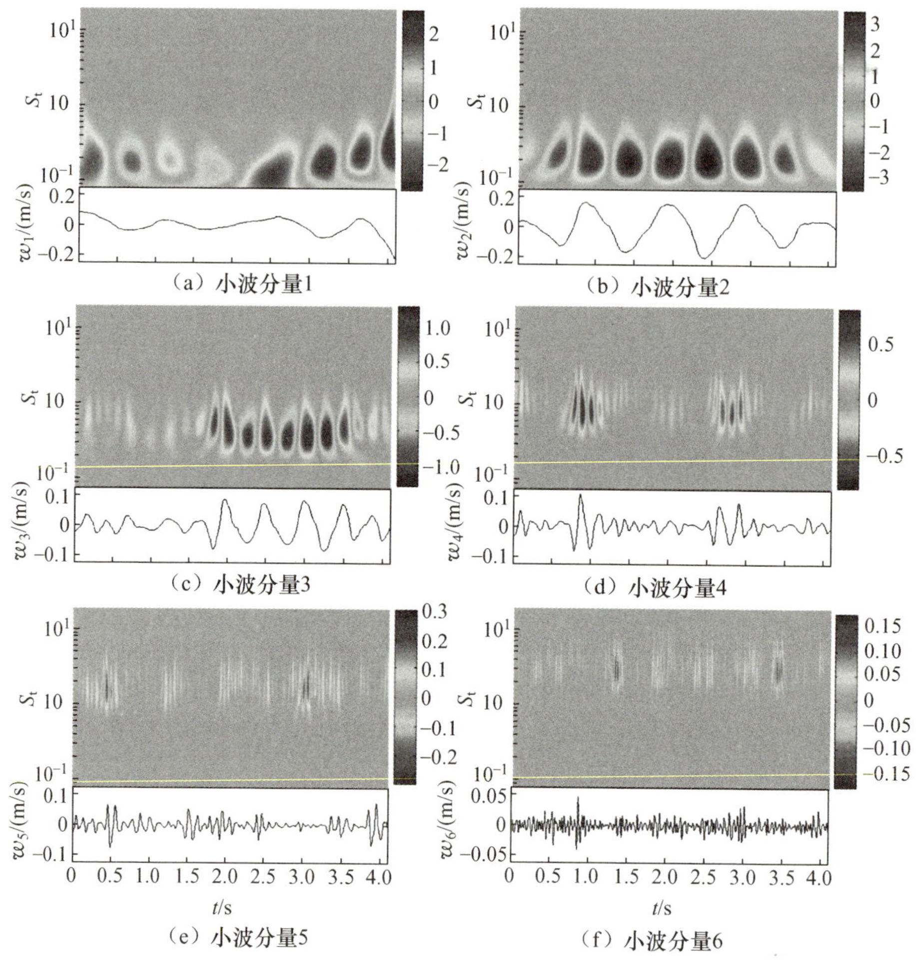

图 5-7 在 $x/L=1.2$、$y/L=0.48$ 处 6 个小波分量的连续小波变换

和小波分量 6 的施特鲁哈尔数分别为 0.17、0.2、0.42、0.8、1.5 和 3。小波分量 2 至小波分量 6 的脉动能量随着频率的增大而减小，可以用连续小波变换系数描述这些小波分量。以上表明脉动速度的频率受低频小波分量的支配，这些小波分量与大尺度结构的动力学有关。如图 5-7（c）和图 5-7（d）所示，较高频率的小波分量可以很好地对应于 0.3～1.0 的频率分量（图 5-4），表明了小波分析提取小尺度结构的能力。小波分量 3 和小波分量 4 与小尺度结构有关。由于小波分量 5 和小波分量 6 具有较低的能量和较高的频率，因

此没有明显的结构。

图5-8所示为在$x/L=1.2$、$y/L=0.48$处本征正交分解模态的连续小波变换。可以清楚地看到，前两个模态的系数呈正弦变化，具有几乎相同的周期和四分之一周期的相位差，从而证实了前两个模态与涡旋脱落行为的对应关系。与小波分量的系数相比，前两个模态具有比前两个小波分量强的周期性。更高级别模态的周期性降低，没有观察到明显的周期性。前两个模态

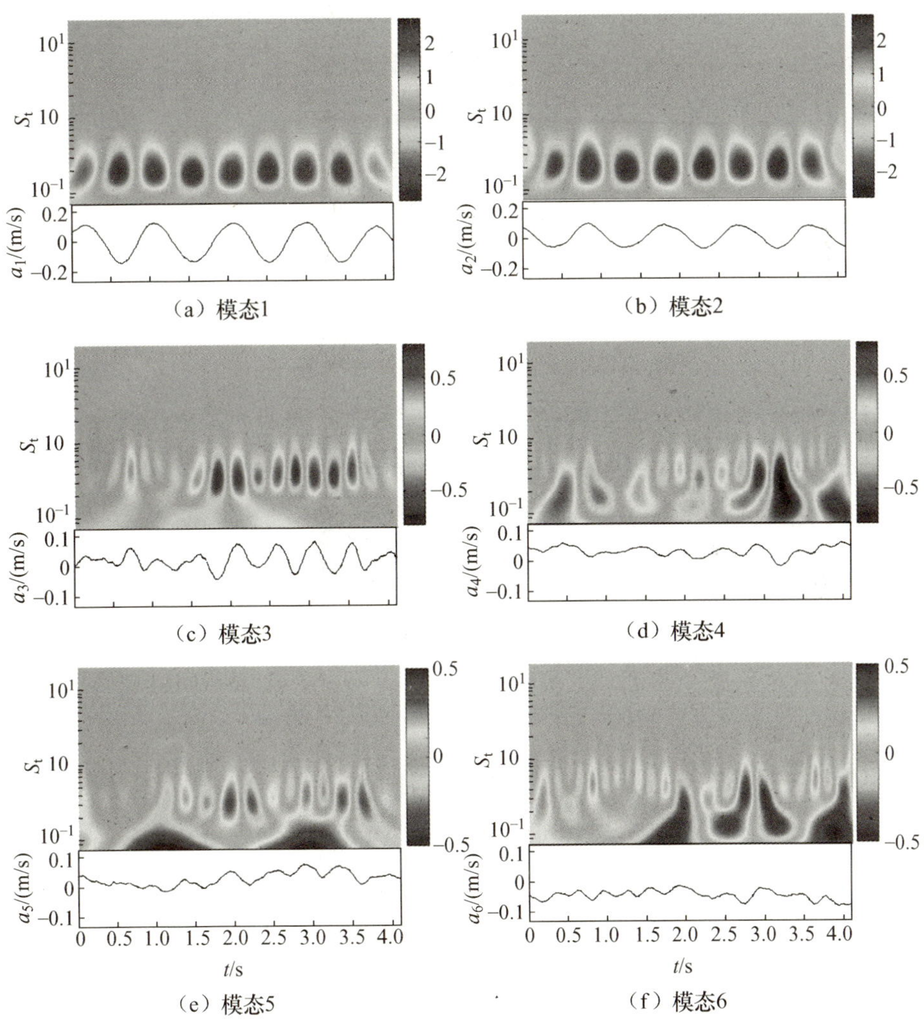

图5-8　在$x/L=1.2$、$y/L=0.48$处本征正交分解模态的连续小波变换

［图 5－8（a）和图 5－8（b）］的能量最大，在 $S_t=0.21$ 附近具有强烈的准周期性特征，从而证实了前两个模态与涡旋脱落的基本频率相关，并且能够表示占主导地位的卡门涡街结构。更高级别的模态［图 5－8（c）至图 5－8（f）］没有表现出明显的周期性特征。观察到的施特鲁哈尔数范围更广，较高频率分量（$S_t=0.35\sim0.75$）可能与小尺度涡旋相关。较低频率分量（$S_t=0.08\sim0.13$）可能是由卡门涡街脱落引起的非稳态流动引起的。

总的来说，前两个小波分量和本征正交分解模态能够提取能量最大的大尺度结构。与小波级别相比，由于前两个本征正交分解模态在 $S_t=0.21$ 处具有强烈的准周期性特征，因此更适合表示卡门涡街结构。因为小波分析对主导频率的分类明确，所以可以通过小波分量 3 和小波分量 4 提取小尺度涡旋。更高本征正交分解模态中的较低频率分量似乎叠加在小波分量 1 上，从而解释了前两个小波分量的能量占比大于前两个本征正交分解模态的能量占比。

前面讨论了小波分量和本征正交分解模态的时间-频率行为，但它们的相应尺度特征仍然未知。为了确定它们的长度尺度，我们为每个小波分量和本征正交分解模态计算两点相关系数。以垂直脉动速度的小波分量为例，两点相关系数定义为

$$R^i_{V'V'}(x, r)=\frac{\overline{V'^i(x)\,V'^i(x, r)}}{\sqrt{\overline{[V'^i(x)]^2[V'^i(x, r)]^2}}}$$

式中，V'为垂直脉动速度；上角标 i（$i=1, \cdots, 6$）表示不同级别的脉动速度；r 为沿流向两点的距离。

图 5－9 所示为在 $y/L=0$ 处小波分量的相关系数。可以看出，所有相关系数在 $x/L=2.8$ 附近都减小到最小值，并在减小为零之前继续振荡。从小波分量 1 到小波分量 6 分别观察到 $x/L=2.2$、$x/L=2.0$、$x/L=0.9$、$x/L=0.75$、$x/L=0.5$ 和 $x/L=0.36$ 处的长度尺度，并且长度尺度随着频率的增大而减小。小波分量 1 和小波分量 2 可以表示大尺度结构，小波分量 3 和小波分量 4 可以表示小尺度结构。小波分量 5 和小波分量 6 可能包含一些随机事件及噪声事件。这些观测结果可能表明，多尺度涡旋是由以其主导频

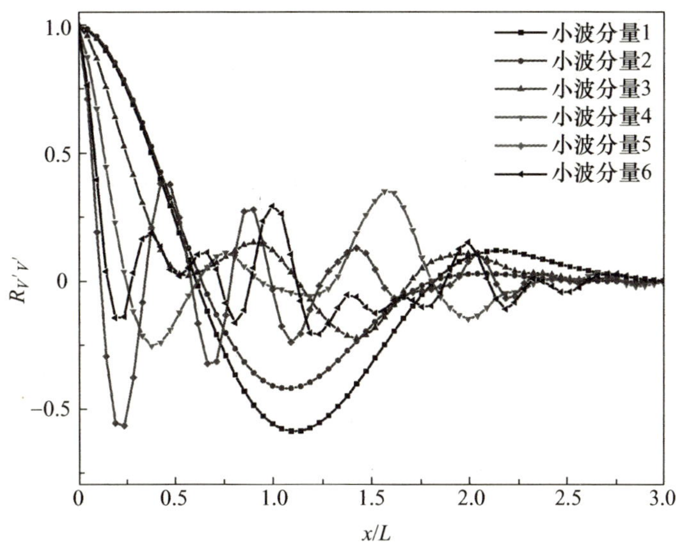

图 5-9 在 $y/L=0$ 处小波分量的相关系数

率为特征的成分构成的。前两个小波分量的长度尺度证实了低频分量与大尺度涡旋相关的事实，并且小波分量 1 的较大长度尺度可能表明由卡门涡街脱落行为引起的非稳态流动产生较大的涡旋。小波分量的尺度特征表明，频率可以反映涡旋与空间相关的长度尺度，并且小波分析为提取不同尺度的涡旋提供了一种工具。

本征正交分解模态的相关系数如图 5-10 所示。前两个本征正交分解模态的长度尺度几乎相同，都为 $x/L=2.1$，表明大尺度卡门涡街的长度尺度。从模态 3、模态 4、模态 5 和模态 6 分别观察到 $x/L=1.15$、$x/L=1.75$、$x/L=0.85$和 $x/L=1.3$ 的长度尺度。与小波分量不同，没有发现本征正交分解模态与长度尺度存在明显关系，因为本征正交分解模态包含更大的频率范围。前两个本征正交分解模态因频率和长度尺度而很好地表示了卡门涡街。然而，由于脉动速度分量在频率和空间域中不规则地分布，因此难以提取小尺度结构。

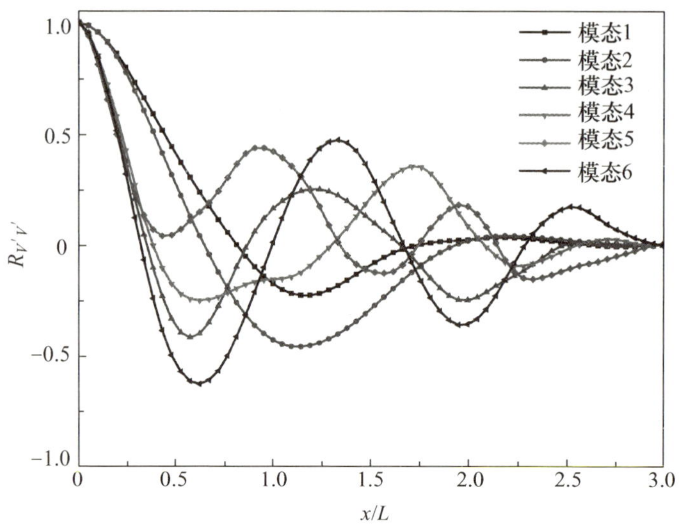

图 5-10　本征正交分解模态的相关系数

5.1.5　小波分量和本征正交分解模态的流动形态

小波分量和本征正交分解模态的流动形态分别如图 5-11 和图 5-12 所示。在每幅分图中，左侧部分为流向速度（U'）轮廓，右侧部分为垂直速度（V'）轮廓。为了根据流动模式解释小波分量和本征正交分解模态，在每幅分图的左侧绘制相应的流线。如图 5-11 所示，随着小波级别的增大，空间尺度减小，与图 5-9 呈现的结果一致。从图 5-11（c）至图 5-11（e）中可以清晰地识别较小尺度结构，表明采用小波变换能够提取多尺度结构。图 5-11（f）中没有明显的涡旋，小波分量 6 的流动模式可能与流场中包含的随机事件或噪声事件相关。如图 5-12（a）和图 5-12（b）所示，流向速度关于中心线对称，而垂直速度关于中心线反对称。前两个本征正交分解模态流动形态相似，模态 2 的结构似乎向下游移动到模态 1 的结构，主要受尾流准周期性的影响。在更高级别的本征正交分解模态下难以找到模态对（模态 1 和模态 2、模态 3 和模态 4）的对应关系。与图 5-11（a）和图 5-11（b）相比，小波分量 1 与小波分量 2 没有明显联系，进一步证实了前两个本征正交分解模态更适合表示卡门涡街。

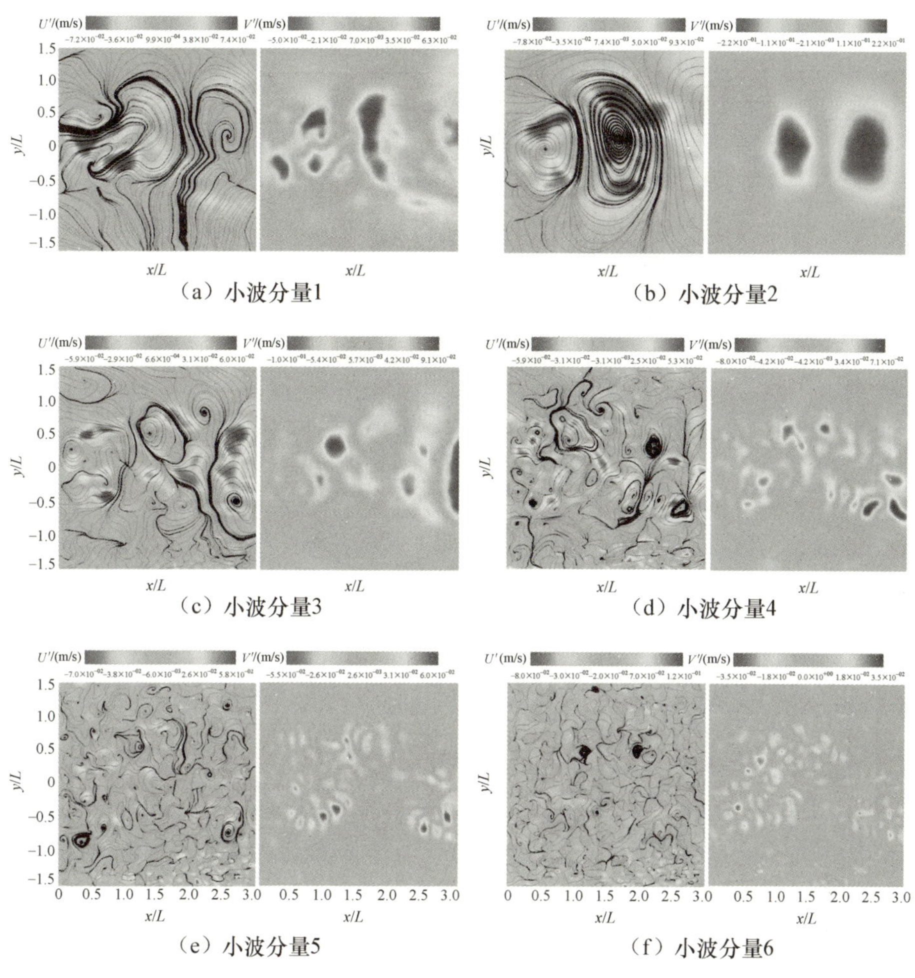

（a）小波分量1　（b）小波分量2

（c）小波分量3　（d）小波分量4

（e）小波分量5　（f）小波分量6

图 5 - 11　小波分量的流动形态

综上所述，采用小波分量和本征正交分解模态可以提取埋藏在平均流中的流动结构。基于重建的脉动速度分析相应的雷诺应力是可行的。为了计算雷诺应力，将重建的脉动速度排列成四部分：第一部分由前两个小波分量或本征正交分解模态相加而成，可以描述大尺度结构；第二部分和第三部分分别是小波分量 3 和小波分量 4 或模态 3 和模态 4 的相应脉动速度；第四部分为脉动速度的其余部分。

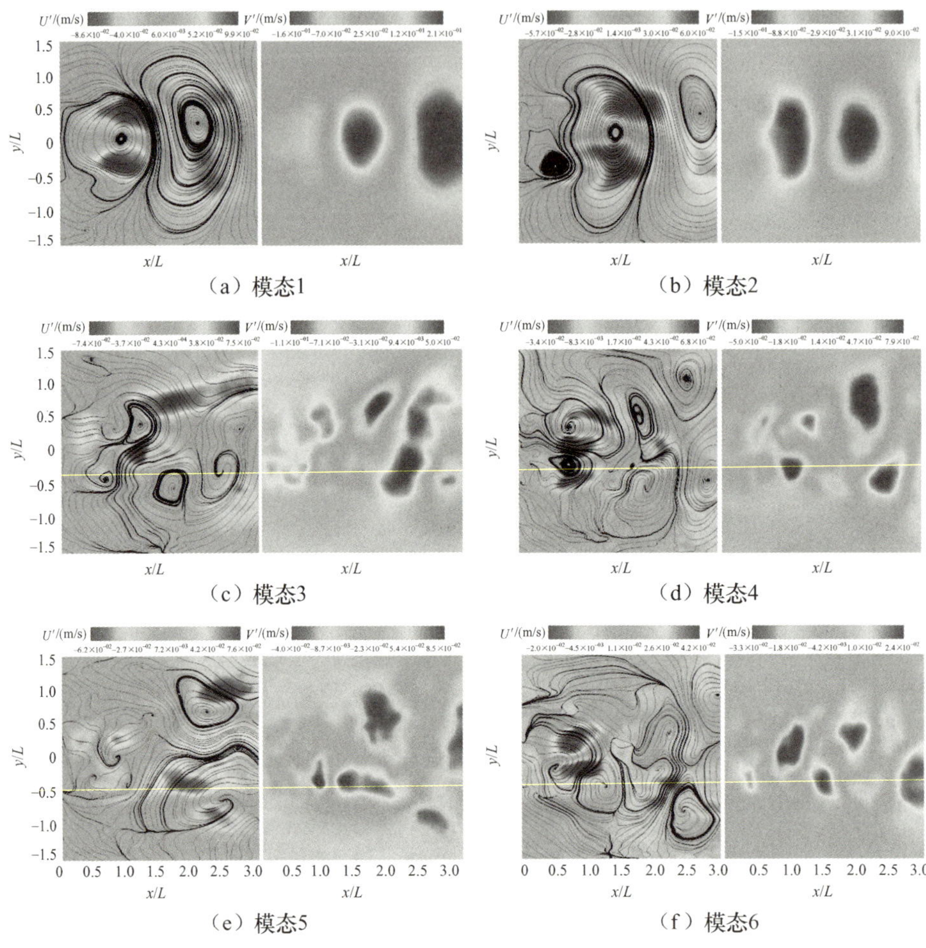

（a）模态1　（b）模态2

（c）模态3　（d）模态4

（e）模态5　（f）模态6

图 5－12　本征正交分解模态的流动形态

图 5－13 所示为不同小波分量的归一化雷诺应力轮廓。从图 5－13（a）可以看出，最大雷诺应力出现在分离区末端附近，并且与图 5－3（a）中与大尺度结构相关的雷诺应力大致相等，贡献约 88％的测量雷诺应力，表明雷诺应力的最大贡献来自大尺度结构的相干运动。类似于脉动能量分布，达到小波分量 3［图 5－13（b）］和小波分量 4 时［图 5－13（c）］，最大雷诺应力减小。此外，小波分量 3 的空间分布比小波分量 4 大，进一步证实了随着频率的增大，空间尺度减小。至于剩余小波分量［图 5－13（d）］，最大雷诺应力大于小波分量 3 和小波分量 4。此外，在物体表面和分离区边界附近有两个反对称的

雷诺应力分布区域，表明在剪切层中存在高频的强烈脉动速度。图 5－14 所示为不同本征正交分解模态的归一化雷诺应力轮廓。图 5－14（a）中的雷诺应力分布与图图 5－3（a）中的雷诺应力分布对应，贡献约 80％的测量雷诺应力，表明卡门涡街主导了雷诺应力的变化。由于脉动能量呈降序排列，从模态 3［图 5－14（c）］到模态 4［图 5－14（d）］最大雷诺应力减小，并且它们之间没有明显的空间尺度差异。与图 5－11（d）的结果不同，剩余本征正交分解模态［图 5－14（d）］的雷诺应力分布在分离区。因为剩余本征正交分解模态包含更广泛的频率分量，尽管它们不是主导因素，但是较低频率参与了分离区的速度脉动。

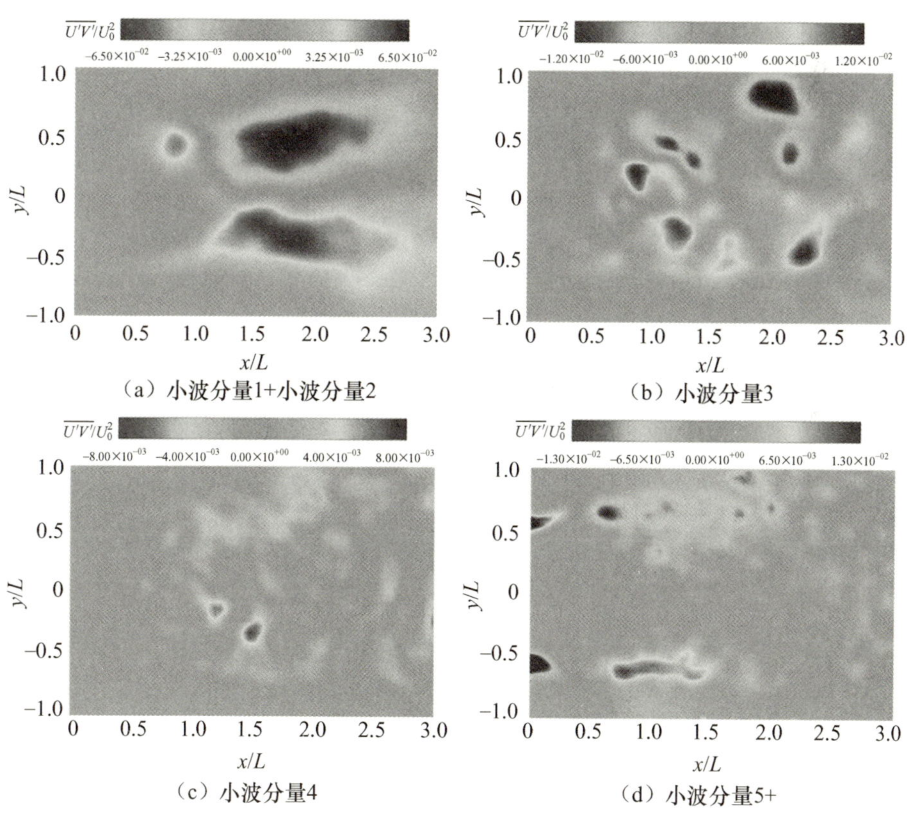

图 5－13　不同小波分量的归一化雷诺应力轮廓

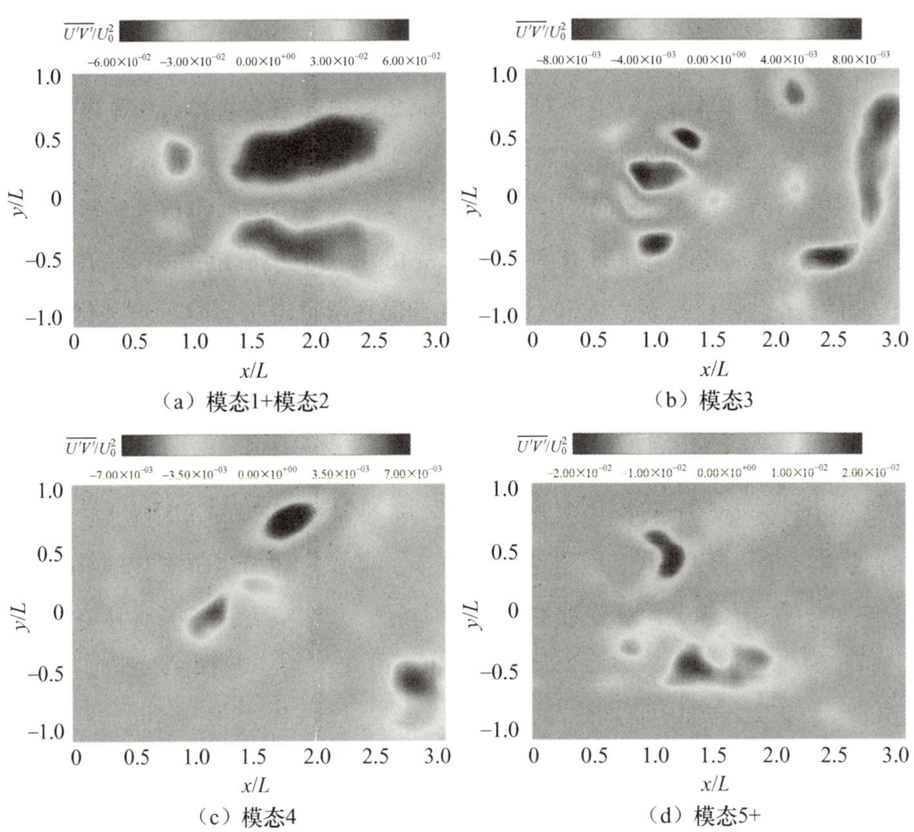

（a）模态1+模态2　（b）模态3

（c）模态4　（d）模态5+

图 5-14　不同本征正交分解模态的归一化雷诺应力轮廓

5.1.6　小结

为了揭示对称三棱柱钝体尾流中可能存在的流动现象，本节结合一维小波多尺度解析和本征正交分解将脉动速度场分解成不同的小波分量和本征正交分解模态。通过分析重建流场特征（包括脉动能量、时间-频率分布、空间相关性和雷诺应力），得出以下主要结论。

（1）前两个小波分量和本征正交分解模态的能量最大，分别占总脉动能量的 77％和 73％。

（2）与本征正交分解模态相比，小波分量的中心频率被正交小波变换的带通滤波过程明确地分类。时间-频率分析表明，由于前两个本征正交分解模

态在 $S_t=0.21$ 附近具有强烈的准周期性特征，因此更适合表示卡门涡街。当模态级别更高时，在较低频率范围（$S_t=0.08\sim0.13$）的滤波效果较差，并且认为较低频率分量被叠加在小波分量 1 上，从而解释了前两个小波分量的能量占比大于前两个本征正交分解模态的能量占比。

（3）小波分量的长度尺度随着频率的增大而减小，表明频率行为可以反映与涡旋相关的长度尺度，并且小波分析可用于提取不同尺度结构。

（4）前两个本征正交分解模态具有几乎相等的长度尺度（$x/L=2.1$），更高级别的本征正交分解模态与长度尺度没有明显关系，这与小波分量不同，从而证实了前两个本征正交分解模态的频率和长度尺度特征可以很好地表示卡门涡街。然而，由于脉动速度分量在频率和空间上不规则地分布，因此难以提取小尺度结构。

（5）对雷诺应力贡献最大的是由前两个小波分量和本征正交分解模态组成的大尺度结构的相干运动。与随机运动对应的更高级别小波分量和本征正交分解模态对雷诺应力的贡献较小。小波分量和本征正交分解模态中的不同动态特征是由一维小波多尺度解析和本征正交分解两种方法的不同分类标准形成的，并且结合使用两种方法更有利于分析多尺度结构。

5.2　空间多尺度解析与本征正交分解的尾流结构分析

钝体绕流是一种常见的现象，并且在许多工程应用（如大型建筑物、海上结构、桥面、冷却塔等）中都是一个重要课题。近年来，从海洋和河流的低速水流中获取水能引起了越来越多的关注。许多尾流发生器被应用于通过流致振动收集能量的系统。尽管这些钝体的几何形状各异，但其形成的尾流具有一个共同特征——由大规模涡旋脱落产生湍流波动，对确定流致振动中的非定常力和可用能量收集有重要作用。除具有有组织运动的大尺度结构外，湍流结构还广泛存在于以混沌波动运动和非线性相互作用为特征的小尺度结构，为尾流分析带来了挑战。多尺度结构的识别和表征具有重要意义。

在过去的几十年里，由于小波分析、本征正交分解和动力学模态分解等技术具有提取流场结构的能力，因此广泛用于分析流体动力学。Indrusiak 和 Moller 利用正交小波变换研究了圆柱钝体尾流的瞬态行为，并首次在低雷诺数下检测到施特鲁哈尔数的强烈增大。基于一维小波多分辨率技术，Rinoshika 和 Zhou 将圆柱钝体尾流结构分解为一系列以小波中心频率为特征的小波分量。除在时间域中的应用外，还可以将一维小波多分辨率技术扩展到空间域。Kailas 和 Narasimha 应用二维小波变换从湍流混合层的图像中识别多尺度结构，并成功提取了从流场图像中无法观察到的小尺度结构。Farge 等人开发了一种基于小波变换的三维湍流相干涡旋提取方法，并采用该方法将湍流结构分解为相干部分和非相干部分。Srinivas 等人使用二维小波变换处理一系列湍流射流的平面激光诱导图像，并描绘了不同尺度下的相干结构。此外，Zheng 和 Rinoshika 应用三维小波分解分析了不同尺度下巴坎沙丘的瞬态尾流结构，发现中尺度结构和小尺度结构在分离区外更活跃。上述研究表明，小波变换具有从多尺度角度分解湍流结构的能力。为了更详细地描述湍流，下面分析分解后的多尺度结构。

本征正交分解是一种从能量观点获得流场实现集合最优表示的技术，广泛用于通过过滤高阶模态的流场波动提取重要的相干结构。对不同类型流动的本征正交分解分析表明，前两个本征正交分解模态包含相似水平的能量，并代表主要流场分量。Delville 等人使用本征正交分解研究了平面混合层中的相干结构。Wang 等人研究了壁面安装有限长度长方体钝体的近尾流，基于前两个本征正交分解模态的空间特性和时间特性，他们观察到两种涡旋脱落模式。Durgesh 等人使用通过本征正交分解得到的低阶速度重构表示近尾流行为。Khan 等人应用本征正交分解分析雷诺数为 500～5000 的定向立方体钝体周围的流动，并研究了与不同模态相关的相干结构。除了应用于二维流场，本征正交分解还可以应用于三维流场。Yang 等人使用本征正交分解研究了圆盘钝体后方的不同涡旋脱落模式。

二维小波变换和本征正交分解广泛用于分析流动结构，但两种方法都具有一定的局限性。众所周知，流场的本征正交分解分析通常会产生数百种本征正交分解模态，很难确定重建流场结构需要的模态，并且本征正交分解模态汇总可能会淡化一些不稳定结构。流的确定性越低，本征正交分解表示的效率越低。此外，即使在特定的本征正交分解模态下，也可能包括具有不同尺度的流动结构。小波多分辨率技术是提取特定中心尺度的流动结构的一种有效工具。应用小波变换可以从测量的流场中获得瞬态多尺度结构。然而，分解后的多尺度结构仅包含局部信息，错过了随空间和时间演变的动力学特性。结合小波多分辨率技术和本征正交分解，有助于更详细地揭示流动结构。

本书旨在提供一种由小波多分辨率技术和本征正交分解组成的混合尾流分析方法。首先，采用二维小波多分辨率技术将半圆柱钝体的尾流结构分解为大尺度结构、中尺度结构、小尺度结构；其次，采用本征正交分解技术分解提取的多尺度结构；最后，从模态能量分布、空间模式、频率特性和时间系数分布等方面分析具有不同尺度的主导模态。

5.2.1　实验与数据处理

在循环水槽中进行实验，实验段的尺寸为2200mm（长度）×400mm（宽度）×250mm（高度）。测试段壁由透明玻璃制成，以便激光照明和流场可视化。为保证流量均匀，在收缩段前依次放置蜂窝和筛网。如图5-15所示，将实验模型（直径D=50mm的半圆柱钝体）放置在实验段的中间深度。恒定自由流速度U_0=0.29m/s，根据测试模型的直径，雷诺数为14400。自由流湍流强度不超过0.8%。

在水流回路中加入直径为63～75μm的聚苯乙烯颗粒作为粒子图像测速示踪剂。用连续激光源产生的厚度为1.5mm的激光光片照亮粒子图像测速示踪剂。使用高速照相机捕获空间分辨率为1024像素×1024像素的数字图像。根据目标流速，在半圆柱钝体后方的150mm（3D）×150mm（3D）流场中捕获数字图像，帧率为500f/s。通过VisionPro软件，使用基于图像对之间的快速傅里叶变换互相关技术处理速度矢量场。查询窗口为32像素×32像素，重叠率为50%，在测量的流场上提供4096（64×64）个速度矢量。像素尺寸约为0.15毫米/像素，速度矢量的空间分辨率约为2.3mm。在95%的置信水平下，速度场的统计不确定性约为1.47%。在本书中捕获15000个瞬态速度场，

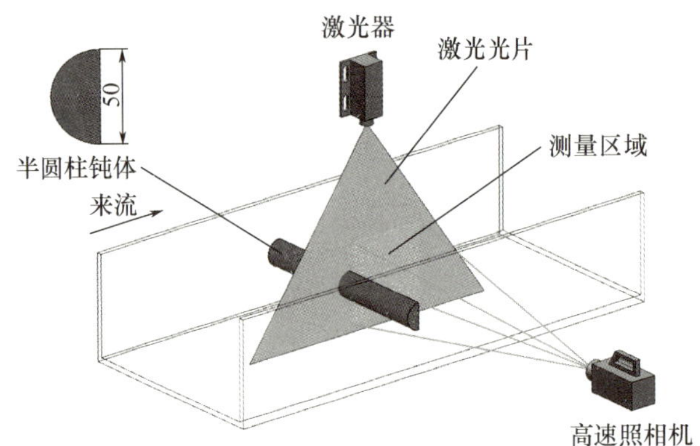

图 5-15 实验模型与测量装置

以确定平均流场。

在处理数据之前，从测量区域的平均速度中减去每个时刻的速度，得到连续脉动速度。连续脉动速度是通过下式计算的。

$$V'(x_i,y_j,n)=V(x_i,y_j,n)-\overline{V(x_i,y_j,n)},$$
$$i=1,\cdots,n_x;j=1,\cdots,n_y;n=1,\cdots,n_t \tag{5-12}$$

式中，V 为流向速度 u 或垂直速度 v；x_i 和 y_j 表示局部位置；n 为时间序列总数。

如前所述，流场的本征正交分解分析通常会产生数百个本征正交分解模态，选择合适的模态重构流场存在困难，此外，即使在特定的本征正交分解模态下，也可能包括具有不同尺度的流动结构。二维小波多分辨率技术是提取特定中心尺度流动结构的一种有效工具。应用二维小波变换，可以从测量的流场中获得瞬态多尺度流结构。结合空间多尺度解析和本征正交分解，可以准确地提取特定尺度下的拟序结构及其时空演化过程。在本书中，基于测量区域的脉动速度处理数据，首先采用二维小波多分辨率技术把 15000 个瞬态流场分解为四个尺度，对应四个小波分量；然后对不同小波分量进行本征正交分解，得到特定空间尺度下的本征正交分解模态。其具体过程如下。

（1）将测量区域的瞬态脉动速度分量放入一个二维数据矩阵 $\mathbf{V}^N$。应用二维小波多分辨率技术将每个脉动速度场分解为具有不同空间尺度的小波分量。

（2）研究不同尺度下尾流的流动形态，并量化每个小波分量的长度尺度，评估每个小波分量对测量流场的支配程度。

(3) 应用本征正交分解分析小波分量的时间序列，提取特定空间尺度下的主要流动结构，并检查其空间特性和频率特性。

在为流体动力学分析开发的几种方法中，本征正交分解的主要目标是从能量角度找到场实现的最佳表示，通过聚焦在平均意义上具有高度相关性的瞬态波动，推动对相关现象的解释工作，从而提供有关结构的信息。基于两点空间相关性的经典本征正交分解最早由 Lumley 引入，用于识别相干结构。当测量数据具有良好的空间分辨率和较差的时间分辨率时，通常使用 Sirovich 开发的快照方法，其将特征值问题的维度从空间点的数量减小到时间步长的数量。

为了验证本征正交分解结果是否独立于快照的参数，研究快照数量和快照之间的时间间隔。图 5-16 所示为前 20 个本征正交分解模态的相对能量分布。可以看出，不同参数产生的相对能量具有很强的相似性，当模态数大于 10 时更加明显。在 0.002s 的时间间隔内具有不同快照数量的情况下，发现差异最大的是 $n=8000$、$n=4000$ 的前两种模态。对于 $n=4000$、$\Delta t=0.004$s 的情况，其分析数据是从 8000 张奇数快照中提取的。可以看出，这种情况的相

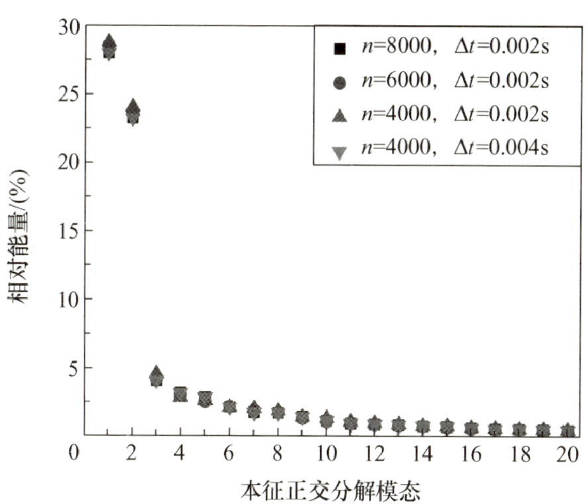

n—快照数量；Δt—快照之间的时间间隔。

图 5-16　前 20 个本征正交分解模态的相对能量分布

对能量分布与 $n=8000$、$\Delta t=0.002\text{s}$ 的情况几乎相同，表明快照之间的时间间隔对某个测量周期内的本征正交分解结果不敏感，从而证实了本征正交分解结果的收敛性。

5.2.2 尾流的全局特征和多尺度特征

本书从测量 15000 个瞬态速度场中获得了时间平均流线、雷诺应力和湍流动能。应用下式，用自由流速度 U_0 的平方对二维湍流动能进行归一化处理。

$$\text{TKE}=0.75(\overline{u'^2}+\overline{v'^2})/U^2$$

式中，u' 为流向速度的均方根；v' 为垂直速度的均方根。

图 5-17（a）所示为时间平均流线和雷诺应力分布。在半圆柱钝体后方清晰地识别出一对旋转方向相反的大规模涡旋，形成分离区。涡旋形成长度（由半圆柱钝体后侧与鞍点的距离表示）约为 1.25D。时间平均过程抵消了小尺度结构。雷诺应力在分离区末端中心轴（$y/D=0$）两侧各显示一个峰值。湍流动能分布如图 5-17（b）所示，半圆柱钝体的湍流动能在鞍点附近显示出高浓度区域，这是由分离的剪切层合并引起的速度波动强度较高导致的。

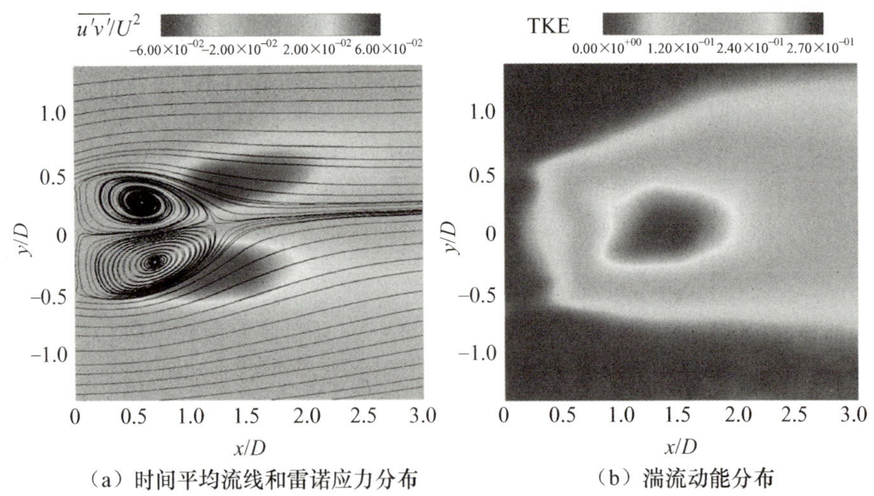

（a）时间平均流线和雷诺应力分布　　（b）湍流动能分布

图 5-17　时间平均流场

为了提供流动振荡的全局频率特性，使用快速傅里叶变换分析垂直速度。图 5－18 所示为在选定点（$x/D=0.5$，$y/D=0.4$，约在涡旋路径上）的垂直速度功率谱。在 $f\approx1.23$Hz 处，S_v 有一个明显峰值，对应的施特鲁哈尔数 $S_t=0.21$。显然，该频率与半圆柱钝体后方主导的卡门涡街脱落有关。上述结果提供了半圆柱钝体后方尾流的一般特征。为了更详细地描述半圆柱钝体尾流，下面阐明多尺度结构。

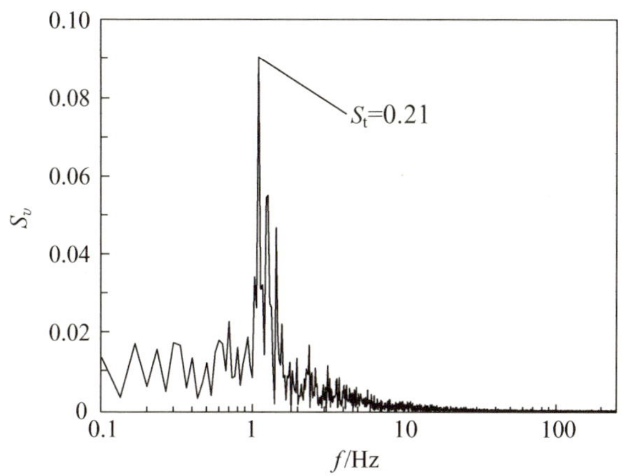

图 5－18　在选定点的垂直速度功率谱

采用二维小波多分辨率技术可以测量从每个瞬态流场提取的多尺度结构。为了量化小波分量的长度尺度，采用互相关函数分析每个分解的小波分量。互相关系数的计算公式如下。

$$R_{vv}^{i}(x, r)=\frac{\overline{v'_i(x)\ v'_i(x, r)}}{\sqrt{\overline{[v'_i(x)]^2}\ \overline{[v'_i(x, r)]^2}}}$$

式中，v'_i 为波动分量，下角标 i（$i=1, \cdots, 4$）表示小波分量的级别；x 为设定的参考点；r 为测量点与参考点的距离。

如图 5－19 所示，观察到四个位置的互相关系数具有相似的分布。以图 5－19（a）为例，可以看出每个小波分量的互相关系数减小到第一个最小值后都继续在下游振荡。分别在 $x/D=1.2$、$x/D=0.67$、$x/D=0.26$ 和 $x/D=0.14$ 处出现 R_{vv}^{1}、R_{vv}^{2}、R_{vv}^{3} 和 R_{vv}^{4} 四个参数的第一个最小值，反映了流动结构的长度尺

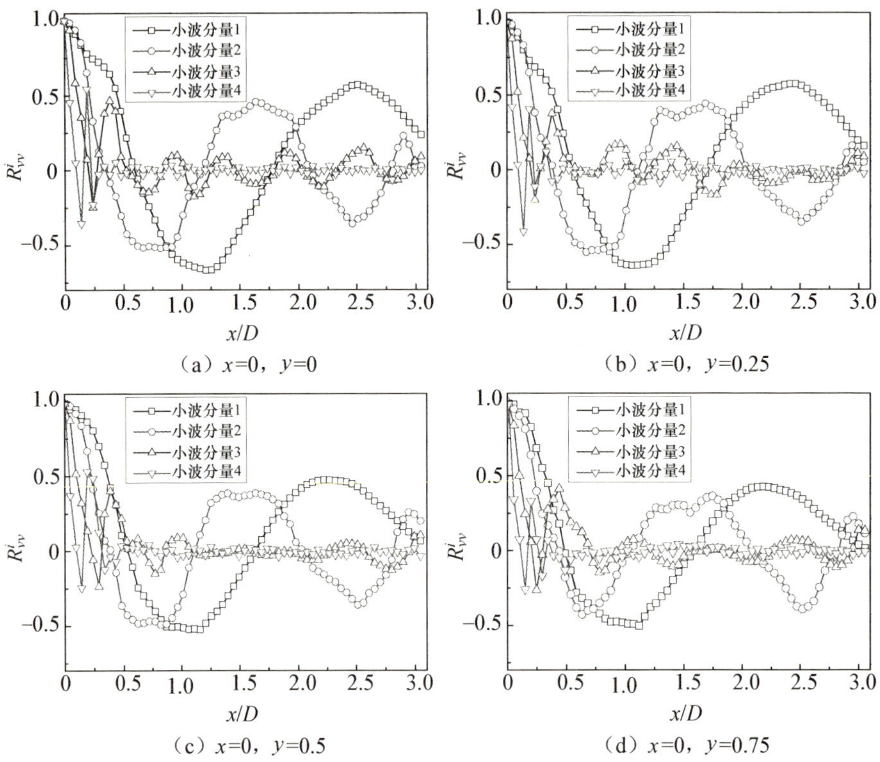

图 5-19　不同位置小波分量的互相关系数

度，表明采用二维小波多分辨率技术能够提取具有不同空间尺度的湍流结构。此外，随着小波级别的增大，互相关系数逐渐减小，说明小尺度结构快速衰减。对长度尺度进行积分，可以得到小波分量的长度尺度的定量信息，公式如下。

$$L=\int_0^{r_{\max}} R^i_{vv}(r)\mathrm{d}r$$

式中，$r_{\max}$对应参考点与R^i_{vv}（r）=0首次合并的空间点的距离。不同位置的四个小波分量的积分长度尺度见表 5-1。

表 5-1　不同位置的四个小波分量的积分长度尺度

位置	小波分量 1	小波分量 2	小波分量 3	小波分量 4
$y/D=0$	0.39D	0.21D	0.11D	0.045D
$y/D=0.25$	0.38D	0.22D	0.12D	0.043D

续表

位置	小波分量 1	小波分量 2	小波分量 3	小波分量 4
$y/D=0.5$	$0.37D$	$0.22D$	$0.12D$	$0.043D$
$y/D=0.75$	$0.36D$	$0.22D$	$0.11D$	$0.045D$

为了评估不同小波分量对尾流的主导作用，对测量平面上每个小波分量的动能进行积分，然后将其归一化为总波动能量，从而计算每个小波分量的波动能量。图 5－20 所示为不同小波分量的相对能量分布。小波分量 1 对测量流场的贡献最大，约占总波动能量的 81%，表明其对应的是能量最大的大尺度结构，并主导了尾流波动分量的产生。小波分量 2 和小波分量 3 的相对能量急剧减小，分别约为 12.9% 和 4.9%，虽然在总波动能量中的比重较小，但具有重要意义，因为它们可能代表埋藏在主流中的流动结构。小波分量 4 对总波动能量的贡献约为 1.2%，表明其与实测数据集中的随机波动分量有关。根据小波分量的尺度特征和相对能量分布可知，小波分量 1 为大尺度结构，小波分量 2 为中尺度结构，小波分量 3 为小尺度结构。

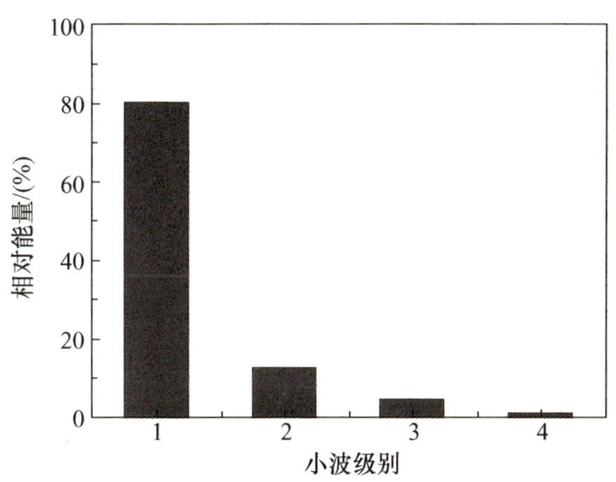

图 5－20　不同小波分量的相对能量分布

图 5－21 所示为实测数据与小波分量对应的瞬态流线和涡量分布。如图 5－21（b）所示，在半圆柱钝体后方有两个旋转方向相反的交替分布的涡旋，与图 5－21（a）所示的粒子图像测速结果较吻合。图 5－21（a）和图 5－21（b）

的细微差别在于，从实测数据中提取了相对小尺度涡旋，得到了与尾流准周期流动振荡相关的大尺度涡旋。对于中尺度涡旋，如图 5 - 21（c）所示，在分离区的剪切层周围可以清晰地识别出一些涡旋，这可能是由主流与尾流相互作用引起的二次涡运动导致的。此外，一些涡旋更活跃，被夹带到分离区下游。如图 5 - 21（d）所示，在大尺度涡旋内部和周围出现了涡量小得多的小尺度涡旋。此外，一些涡旋更加活跃，并被卷入分离区下游。如图 5 - 21（d）所示，具有较小涡量的小尺度涡旋出现在大尺度涡旋的内部和周围。

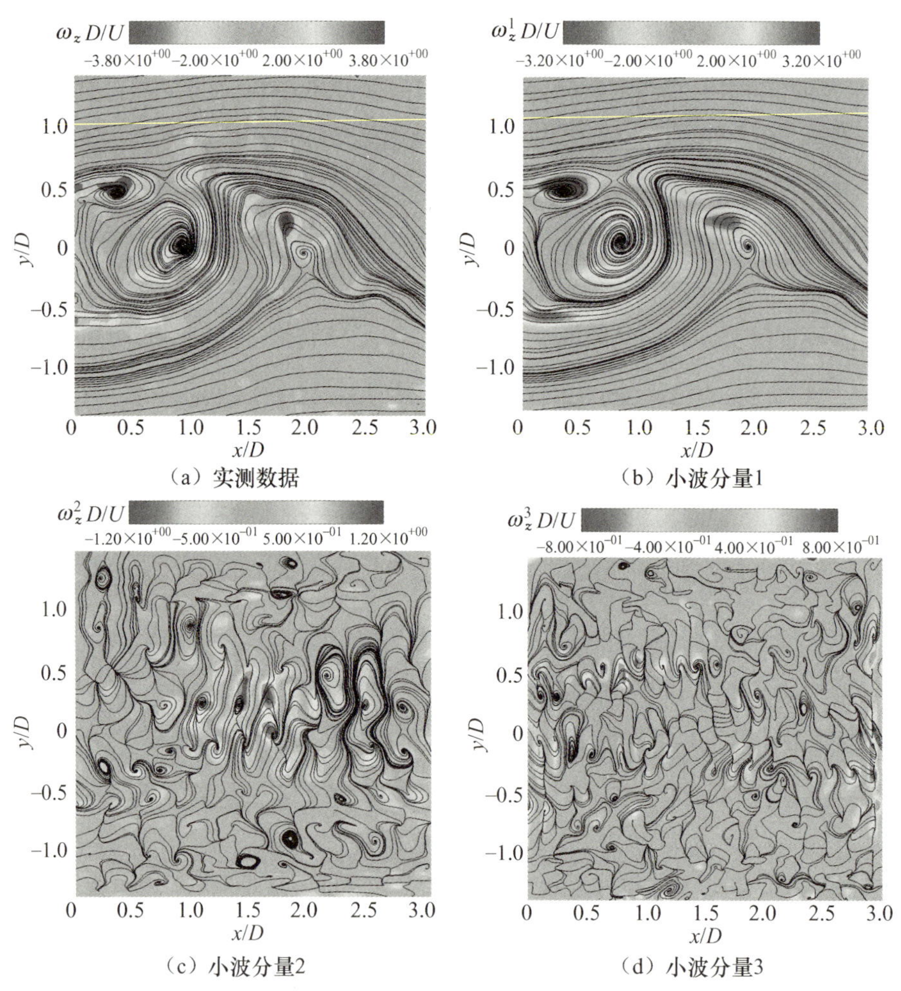

（a）实测数据　（b）小波分量1

（c）小波分量2　（d）小波分量3

图 5 - 21　实测数据与小波分量对应的瞬态流线和涡量分布

采用二维小波多分辨率技术可以从尾流中提取多尺度湍流结构。下面揭示不同小波分量的频率特征。图 5－22 所示为在选定点 $x/D=0.5$、$y/D=0.4$ 处不同小波分量的功率谱。可以看出，小波分量的峰值频率随着级别的增大而增大。小波分量 1、小波分量 2 和小波分量 3 的峰值频率分别为 $f=1.23$、$f=2.56$ 和 $f=7.03$。这些观察结果表明空间相关的长度尺度可以反映频率行为，即空间尺度越小，频率越高。小波分量 1 的峰值频率与从测量数据中获得的主导频率相等，证实了小波分量 1 与大尺度涡旋脱落行为的对应关系。此外，所有情况的功率谱均遵循－5/3 定律，表明多尺度湍流结构在尾流中完全发展。

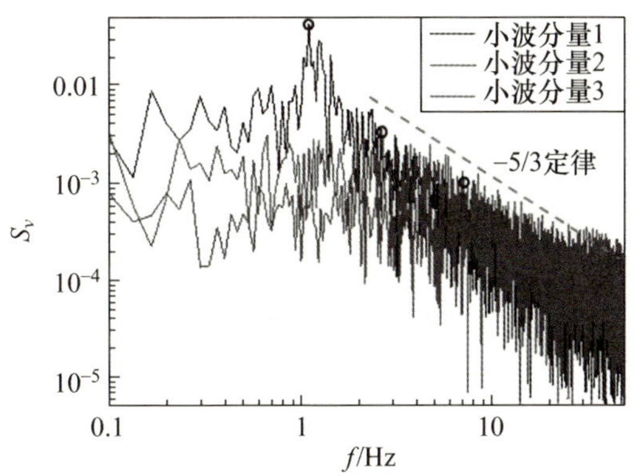

图 5－22　在选定点 $x/D=0.5$、$y/D=0.4$ 处不同小波分量的功率谱

5.2.3　多尺度结构的模态能量和模态空间分布

本书采用本征正交分解处理具有不同尺度的小波分量的时间序列。每个小波分量的本征正交分解模态都是基于对应小波分量包含的总波动能量的相对贡献获得的。图 5－23 所示为前 30 个本征正交分解模态的相对能量和累积能量分布。可以看出，在两种情况下，相对能量在前几个模态中先迅速减小，再随着模态数的增大而逐渐减小。前 4 个模态比其他模态获得的能量高，尤其是前两个模态。对于小波分量 1，前 4 个模态分别占总波动能量的 34％、28％、5.1％和 3.7％，而实测数据的前 4 个模态分别占总波动能量的 28％、23％、4.1％和 3.1％。两种情况的差异主要来自前两个模态，随着模态数的

增大，这种差异逐渐减小。从累积能量分布可以看出，小波分量1累积能量的增大速度更高，且模态数比实测数据少得多即可实现收敛。其与二维小波多分辨率技术对较小波动的滤波过程有关，使波动能量更集中在有限的本征正交分解模态中。前几个模态的能量集中有利于提取主要流动结构。

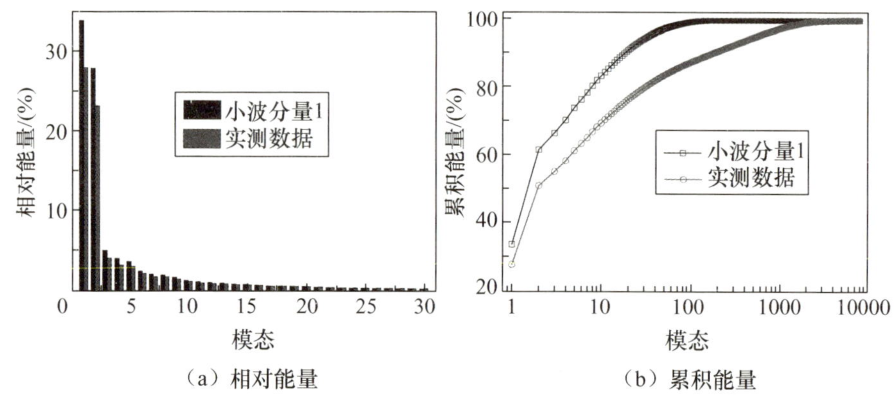

图 5-23　前30个本征正交分解模态的相对能量和累积能量分布

图5-24所示为前60个本征正交分解模态的相对能量分布。对于中尺度结构（小波分量2），如图5-24（a）所示，前两个模态分别占总波动能量的13.3%和7.4%。与大尺度结构（图5-23）相比，中尺度结构的相对能量分布更分散。对于小尺度结构（小波分量3），如图5-24（b）所示，前两个本征正交分解模态的贡献相似，分别占总波动能量的12.9%和5.8%。

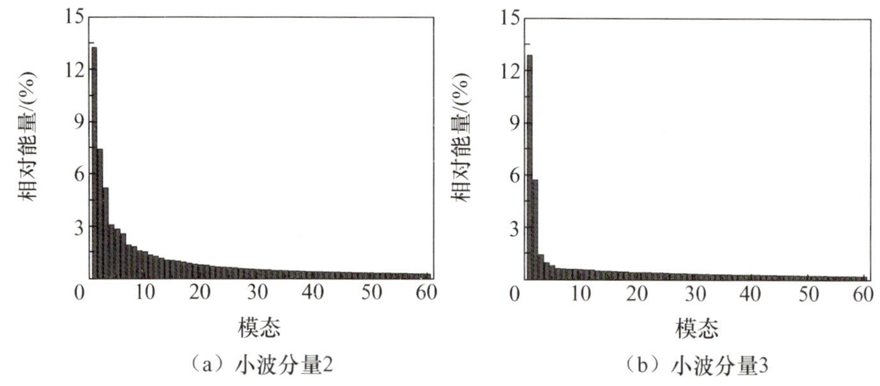

图 5-24　前60个本征正交分解模态的相对能量分布

图 5-25 所示为不同小波分量的累积能量分布。可以看出，小波分量 1、小波分量 2、小波分量 3 的累积能量在模态数量分别接近 100、1000 和 2000 时实现收敛。因为前两个模态的主导作用减弱，并且流动结构长度尺度的减小，所以相对能量更加分散。

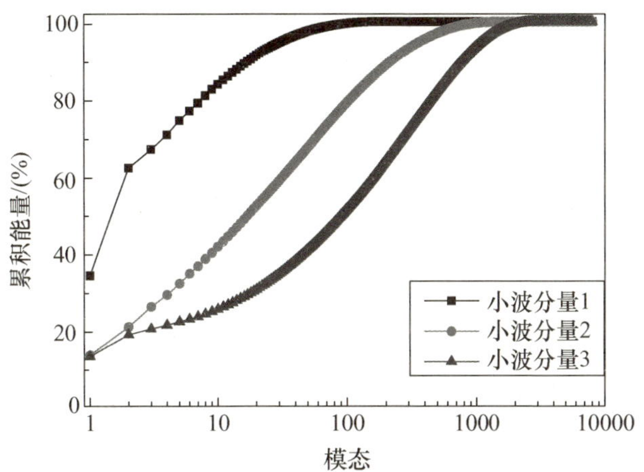

图 5-25　不同小波分量的累积能量分布

图 5-26 所示为实测数据与小波分量 1 的前 4 个本征正交分解模态的空间分布。对于实测数据和小波分量 1，前两个模态的涡旋关于尾流中心线对称

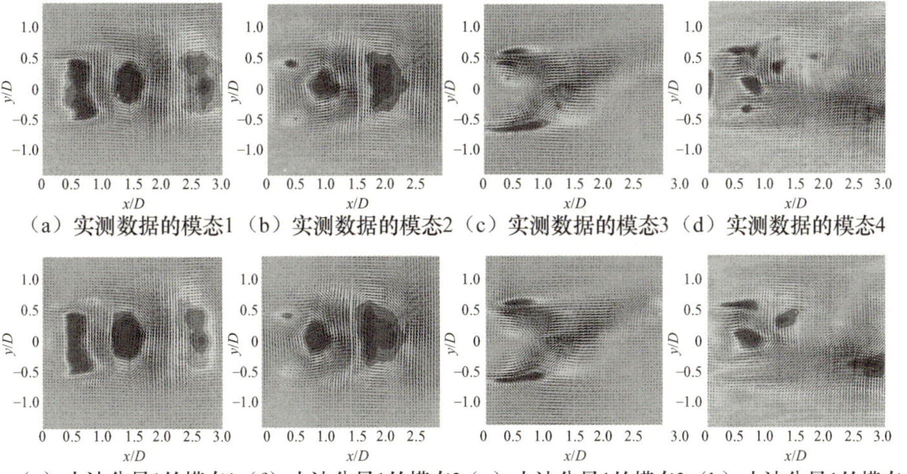

图 5-26　实测数据与小波分量 1 的前 4 个本征正交分解模态的空间分布

($y/D=0$)，并且模态 2 的空间分布从模态 1 的空间分布向下游移动。这些特征与尾流中的大规模流动振荡有关。对于模态 3 的空间分布［图 5－26（c）和图 5－26（g）］，涡旋围绕尾流中心线对称分布，这可能与对称涡旋脱落有关。对于模态 4［图 5－26（d）和图 5－26（h）］，速度矢量扫过尾流中心线，在半圆柱钝体后方形成展向涡旋。与前两个模态中显示的交替排列的展向涡旋不同，这些展向涡旋在下游逐渐消失。从图 5－26 可以看出，测量流场的空间分布与小波分量 1 的空间分布相似，说明从测量流场分解的前 4 个本征正交分解模态与大尺度涡旋有关。这种相似性在前几个本征正交分解模态中持续存在，当模态数大于 18 时，空间分布变得不同。

如图 5－27 所示，对于本征正交分解模态 18［图 5－27（a）和图 5－27（c）］，无法观察到实测数据与小波分量 1 的相似性，随着模态数增大到 30［图 5－27（b）

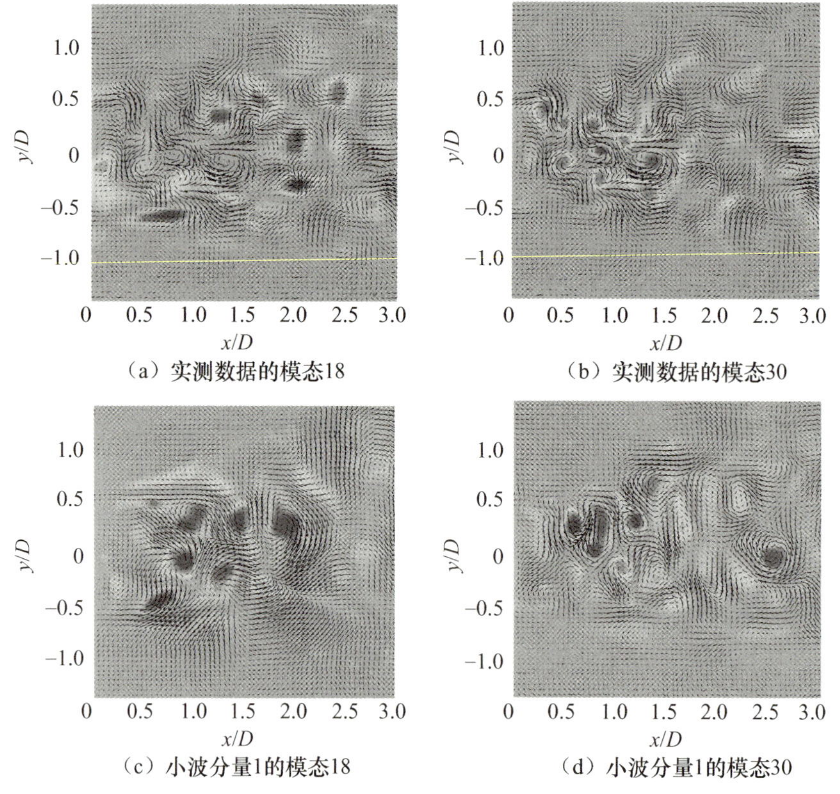

（a）实测数据的模态18　（b）实测数据的模态30

（c）小波分量1的模态18　（d）小波分量1的模态30

图 5－27　实测数据与小波分量 1 的本征正交分解模态的空间分布

和图 5－27）d)]，这两种情况的差异变得更加明显。与小波分量 1 的情况相比，当本征正交分解模态数大于 18 时，实测数据的空间分布组织性较差，且出现在较小的空间尺度上。这种差异可归因于二维小波多分辨率技术对较小波动的滤波过程。

图 5－28 所示为小波分量 2 的前 4 个本征正交分解模态的空间分布。可以看出，前两个模态［图 5－28（a）和图 5－28（b）］的涡旋沿流向交替排列且涡旋符号相反，波长约为小波级别 1［图 5－28（a）］的一半，说明中尺度结构的前两个模态与伴随大尺度流动振荡的二次共振有关。如图 5－28（c）所示，模态 3 显示出沿流向具有相反旋转方向涡旋的周期性对流涡旋对，说明存在中尺度结构的对称涡旋脱落行为。对于模态 4［图 5－28（d)]，在近尾流中出现对称涡旋对，并且在下游进一步衰减。

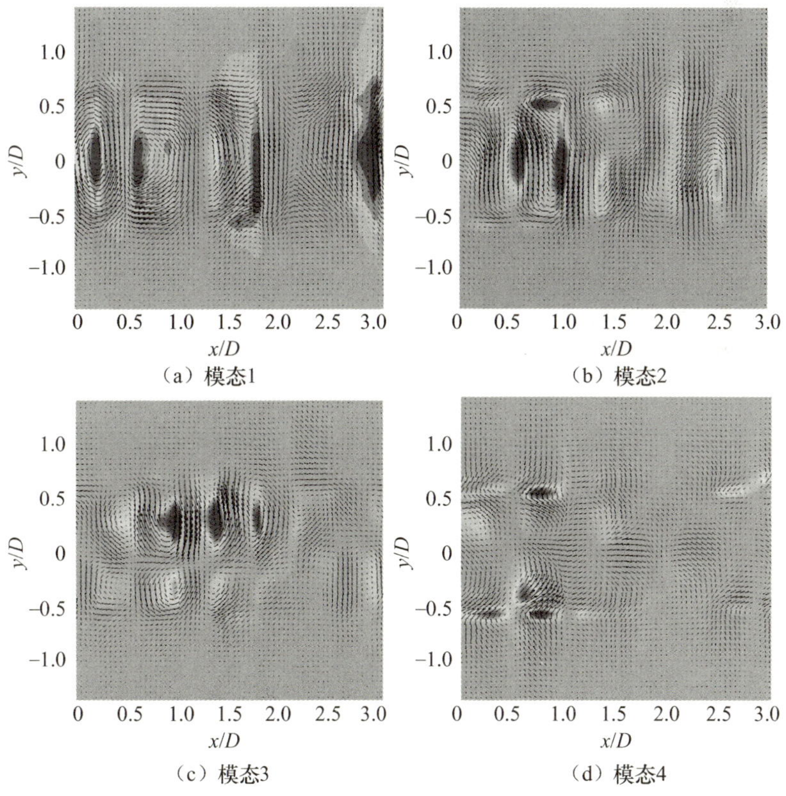

图 5－28　小波分量 2 的前 4 个本征正交分解模态的空间分布

图 5-29 所示为小波分量 3 的前 4 个本征正交分解模态的空间分布。可以看出，小尺度结构的前两个模态［图 5-29（a）和图 5-29（b）］在近尾流区域显示出对称分布的旋转方向相反的涡旋对。相邻涡旋的距离约为图 5-28（c）所示中尺度结构模态 3 的一半，表明小尺度结构的前两个模态可能与基本大尺度流振荡的二次共振有关。

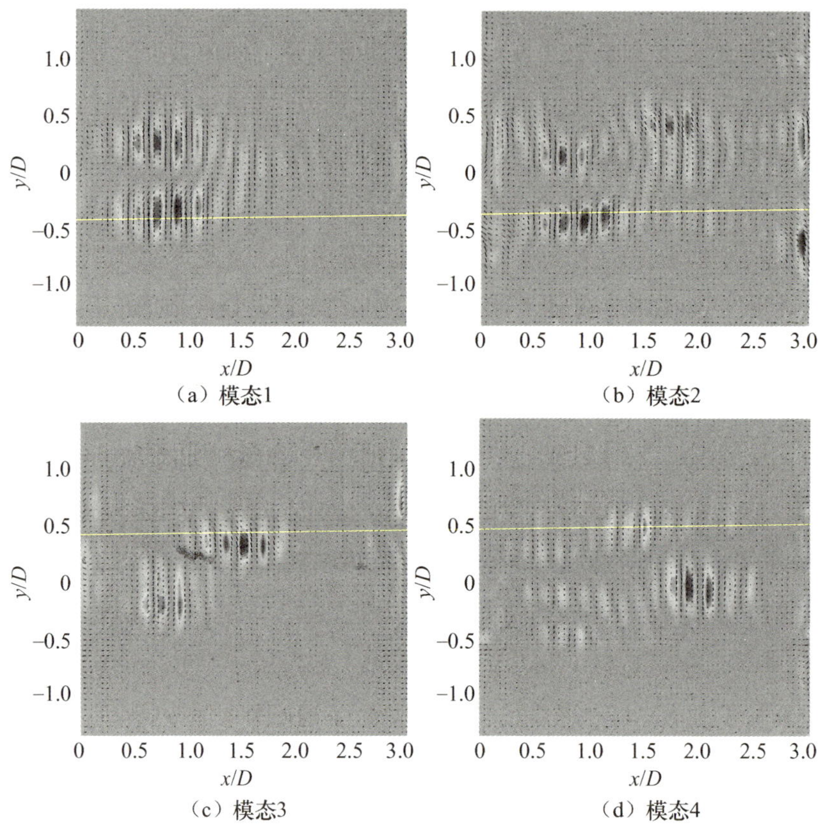

图 5-29 小波分量 3 的前 4 个本征正交分解模态的空间分布

对于模态 3［图 5-29（c）］和模态 4［图 5-29（d）］，没有观察到明显的流动结构，表明小尺度结构是不稳定的。与实测流场的本征正交分解分析相比，二维小波多分辨率技术和本征正交分解结合使用有助于更有效地提取主流中级联的有意义的流动结构。

5.2.4　本征正交分解模态的频率特性和时间系数分布

采用功率谱密度函数 P 研究不同尺度下主要本征正交分解模态的频率特性。

$$\int_{-\infty}^{\infty} P \mathrm{d}f = \phi$$

式中，ϕ 表示$\overline{v_{\mathrm{p}}'^2}$；$f$ 为频率。

功率谱密度由$\overline{v_{\mathrm{p}}'^2}$归一化。由于小波分量 1 和实测数据的前 30 个本征正交分解模态对总波动能量的贡献非常相似，约占 80%，因此比较这两种情况下的频率特性。

图 5-30 所示为在 $x/D=0.5$、$y/D=0.4$ 处小波分量 1 和前 30 个本征正交分解模态重建的波动速度的功率谱密度分布。可以看出，这两种情况的功率谱密度在 1.23Hz 的峰值频率附近分布几乎相同，表明它们具有相似性。虽然这两种情况对主流的贡献相同，但其主要区别在于，前 30 个本征正交分解模态的功率谱密度大于小波分量 1 的功率谱密度。这种差异与二维小波多分辨技术对小尺度结构的滤波过程有关，二维小波多分辨技术削弱了高频范围的小尺度波动。

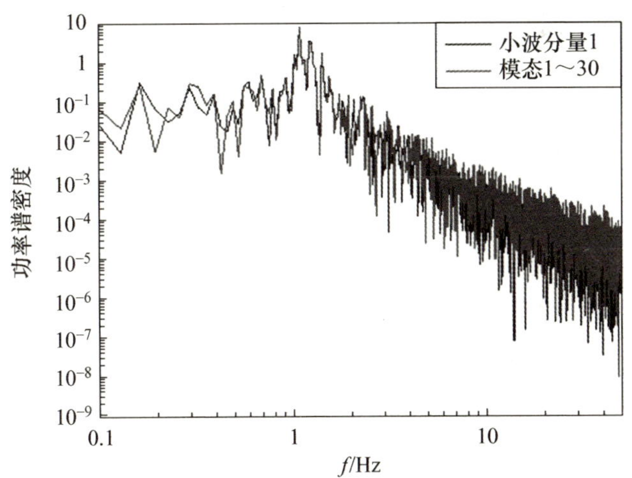

图 5-30　在 $x/D=0.5$、$y/D=0.4$ 处小波分量 1 和前 30 个本征正交分解模态重建的波动速度的功率谱密度分布

图 5-31 所示为小波分量 1 的前 4 个本征正交分解模态的功率谱密度分布。可以看出，前两个模态的峰值频率［图 5-31（a）和图 5-31（b）］等于流场的涡旋脱落频率（图 5-18），但该峰值频率周围的带宽比图 5-18 中的集中，表明小波分量 1 的前两个模态可能与半圆柱钝体后方的大规模涡旋脱落有关。模态 3 和模态 4 的峰值频率分别降低到 0.25Hz 和 0.31Hz，可能与尾流区域内缓慢变化的偏移模式有关。此外，实测数据的前 4 个本征正交分解模态的功率谱密度分布与小波分量 1 的分布相似，这里没有显示。

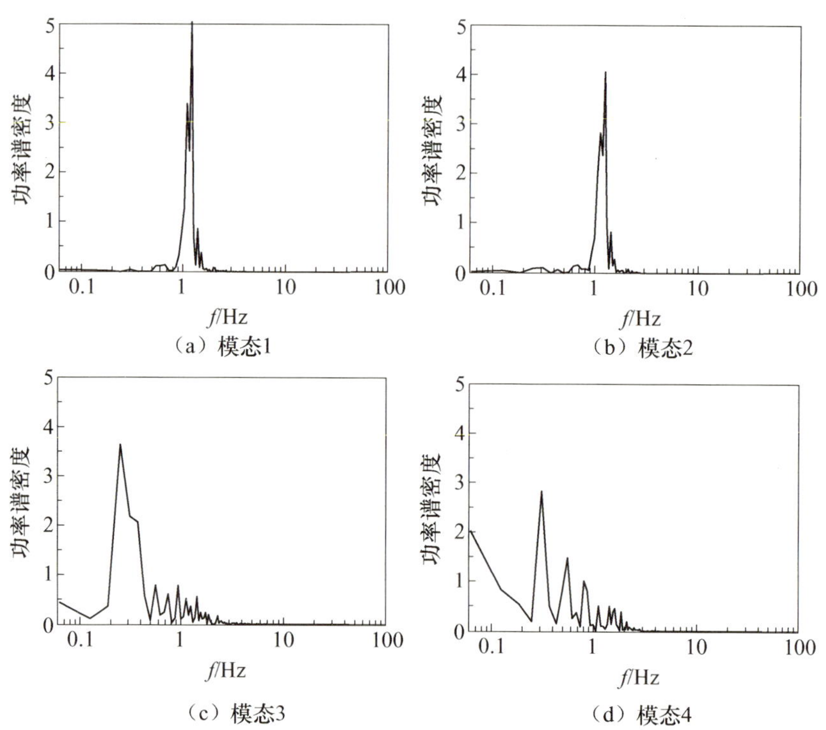

图 5-31 小波分量 1 的前 4 个本征正交分解模态的功率谱密度分布

图 5-32 所示为实测数据与小波分量 1 在第 30 个本征正交分解模态下的功率谱密度分布。实测数据与小波分量 1 的相似性消失，在较高的频率范围内有更多峰值，主要归因于实测量数据和小波分量 1 呈现不同的空间分布。

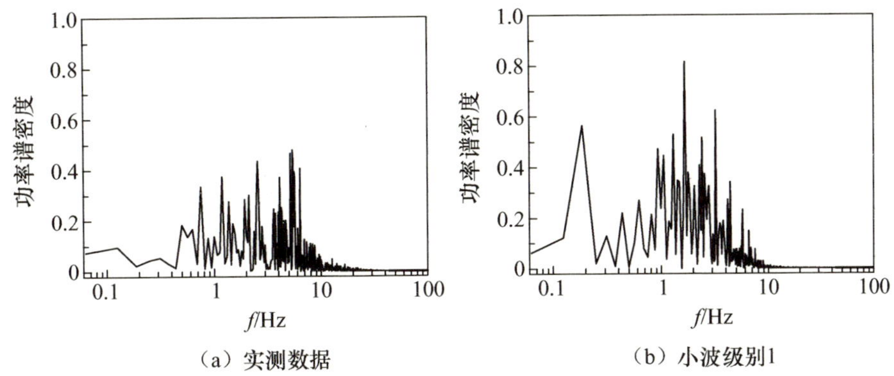

图 5－32　实测数据与小波分量 1 在第 30 个本征正交分解模态下的功率谱密度分布

图 5－33 所示为小波分量 2 的前 4 个本征正交分解模态的功率谱密度分布。如图 5－33（a）和图 5－33（b）所示，模态 1 和模态 2 在 1.23Hz 与 2.44Hz 处都有两个明显的峰值。第一个峰值对应于主导涡旋脱落，第二个峰值约是主导涡旋脱落频率的两倍，从而证实了中尺度结构的前两个模态出现在模态对中，它们可能与伴随着大规模流动振荡的二次共振有关，而这种振荡很难从实测数据中提取。对于模态 3，最大峰值频率约是主导涡旋脱落频率的两倍，表明中尺度结构对称涡旋脱落模式的频率特征。模态 4［图 5－33（c）］的主导频率降低到 0.45Hz，但高频范围的频率分量也很重要。

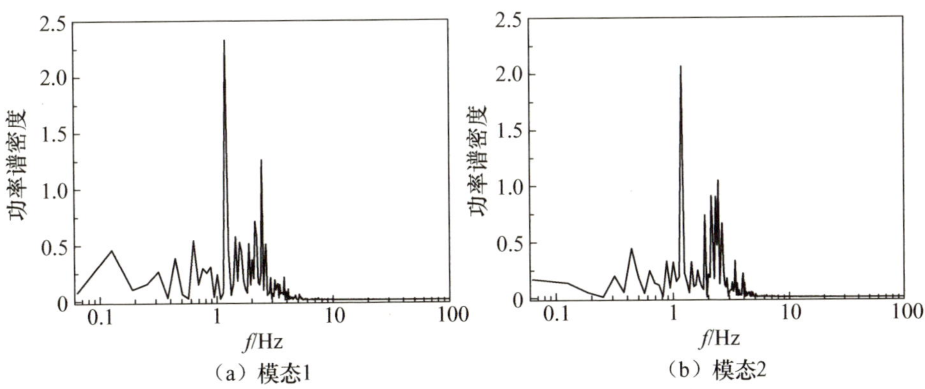

图 5－33　小波分量 2 的前 4 个本征正交分解模态的功率谱密度分布

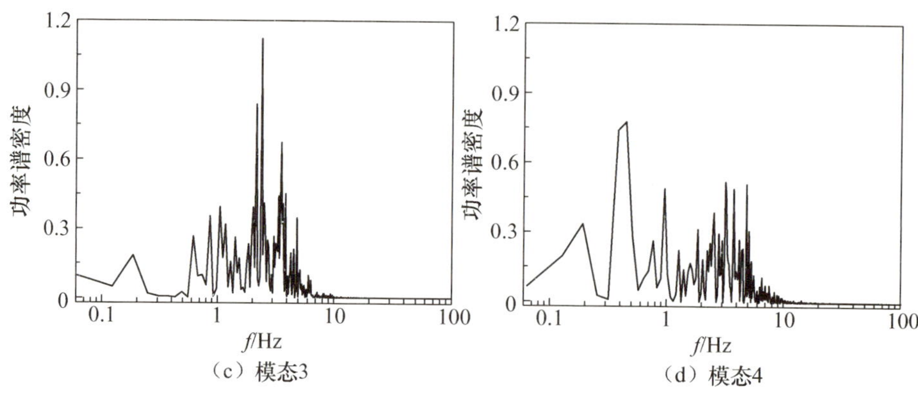

功率谱密度
f/Hz
(c) 模态3
(d) 模态4

图 5-33 小波分量 2 的前 4 个本征正交分解模态的功率谱密度分布（续）

图 5-34 所示为小波分量 3 的前 4 个本征正交分解模态的功率谱密度分布。从图 5-34（a）和图 5-34（b）可以看出，前两个模态的主导频率相等，

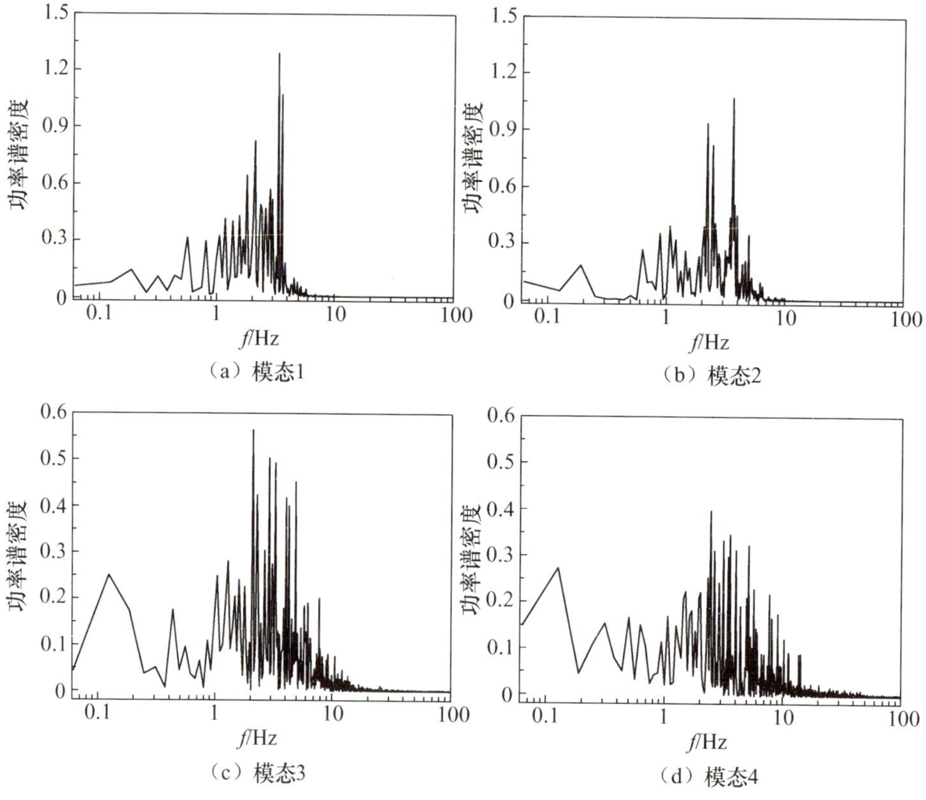

功率谱密度
f/Hz
(a) 模态1
(b) 模态2
(c) 模态3
(d) 模态4

图 5-34 小波分量 3 的前 4 个本征正交分解模态的功率谱密度分布

约是基本涡旋脱落频率的 3 倍，说明从小尺度结构中提取的前两个模态与基本大尺度流振荡的二次共振有关。对于模态 3 和模态 4［图 5－34（c）和图 5－34（d）］，功率谱密度的峰值倾向于移动到高频范围，表明小尺度结构具有不稳定性。具有不同空间尺度的本征正交分解模态的功率谱密度分布表明，随着流动结构从大尺度变为小尺度，功率谱密度的带宽不那么集中，可以从具有特定空间尺度的主导本征正交分解模态中成功提取与基波流振荡的一阶谐波和二阶谐波相关的独特流型。

为了突出主导本征正交分解模态对之间的联系，实测数据的前两个本征正交分解模态和小波分量 1 的时间系数散点图如图 5－35 所示，其中模态系数 a_1 和 a_2 的系数分别被归一化为 $\sqrt{2\lambda_1}$ 和 $\sqrt{2\lambda_2}$。每个分散点都对应一个单独的流实现。对于实测数据，如图 5－35（a）所示，大多数散射数据点落入由直径 $r_1=0.3$ 和 $r_2=1.0$ 的红色虚线循环包围的环形区域。从正方体钝体的尾流和圆盘钝体的尾流中也可以观察到类似结果，表明前两个本征正交分解模态与涡旋脱落过程中的周期变化有关。如图 5－35（b）所示，小波分量 1 的散点图与实测数据分布几乎相同。这两种情况的细微区别在于，小波分量 1 的时间轨迹比实测数据的时间轨迹平滑，主要归因于二维小波分解对小尺度结构的滤波过程，这对提取大规模相干结构有实际意义。

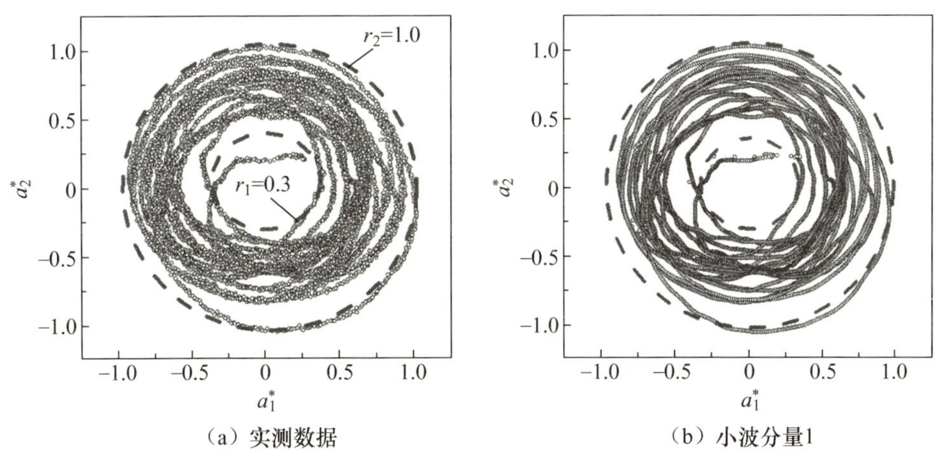

图 5－35　实测数据的前两个本征正交分解模态和小波分量 1 的时间系数散点图

图 5－36（a）所示为小波分量 2 的前两个本征正交分解模态的时间系数散点图。归一化系数 a_1^* 和 a_2^* 的相位不同，但具有 $r_1<0.5$ 的高度相关区域。该区域的散点对应于对称涡旋脱落模式。虽然小波分量 2 的前两个本征正交分解模态对总波动能量的贡献很小，但它们代表了中尺度相干结构。小波分量 3 的时间系数呈椭圆分布［图 5－36（b）］，与图 5－35 和图 5－36（a）所示的情况相比，a_1^* 和 a_2^* 的振幅较小。考虑频率特性和时间系数行为，可以推断出小波分量 3 的前两个本征正交分解模态与小尺度相干结构有关。

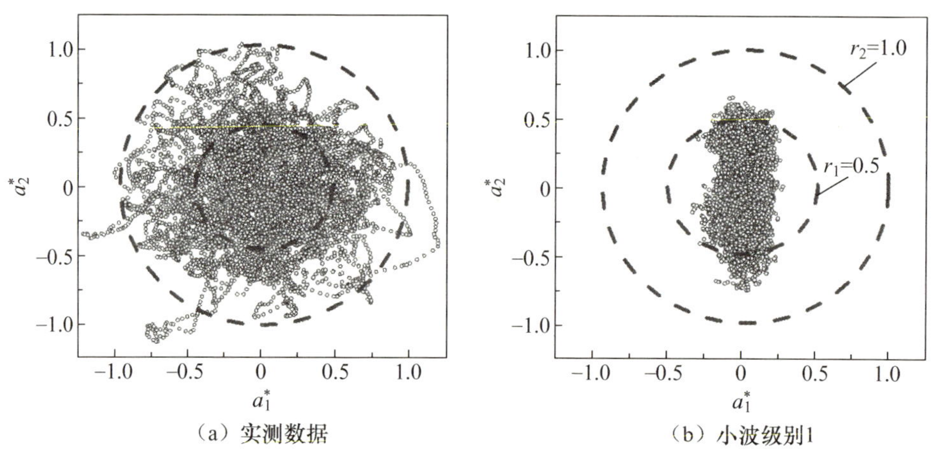

图 5－36　小波分量 2 的前两个本征正交分解模态的时间系数散点图

5.2.5　小结

本书开发了一种结合二维小波多分辨率技术和本征正交分解，旨在将一段时间内最具有能量的流动事件与湍流中逐级传递的多尺度结构联系起来。以半圆柱钝体尾流为例，采用二维小波多分辨率技术将尾流分解为大尺度结构、中尺度结构和小尺度结构。随后，利用本征正交分解分析分解后的多尺度结构。针对多尺度结构的本征正交分解主导模态，从模态能量分布、空间模式、频率特性和时间系数分布等方面深入研究，主要研究结果总结如下。

（1）小波分量 1 对总波动能量的贡献最大，约占 81%，表明大尺度结构在半圆柱钝体尾流中波动部分的产生中起主导作用。尽管小波分量 2 和小波分量 3 在总波动能量中的占比较小，但它们具有重要意义，可能反映主流中隐藏的湍流结构。

（2）与粒子图像测速结果相比，小波分量 1 的模态能量更集中，两者的差异主要来源于前两个模态。大尺度结构模态能量的集中分布有助于从有限的本征正交分解模态中提取主导结构。

（3）多尺度流动结构的模态能量分布表明，随着流动结构从大尺度转向小尺度，前两个模态的主导地位逐渐减弱，相对能量分布更加分散。

（4）中尺度结构的前两个本征正交分解模态以模态对的形式出现，与伴随大尺度流动振荡的二次共振相关。中尺度结构的第三个本征正交分解模态展现出沿流向具有相反旋转方向的周期性对流涡旋，表明中尺度结构存在对称的涡旋脱落模式。

（5）小尺度结构的前两个本征正交分解模态在近尾流区域呈现出对称分布的涡旋对，相邻涡旋的距离约为中尺度结构第三个本征正交分解模态的一半。

（6）多尺度结构本征正交分解模态的功率谱密度分布表明，随着流动结构从大尺度转向小尺度，功率谱密度的带宽更加分散。可以从中尺度结构和小尺度结构的主导本征正交分解模态中成功提取与基本流动振荡的一阶谐波及二阶谐波相关的独特流动模式。

（7）基于具有不同空间尺度的分解小波分量，可以从主导本征正交分解模态中提取多尺度相干结构。

参考文献

[1] 郭爱东，姜楠．壁湍流多尺度相干结构复涡黏模型的实验研究［J］．力学学报，2010，42（2）：159－168.

[2] FARGE. Wavelet transforms and their applications to turbulence［J］. Annual Review of Fluid Mechanics，1992，24（1）：395－457.

[3] 林建忠，吴法理，倪利民．流场拟序结构的三维小波分析算法［J］．浙江大学学报：工学版，2002，36（2）：44－49.

[4] ZHENG，RINOSHIKA. Multi－scale vortical structure analysis on large eddy simulation of dune wake flow［J］. Journal of Visualization，2015，18（1）：95－109.

[5] 姜楠，杨宇．湍流中的多尺度结构及其相对运动［J］．科学技术与工程，2006（20）：3254－3258.

[6] 邱翔，刘宇陆．湍流的相干结构［J］．自然杂志，2004（4）：187－193.

[7] 刘沛清．湍流的多尺度效应与统计理论［J］．力学与实践，2024，46（4）：895－900.

[8] ALFONSI，石可．湍流的相干结构：推演方法和结果［J］．力学进展，2007，37（2）：289－307.

[9] 崔立华，马飞，蔡腾飞．基于 Morlet 小波变换的自振射流瞬态特性影响因素分析［J］．吉林大学学报：工学版，2019，49（1）：133－140.

[10] 许辉群，桂志先，曾勇．噪音背景下流体识别应用方法探讨［J］．科学技术与工程，2013，13（18）：5312－5315.

[11] 赵玉新，易仕和，田立丰，等．超声速混合层拟序结构密度脉动的多分辨率分析［J］．中国科学：技术科学，2010，40（6）：695－703.

[12] 叶阳，杨凯弘，姜楠．用子波分析修正检测壁湍流猝发的 VITA 法［J］．实验力学，2017，32（2）：202－208.

[13] 白建侠，郑小波，姜楠．湍流边界层外区超大尺度相干结构相位平均波形［J］．实验流体力学，2016，30（5）：1－8.

[14] 王丽雅，庄华洁，陈斌，等．基于小波变换的鼓泡塔内气液两相湍流多尺度结构分析［J］．化工学报，2006，57（4）：738－743.

[15] 曹华丽，陈建钢，周同明，等．圆柱绕流尾迹中涡量与温度标量的相平均分析［J］．实验流体力学，2015，29（1）：15－24.

[16] 王文康，潘翀，王晋军．基于变分模态分解的壁湍流拟序结构形态研究［J］．空气动力学学报，2020，38（1）：100－106.

[17] 王洪平，高琪，王晋军．基于层析 PIV 的湍流边界层涡结构统计研究［J］．中国科学：物理学·力学·天文学，2015，45（12）：73－86.

[18] 许春晓．壁湍流相干结构和减阻控制机理［J］．力学进展，2015，45：111－140.

[19] 刘阳，周力行，许春晓．有旋和无旋气固两相湍流的不同结构［J］．工程热物理学报，2011，32（1）：63－66.

[20] 胡靖，张丹，贝绍轶，等．基于CFD－DEM模拟的脉冲射流对水平气固两相流影响研究［J］．昆明理工大学学报：自然科学版，2023，48（4）：153－162.

[21] 温谦，沙江，刘应征．淹没射流湍流场的TR－PIV测量及流场结构演变的POD分析［J］．实验流体力学，2014，28（4）：16－24.

[22] 王汉封，徐胜金．用POD方法研究有限长正方形棱柱尾流的双稳态现象［J］．空气动力学学报，2014，32（6）：827－833.

[23] ZHENG，DONG，RINOSHIKA. Multi－scale wake structures around the dune［J］. Experimental Thermal and Fluid Science，2019，104：209－220.

[24] 张力，丁林．钝体绕流的分隔板控制技术研究进展［J］．力学进展，2011，41（4）：391－399.

[25] 孙斌，刘天栋，周云龙．小波包主成分分析在气液两相流流型识别中的应用［J］．吉林大学学报：工学版，2009，39（6）：1532－1537.

[26] 王汉封，栗晶，柳朝晖，等．水平槽道内气固两相湍流中颗粒行为的PIV实验研究［J］．实验流体力学，2012，26（3）：38－44.

[27] 晏飞，雒春升，王黎辉，等．基于自激振荡的低速气力输送节能试验［J］．机械工程学报，2018，54（14）：225－232.

[28] WANG，ZHOU. The finite－length square cylinder near wake［J］. Journal of Fluid Mechanics，2009，638（638）：453－490.

[29] 曲媛，王晋军．背风面合成射流作用下方柱绕流统计特性［J］．空气动力学学报，2020，38（5）：957－963，948.

[30] 王保国，吴俊宏，朱俊强．基于小波奇异分析的流场计算方法及应用［J］．航空动力学报，2010，25（12）：2728－2747.

[31] 张新太，杨渐志，顾海林，等．圆盘近尾迹中低频不稳定特性研究［J］．中国科学技术大学学报，2014，44（11）：952－959.

[32] 路宽，张亦弛，靳玉林，等．本征正交分解在数据处理中的应用及展望［J］．动力学与控制学报，2022，20（5）：20－33.